扬雄研究丛书

吴龙灿 苗泽辉 张慧璎 著

百年扬雄研究

文献综录哲学卷

巴蜀书社

图书在版编目（CIP）数据

百年扬雄研究文献综录·哲学卷 / 吴龙灿，苗泽辉，张慧璎著. —成都：巴蜀书社，2022.11
ISBN 978-7-5531-1824-6

Ⅰ. ①百…　Ⅱ. ①吴…　②苗…　③张…　Ⅲ. ①扬雄（前53—18）—学术研究—文集②扬雄（前53—18）—哲学思想—研究　Ⅳ. ①Z812.265—53②B234.995

中国版本图书馆 CIP 数据核字（2022）第 195869 号

BAINIAN YANGXIONG YANJIU WENXIAN ZONGLU ZHEXUEJUAN
百年扬雄研究文献综录·哲学卷
吴龙灿　苗泽辉　张慧璎　著

责任编辑	陈　礼
封面设计	周　明
出　　版	巴蜀书社 成都市锦江区三色路 238 号新华之星 A 座 36 层　邮编 610023 总编室电话：(028)86361843
网　　址	www.bsbook.com
发　　行	巴蜀书社 发行科电话：(028)86361847
经　　销	新华书店
照　　排	四川胜翔数码印务设计有限公司
印　　刷	成都蜀通印务有限责任公司 电话：(028) 64715762
版　　次	2022 年 11 月第 1 版
印　　次	2022 年 11 月第 1 次印刷
成品尺寸	152mm×215mm
印　　张	26
字　　数	420 千
书　　号	ISBN 978-7-5531-1824-6
定　　价	58.00 元

前　言

扬雄是汉代最著名的学者之一，在哲学、语言学、历史学、文学创作和文学理论方面皆取得很大成就，当时就有学者推崇其为“西道孔子”①，“能入圣道，卓绝于众，汉兴以来，未有此人也”②。扬雄生平、著述皆记载于《汉书》，尤其是《扬雄传》，因其采扬雄自序所作，成为扬雄研究最为可靠的材料。

一

关于扬雄的姓氏是“杨”还是“扬”，《汉书·扬雄传》有专门的记载说明：“以支庶初食采于晋之杨，因氏焉。”不过后来有了变化，“雄亡（无）它杨于蜀”③，说与蜀中杨姓不同，因其高祖杨季避仇至郫，“始改从木之杨为从手之扬”④。

---

① 桓谭：《新论·启寤》，严可均《全上古三代秦汉三国六朝文》，中华书局，1985年，第544页。

② 桓谭：《新论·闵友》，严可均《全上古三代秦汉三国六朝文》，中华书局，1985年，第551页。

③ 王先谦：《汉书补注》，中华书局，1983年，第1485、1486页。

④ 徐复观：《两汉思想史》（二），华东师范大学出版社，2001年，第276页。

又如《太玄》的写作年代，有学者认为："他在反对丁、傅、董贤专权的时候，已经开始《太玄》的写作……因此也可以推知《太玄》的完成，是在王莽篡位之后。"① 有学者表达不同意见："可以确定扬雄作《太玄》的时间，是在元延四年到绥和二年的三年中间。"② 又有人认为"《太玄》的写作年当在公元前6年到公元前1年这5年之间"③。其实《扬雄传》有比较明确的记载："由是言之，赋劝而不止，明矣。又颇似俳优淳于髡、优孟之徒，非法度所存贤人君子诗赋之正也，于是辍不复为……故有《首》《衡》《错》《测》《摛》《莹》《数》《文》《掜》《图》《告》十一篇，皆以解剥玄体，离散其文，章句尚不存焉。"④ 本传还提到一个明确的时间："哀帝时，丁（明）、傅（晏）、董贤用事，诸附离之者或起家至二千石，时雄方草《太玄》。"⑤ 当时有人质疑《太玄》，扬雄写《解嘲》说"作《太玄》五千文，支叶扶疏，独说十余万言"⑥。从元延四年（前9）"辍不复为"赋"大潭思浑天"开始，到"丁、傅、董贤用事"的元寿元年（前2）完成定稿十一篇，又解说"十余万言"。这可以解释刘向所言十二篇只是初稿，从而证明"丁、傅、董贤用事"，"雄方草《玄》"，并不是才开始写作，也不是已经完成，而是正在写作之中。

扬雄的著作中也有不见于《扬雄传》和《汉书》的，例如《方言》的著作权宋代以来一直有争论。当代著名语言学家罗常培先生"相信应劭的话"，肯定《方言》是扬雄的著作；他的学生周

---

① 吴则虞：《扬雄思想平议》，《哲学研究》1957年6期。

② 束景南：《〈太玄〉创作年代考》，《历史研究》1981年5期。

③ 王青：《扬雄评传》，南京大学出版社，2000年，第124页。

④ 王先谦：《汉书补注》，中华书局，1983年，第1509页。

⑤ 王先谦：《汉书补注》，中华书局，1983年，第1505页。

⑥ 王先谦：《汉书补注》，中华书局，1983年，第1505页。

祖谟却说："《方言》是不是杨著不容易断定。"（《〈方言〉校笺自序》）

二

有人评价扬雄的著作善于摹拟。《汉书·扬雄传》："意欲求文章成名于后世，以为经莫大于《易》，故作《太玄》；传莫大于《论语》，作《法言》；史篇莫善于《苍颉》，作《训纂》；箴莫善于《虞箴》，作《州箴》；赋莫深于《离骚》，反而广之；辞莫丽于相如，作四赋。皆斟酌其本，相与放依而驰骋云。"[①] 这不是扬雄的自序，而是班固的评述。该怎样判断这个评价呢？我们只能拿扬雄的作品来检验。首先，班固说他"放依"《易》而作《太玄》，扬雄则说其是具有开创性的著述："或曰：'述而不作，《玄》何以作？'曰：'其事则述，其书则作'。"[②] 班固还解释《太玄》与《易》的不同："观《易》者见其卦而名之，观《玄》者数其画而定之。《玄》首四重者非其卦也，数也。"[③] 我们看《易》以⚊、⚋两爻作为基本符号，以两爻不同组合的三画构成八卦，重合六爻构成不同的六十四个卦象，每卦又由阴阳两爻的不同次序位置构成三百八十四爻。《太玄》则是以⚊、⚋、𝌀为三种基本符号，以三种符号不同组合的四画构成一首，共八十一首。每首九条赞辞，共七百二十九赞。首四重即四画，表征方、州、部、家，所谓三方、九州、二十七部、八十一家，皆以三进制方式推演。所谓

① 王先谦：《汉书补注》，中华书局，1983年，第1512页。

② 汪荣宝撰，陈仲夫点校：《法言义疏》，中华书局，1987年，第164页。

③ 王先谦：《汉书补注》，中华书局，1983年，第1509页。

"一以三生。以三起者，方州部家也。"① 其次，"《易》有太极，是生两仪""有天地然后万物生焉"。《太玄》则是以"玄"为世界万物生成的本源，所谓"玄者，幽摛万类而不见形者也""万物资形""夫玄也者，天道也，地道也，人道也，兼三道而天名之"。② 再次，就思想体系看，有学者这样概括："扬雄另创一套符号数式"，"将儒、道、律、易、历组成一个大系统"③。《太玄》中有《易》的思想及传统，但却不能因此认定《太玄》就是对《易》的模仿。

关于赋的创作，扬雄确实说过："蜀有司马相如作赋甚弘丽、温雅，雄心壮之。每作赋常拟之以为式。"④ 但是，从扬雄早年所作的四大赋开始，可以看到其题材、结构体式、风格特点与司马相如之赋多有不同，学界中有不少论说，兹不赘述。此外，扬雄的作品还具有"纪实"的特点，反映出汉赋由凭虚向征实的风格转向。四篇大赋都有明确的时间记载。《甘泉赋》"惟汉十世将郊上玄，定泰畤"⑤，《河东赋》则载"伊年暮春，将瘗后土"⑥，《羽猎赋》纪为"于是玄冬季月，天地隆烈，万物权舆于内，徂落于外，帝将惟田于灵之囿"⑦，《长杨赋》借子墨客卿之口道出："今年猎长杨。"⑧ 而且四大赋所述事件，都有《汉书》记载的史实印证。《汉书·成帝纪》载："（元延）二年春正月，行幸甘泉，郊泰

---

① 郑万耕：《太玄校释》，中华书局，2014 年，第 349 页。
② 郑万耕：《太玄校释》，中华书局，2014 年，第 255、1、349 页。
③ 徐复观：《两汉思想史》（二），华东师范大学出版社，2001 年，第 305 页。
④ 王先谦：《汉书补注》，中华书局，1983 年，第 1486 页。
⑤ 王先谦：《汉书补注》，中华书局，1983 年，第 1489 页。
⑥ 王先谦：《汉书补注》，中华书局，1983 年，第 1494 页。
⑦ 王先谦：《汉书补注》，中华书局，1983 年，第 1497 页。
⑧ 王先谦：《汉书补注》，中华书局，1983 年，第 1502 页。

時。三月，行幸河东，祠后土。”“冬，行幸长杨宫，从胡客大校猎。”[①] 这里的“二年春正月，行幸甘泉”，三月“祠后土”，与《甘泉赋》《河东赋》叙述完全一致，也可在《汉书·扬雄传》自序中得到佐证。只有“行幸长杨宫，从胡客大校猎”的记载与《羽猎赋》不一致，学术界中早有论辨，多认为《成帝纪》有误。《资治通鉴》载校猎事于元延三年：“上将大夸胡人以多禽兽”[②]，胡三省《考异》辨：“按《扬雄传》：祀甘泉、河东之岁，十二月，羽猎，雄上《校猎赋》；明年，从至射熊馆还，上《长杨赋》，然则从胡客校猎当在今年；《纪》因去年冬有羽猎事，致此误耳。”[③] 由于扬雄作品的纪实性特点，连《反离骚》这样的作品都有时间记述：“汉十世之阳朔兮，招摇纪于周正”[④]，更不用说《蜀都赋》。《蜀都赋》载述蜀地历史、地理、物产、习俗，多以稽之方志、图籍。扬雄“贵事实，贱虚辞”，主张“君子事之为尚”[⑤]，“务其事而不务其辞，多其意而不多其文”[⑥]。这些是司马相如赋中看不到的。

他因重视、强调辞赋的讽喻功能，故批评司马相如“文丽用寡”。可是有人却认为：“在赋中讽谏的意义，子云实不如相如。”“他在《自序》中对自己的赋所作的政治性的解释，乃是事后为自己装点门面的解释。”“子云作赋，已不关时代的风气，也不关政

① 王先谦：《汉书补注》，中华书局，1983年，第134页。

② 司马光：《资治通鉴》，中华书局，1956年，第1038页。

③ 司马光：《资治通鉴》，中华书局，1956年，第1039页。

④ 王先谦：《汉书补注》，中华书局，1983年，第1487页。

⑤ 汪荣宝撰，陈仲夫点校：《法言义疏》，中华书局，1987年，第60页。

⑥ 郑万耕：《太玄校释》，中华书局，2014年，第275页。

治的出身。"[1] 而我们读扬雄《甘泉赋》《长杨赋》，看到的是对汉成帝时期重大的社会现实问题的关注。《甘泉赋》讽刺汉成帝在甘泉宫祭祀泰一的奢靡以及宠幸赵飞燕以求继嗣的荒谬。赋借用神话描述："想西王母欣然而上寿兮，屏玉女而却虙妃。玉女无所眺其清庐兮，虙妃曾不得施其蛾眉。"[2] 扬雄《自序》直言意图："故雄聊盛言车骑之众，参丽之驾，非所以感动天地，逆釐三神。又言屏玉女，却虙妃，以微戒齐肃之事。"[3] 而《长杨赋》则是因为汉成帝"将大夸胡人以多禽兽"，命令民众"入南山，西自褒斜，东至弘农，南驱汉中"[4]，大规模捕捉禽兽至射熊馆供胡人捕猎，造成"农民不得收敛"，影响了农民的生产活动，完全不符合圣主养民的仁义之道。扬雄赋"藉翰林以为主人，子墨为客卿以风"[5]，批评十分尖锐激烈："此天下之穷览极观也，虽然，亦颇扰于农民。三旬有余，其廑至矣，而功不图。恐不识者，外之则以为娱乐之游，内之则不以为乾豆之事，岂为民乎哉!"[6] 这几乎是对"大夸胡人以多禽兽"的全面否定。这些是赋中的描写，而非后来的序。可知扬雄重视发挥辞赋讽谏的社会功能，正是他与司马相如的区别之一。

扬雄著述具有创新性有深刻的思想原因，不能只看到他宗经、征圣的主张，还要看到主张的变化发展："或曰：'经可损益与?'曰：'《易》始八卦，而文王六十四，其益可知也。《诗》《书》《礼》《春秋》，或因或作，而成于仲尼，其益可知也。故夫道非天

---

① 徐复观：《两汉思想史》(二)，华东师范大学出版社，2001年，第290、285、287页。
② 王先谦：《汉书补注》，中华书局，1983年，第1493页。
③ 王先谦：《汉书补注》，中华书局，1983年，第1494页。
④ 王先谦：《汉书补注》，中华书局，1983年，第1502页。
⑤ 王先谦：《汉书补注》，中华书局，1983年，第1502页。
⑥ 王先谦：《汉书补注》，中华书局，1983年，第1502页。

然，应时而造者，损益可知也。’”[①] 经典在“损益”中形成，事物在因循中变化发展。扬雄说这就是生成之道：“夫道有因有循，有革有化。因而循之，与道神之。革而化之，与时宜之。”“夫物不因不生，不革不成。故知因而不知革，物失其则；知革而不知因，物失其均。”[②]

所以，对班固《汉书·扬雄传》的赞语，我们不应简单理解“放依”二字。在那个时代，著述传承经典是极高的评价。班固对扬雄极其推崇，《汉书·艺文志》在《七略》的基础上增入刘向、杜林、扬雄三家，且扬雄一人就增入三种著作：小学入扬雄《苍颉训纂》一篇，儒家“入扬雄一家十八篇”，诗赋“入扬雄八篇”。就连班氏父子评述司马迁《史记》，都能看到《法言》的话头：“或问‘太史迁’，曰：‘实录’。”因此，与其将班固所谓“放依”理解为仿照、模仿，不如理解为班固对扬雄学说的发扬、赓续经典的推崇。

三

2017 年，扬雄被确定为四川省首批历史文化名人、在此背景下，四川省哲学社会科学重点研究基地扬雄研究中心成立。狮子山上的学者不曾想过，他们对扬雄的关注迎来了新时代的机遇。在中华人民共和国成立以前，老一辈学者已有不少研究成果，如汤炳正《扬雄年谱》(1936)，杜道生《方言用古地名说》(1944)，

① 汪荣宝撰，陈仲夫点校：《法言义疏》，中华书局，1987 年，第 144 页。
② 郑万耕：《太玄校释》，中华书局，2014 年，第 276 页。

刘君惠《方言疏证续补》（1945）。后来，刘君惠、李恕豪、杨钢、华学诚出版了专著《扬雄〈方言〉研究》（1992），李恕豪有《扬雄〈方言〉与方言地理学研究》（2003），哲学方面有黄开国《扬雄思想研究》（1989），文学领域有扬雄辞赋、文学思想以及巴蜀文化研究论著，还包括多篇研究生的学位论文。

对于扬雄的评论、研究已有近两千年的历史，只是近百年才开始分学科专业系统地研究，无论是在研究领域，还是在学术问题、研究方法上，都涌现了大批富于创见的学术成果。因为扬雄的著作涉及了哲学、历史学、语言学、文学等多门学科，所以单一的学科领域难以展现其知识构成、寻绎其学说之间的相互关系。比如，扬雄不复作赋，“大潭思浑天”而作《太玄》，是否辞赋不能产生的社会作用，《太玄》就能产生呢？扬雄宣称作《太玄》态度“自守，泊如也”，而学者解读《太玄》文字，或讽刺王莽，或影射成帝、哀帝等现实政治。那么应该怎样解释他自称的“自守，泊如也”的态度与文中实际表现的对现实现政治的关注之间的巨大差异，从而确定《太玄》的学术性质？扬雄《自序》称“不为章句”，而言《太玄》“章句尚不存焉”。古人有称“《玄》中之文虽有章句，其旨深妙，尚不能尽存”①。章句关涉扬雄学风，这又该如何判断？这些都是摆在我们面前的重要问题。因而推进综合研究，成为新时代扬雄研究的重大课题。而现今尚无一部系统整理扬雄全部著作的文献，更不用说扬雄研究的文献集成。

千里之行，始于足下。我们编撰《百年扬雄研究文献综录》丛书，就是这个课题的先期调查。丛书分为哲学卷、语言学卷、文学卷、文艺美学卷，另设海外扬雄研究卷。根据学科特点，各

---

① 王先谦：《汉书补注》，中华书局，1983年，第1509页。

卷分别设置研究综述，疏理百年来本学科研究的基本面貌，突出学术论题、研究方法、研究领域的开拓与创新，揭示研究的不同阶段的特点和发展趋势。论著提要选择百年来最为重要的学术专著，介绍作者生平、学术背景、研究领域，突出著作的学术价值和贡献。论著选登选录具有代表性的学术论著，直接呈现他们独特的学术观点、研究方法、领域视野。论著目录，按时间先后载录这一时期的专著、论文等文献材料。或许只有像这样有了实在的根据，我们的研究才能找到前进的方向。

当然，由于我们的学识水平有限，书中尚存许多不足，还请业界学者批评指正。

熊良智

2019 年 11 月

目　录

第一章　研究综述

扬雄（前 53—18），字子云，蜀郡成都（今四川省成都市）人，西汉后期著名哲学家、文学家、语言学家，在哲学、文学、语言学、天文学、数学等领域都有卓越的历史贡献。他还是极负盛名的儒家思想家，被誉为“西道孔子”和百科全书式蜀学代表人物。扬雄“默而好深湛之思”，“实好古而乐道，其意欲求文章成名于后世”，“用心于内，不求于外”（《汉书・扬雄传》），近乎古希腊哲人好思辨之风。他好拟经拟文，“以为经莫大于《易》，故作《太玄》；传莫大于《论语》，作《法言》；史篇莫善于《仓颉》，作《训纂》；赋莫深于《离骚》，反而广之；辞莫丽于相如，作四赋”（《汉书・扬雄传》），还有《方言》拟《尔雅》，成为训诂学经典和中国方言学开山之作。《太玄》《法言》和《方言》等三部著作确立了扬雄在中国学术史上的重要地位。其中扬雄哲学思想研究的主要文本依据是《太玄》和《法言》。本书主要对 20 世纪以来基于《太玄》《法言》的扬雄哲学思想研究进行综述，并涉及扬雄其他著述的哲学研究。

1949 年之前，因“五四”以来反传统思潮影响，在一般报刊上论及扬雄多为负面评价，而《太玄》《法言》哲学研究甚少，主要是在中国哲学史研究著述中有所涉及。代表性论述主要体现在冯友兰1934年出版的《中国哲学史》下册第四章“古文经学与扬雄、王充”中，冯友兰认为《太玄》为摹《易》之作，扬雄之学说多《老》《易》之学说，扬雄能持《老》《易》之自然主义宇宙观及人生观，有革命意义；认为《法言》是印证扬雄以儒家为主、以孔子为宗的主要文本依据，扬雄人性论见解自成一家，而能辟阴阳家之言，使儒家之学与之分离，在思想方面有系统表现，因而相比古文经学家具有更高的学术史地位①。其他所见如姚璋《扬雄的哲学》②、夏敬观《太玄经考》③、江绍原《太玄新解》④、吴和士《汉扬雄思想之探索》⑤、冯学思《论扬雄〈法言〉王通〈中说〉优绌》⑥ 等扬雄哲学论文，或是一般疏解，或是简单概括，在中国哲学范式初创时期尚无特别建树。

1949年以来，尤其是改革开放40年来，经过学者的不断钻研和认真探讨，扬雄的思想和地位日益受到学术界重视和关注，《太玄》的研究和解读也逐渐被学者继承和发展，并取得了诸多宝贵的学术成果。前人的研究成果不仅丰富和拓展了《太玄》研究的内容和角度，也为今后学者的进一步研究和探索，奠定了坚实的理论基础，并提供了良好的参考价值。

《法言》是扬雄模仿《论语》撰写而成的语录体著作，其内容广泛，反映了扬雄所秉承的正统儒学思想。本书综述重点将对中国内地1949年以来研究《法言》的学术论文和专著作综合性介绍

① 参阅冯友兰：《中国哲学史》（下册），华东师范大学出版社2000年，第57—57页。
② 姚璋：《扬雄的哲学》，《光华大学半月刊》1934年第3卷第1—2期。
③ 夏敬观：《太玄经考》，《艺文》1936年第1卷第2期。
④ 江绍原：《太玄新解》，《华北日报》“中国古占卜研究”专栏，1936—1937年。
⑤ 吴和士：《汉扬雄思想之探索》，《经纶月刊》1942年第2卷第1期。
⑥ 冯学思：《论扬雄〈法言〉王通〈中说〉优绌》，《国学丛刊》1942年第9期。

和阐述，以便为学者的学术研究作参考。《法言》因本身思想性强的特点，在不同时期有明显的研究特色：在 20 世纪 40 年代末至 20 世纪 70 年代末，对扬雄及《法言》的研究较少，主要对其思想内容开展讨论；在 20 世纪 80 年代初至 20 世纪 90 年代末，扬雄及其相关作品研究开始增多，在以《法言》思想内容为主的研究方向外，还有比较研究、影响研究和版本研究等；21 世纪初至今，在《法言》思想内容研究上有了更进一步的研究，研究方向也呈现多元化的特点，除了哲学思想研究，还对其文学、史学观念进行了多方面的探讨，另有语言学、文献学方面的研究成果出现。

关于扬雄其他论著研究主要包括《方言》《扬雄集》等。国外部分因扬雄哲学研究资料较少且难以搜集，因此暂不涉及。目前，扬雄哲学研究仍以《太玄》《法言》为主要研究文本，但对扬雄其他论著的相关研究也有一定特色，本章将另立一节加以综述。

第一节 《太玄》研究

《太玄》是扬雄著作中极为重要的一部，它阐述了扬雄儒道融合、博奥深邃的哲学思想体系。这个体系以玄为核心，吸收了秦汉以来天文、历法等自然科学的研究成果，并与当时社会所流行的阴阳五行学说密切结合，包涵一切时间及空间，囊括所有人事和自然①。现就 1949 年来公开发表的《太玄》研究论文和专著，在广泛搜集相关资料、参考前人研究成果的基础上，对其研究做一综述，并以改革开放 40 年来发表的论文和专著为综述的重点。

① 杨福泉：《〈太玄〉的撰著旨趣及儒道兼赅的哲学思想》，《绍兴文理学院学报》2009 年第 4 期。

一、基础资料的考订与整理

基础资料的考订与整理是学术研究的基础，1949 年以来，不少学者对此做出了重要贡献，归纳起来，主要包括三个方面：扬雄研究的回顾与总结、《太玄》创作年代的研究、《太玄》文字的考订与注译。

（一）扬雄研究的回顾与总结

任何研究课题的确立，都要充分考虑到现在的研究基础、存在的问题和不足、研究的趋势以及在现有研究的基础上继续深入的可能性。学者们对《太玄》研究成果的梳理和分析，揭示了学术界关于《太玄》的研究现状，阐明了《太玄》研究的成果与不足，为今后学者的相关研究提供了重要的参考价值。

张晓明的《二十年来扬雄研究综述》①，从扬雄的生平研究、著作研究、思想成就、影响四个方面，对 20 世纪 80 年代至 21 世纪初这一时期的研究成果做一综述，梳理并分析了扬雄研究所取得的成果，肯定了前人研究的贡献。从整体上来说，该综述偏重于文学方面，对于哲学思想涉猎不多。另外，该文没有对所列举的近 60 篇文章逐一论述，仅选取其中十余篇分析，其余文章一笔带过，总体上看，有些简略。

赵为学、王栋的《扬雄研究的源流与不足》②，从对扬雄评价的三大阶段、褒贬反差原因、研究范式等三个方面对扬雄研究进行了全面述评。该文认为，一方面，自 20 世纪以来，学术界在东汉以来褒贬二分的评价背景体系下对扬雄进行了比较全面的研究，

---

① 张晓明：《二十年来扬雄研究综述》，《青岛大学师范学院学报》2002 年第 4 期。

② 赵为学、王栋：《扬雄研究的源流与不足》，《湖南科技学院学报》2006 年 6 月。

尤其是对扬雄的哲学思想、文学理论和作品等方面的研究取得了比较突出的成果；另一方面，从先秦西汉儒道背景下之言意关系和文体意识角度来观照，关于扬雄的文学理论研究尚有空缺和不足。对于梳理和论述从古至今的扬雄研究，尤其是扬雄评价的褒贬反差原因，该文做了详细探讨。但对于扬雄研究的不足，作者的阐述较为简略，没有详细说明。

金生杨的《〈太玄〉研究史浅论》①，梳理并分析了历史上的《太玄》研究之学。首先，西汉至唐末五代是《太玄》研究的兴起及初步繁荣时期。汉末三国时期，《太玄》研究形成第一次高潮，推动和促进了魏晋玄学的形成和发展。晋范望《太玄解赞》成为象数学的代表之作。唐王涯注《太玄》，引入王弼解《易》方法，《太玄》义理学彰显。其次，宋元是《太玄》研究的兴盛期，同时又是《太玄》研究的转折期。《太玄》研究为宋代图书易学、性命义理之学的兴盛做出了贡献，同时又成为宋学，尤其是理学的牺牲品，显示出衰落的迹象。再次，明清时代，受到宋学，尤其是程颐、朱熹评说的影响，《太玄》研究已陷入低迷时期，在学术转型上没有发挥多大作用。最后，民国以来，《太玄》研究走入了现代学术的行列。《太玄》与易学，《太玄》与科学的关系，以及《太玄》的哲学内涵等在新的研究思路下取得了一定成果。该文对西汉至今历代学者的研究内容进行了一定的探讨，概述了不同时期的研究重点和方向，并指出了当代学者的研究视角，为《太玄》的研究提供了新的参考和启示。但文章偏重于历史上的《太玄》，对 1949 年以来的研究现状，只是略有提及，没有详细论述。

① 金生杨：《〈太玄〉研究史浅论》，《西华大学学报（哲学社会科学版）》2008 年第 1 期。

田小中的《六十年〈太玄〉研究综述》[①]，从思想渊源、哲学思想内容、与《周易》的比较、地域文化考察等四个方面，对学术界1949—2009年间的《太玄》研究进行了综述。该文对文献资料的搜集和引用，是较为全面而详尽的。因此，该文对前人研究成果的梳理和阐述也比较准确和深刻。例如“玄”与易理的关系，该文明确指出学术界对《太玄》与易理关系的探讨存在不足。可见，重视文献资料的搜集和整理，全面了解相关领域的研究现状，才能为后续研究提供更高的参考价值。

解丽霞的《扬雄思想研究综述》[②]，以《太玄》和《法言》为主线，对近年来的扬雄研究做一综述，这里只概述该文关于《太玄》的研究综述。关于后人对《太玄》的解读，该文总结为四大解释路向：以易解玄、以老解玄、易老合解、以儒解玄，并指出其分歧又在于对“玄”的解释上。总的来说，该文对前人研究成果的梳理和阐述，有着自己独到的见解，而不是单纯地列举文献资料。对于《太玄》的研究现状，该文认为，学术界主要倾向于把它当作易学或道家来研究，这主要是根据扬雄在《太玄赋》里的表述。即便是有学者对它做儒学的研究，也仅是从形式上辩护的角度去考量问题，缺乏对其儒学思想、精神的具体分疏。而关于《太玄》的定位问题，该文也没有解决学术公案，对“玄”概念的解释，也主要是侧重于从“易”“老”的角度思考，对其思想和先秦道家、汉代道家、魏晋玄学的关联，也只停留在表面的叙述，而缺乏史料的挖掘探索。

---

① 田小中：《六十年〈太玄〉研究综述》，出自《〈太玄〉易学思想研究》，山东大学博士学位论文，2009年。

② 解丽霞：《扬雄思想研究综述》，出自《扬雄与汉代经学》，广东人民出版社2011年。

李大明、王怀成的《近百年来扬雄研究论文综述》[1]，就近百年来公开发表的扬雄研究论文，从扬雄事迹研究、扬雄的哲学思想研究、扬雄文学业绩研究、扬雄《方言》研究、相关文献研究等几个方面作一简要的论述，又以改革开放近 40 年发表的论文为综述的重点。该综述较为全面地梳理和阐述了前人对扬雄的研究成果，并展望未来的扬雄研究。

综观以上学者对扬雄研究的回顾与总结，基本上涵盖了扬雄研究的各个方面，对前人研究成果也进行了梳理和论述，但不同学者对扬雄研究的侧重点不同，在研究综述中也偏重于不同的方面。其中，田小中和解丽霞两位学者对《太玄》的研究综述，文献资料搜集较为全面，对《太玄》研究现状的观点和见解更加深刻，有利于今后学者深入了解、把握《太玄》研究的重点。

（二）《太玄》创作年代的研究

据《汉书》本传，《太玄》的创作年代是自哀帝年间开始，但成书于何时，“则皆莫能明，说各有异”[2]。束景南先生认为：“扬雄与王莽的关系自古以来聚讼纷纭，而今人对《太玄》思想体系和扬雄哲学思想的研究和结论，都建立在这个对《太玄》成书年代的错误判断之上。因此考定《太玄》确切的写作年代，对理解《太玄》一书的内容，乃至正确认识扬雄其人，给扬雄以公允评价，都有重要意义，不可不辨清楚。”[3] 学术界中，关于《太玄》的创作年代，主要说法有两种：一是陆侃如《中古文学系年》[4]，认为《太玄》作于哀帝建平三年至元寿二年（前 4—前 1）。二是束

① 李大明、王怀成：《近百年来扬雄研究论文综述》，《中华文化论坛》2018 年第 10 期。

② 束景南：《〈太玄〉创作年代考》，《历史研究》1981 年第 5 期。

③ 束景南：《〈太玄〉创作年代考》，《历史研究》1981 年第 5 期。

④ 陆侃如：《中古文学系年》，人民文学出版社 1985 年。

景南《〈太玄〉创作年代考》[①]，认为《太玄》作于成帝元延四年到绥和二年之间，章句作于哀帝年间，并指出："扬雄《太玄》及章句虽多有世路险恶、祸福吉凶难测之言，却绝不可能是专为反对王氏集团、影射疾刺王莽的微言大义之作。"[②] 其中，束景南先生对于《太玄》创作年代的考察，不仅广泛搜集文献史料，从史料中的用词展开分析，还注重从扬雄自身心迹和言论出发进行论证，推理论证颇为严谨、细致，并驳斥了"《太玄》始作于哀帝年间，完成于王莽建新之后，是'疾莽''刺莽'之作"的说法[③]，因此较为可信。

（三）《太玄》文字的考订与注译

扬雄不仅是西汉末年重要的哲学家、文学家，也是一位造诣极深的语言学家和文字学家。他广泛搜集来自各地的方言奇字，并访问求教来自各民族的使者，耗费数十年著成《方言》，被誉为中国方言学史上第一部"悬之日月而不刊"的著作。在扬雄创作《太玄》时，这些方言奇字也被他用于其中，使得《太玄》文意艰深，晦涩难读。因此，对《太玄》文字的考订与注译，是研读《太玄》的重要参考资料。

郑万耕的《太玄校释》[④]，以晋范望《太玄解赞》（四部丛刊影印明万玉堂翻宋本）为底本，校以宋司马光《太玄经集注》（四部备要据明刻本校刊），并参考明叶子奇《太玄本旨》（文渊阁四库全书本）、赵如源校订本（明天启武林赵氏刻本）、清刘斯组《太玄别训》（乾隆刻本）、陈本礼《太玄阐秘》、湖北崇文书局子书百

---

① 束景南：《〈太玄〉创作年代考》，《历史研究》1981 年第 5 期。

② 束景南：《〈太玄〉创作年代考》，《历史研究》1981 年第 5 期。

③ 束景南：《〈太玄〉创作年代考》，《历史研究》1981 年第 5 期。

④ 郑万耕：《太玄校释》，北京师范大学出版社 1989 年。

家本、上海涵芬楼影印道藏本和俞樾《诸子平议》。该书在吸取范望、司马光、叶子奇等前人注释的基础上，作以校释，注重对前人成果的参考和引用，择善而从，力求校释准确、严谨。《太玄》之所以晦涩难懂，很大程度上是因为扬雄在撰写此书时，将一些生僻、罕见的方言字词用上。在扬雄文笔艰深的基础上，又多了诸多方言奇字，其晦涩难懂可想而知。《太玄校释》的一大贡献，是对扬雄所用的方言奇字也做了疏释，这在很大程度上便于读者深入了解《太玄》。另外，关于《太玄》所包括的天文学知识，该书也做了说明，力求使《太玄》成为一部可懂的书。

刘韶军先生为《太玄》的校注、整理工作作出了重要贡献，由他点校的《太玄校注》和《太玄集注》是当今研究《太玄》的重要参考资料，而他所著的《扬雄与〈太玄〉研究》，无论是对扬雄研究，还是对其他文献、思想的研究，都具有重要的贡献和价值。

刘韶军的《太玄校注》①，在吸取前人注本的基础上加以校注。《太玄》现存版本、注本约 72 种，另有前人校语 14 种。该书尽力搜求，虽未能找到全部现存版本注本，但搜到其中最重要的本子并加以校勘。该书对前人所校择善而从，校注不仅限于字义之释，更深入字义之后的思想中尽量挖掘其意，力求准确、严谨，是研究《太玄》的重要参考资料。

刘韶军点校的《太玄集注》②。司马光根据前人宋衷、陆绩、范望、王涯、陈渐、吴秘、宋惟幹七家注本，校勘文字，辨析音义，断以己意，著成《集注》。刘韶军教授以《集注》明抄本为底

① 刘韶军：《太玄校注》，华中师范大学出版社 1996 年。

② 刘韶军：《太玄集注》，中华书局 1998 年。

本，参校了大典本、道藏本等，并对原书分段标点断句，即此整理本。该《集注》不仅注意解释《太玄》的文意，而且注意从文字校勘方面整理《太玄》，对其中的文字异同和异音异义进行了详细校勘和记录，对后人的整理工作，具有十分宝贵的价值。此外，司马光的《太玄集注》，在深入研究扬雄《太玄》的基础上，形成自己的独特见解，然后广泛搜集前人注解，认真分析比较各家的优劣长短，去其荒诞不经的成分，取其有理有据的因素，融会贯通，择善而从，重新组合，刘韶军先生认为"确有脱胎换骨、点石成金之妙"。该《集注》释疑去滞，简明扼要，玄理昭然，贴切可信，是当今学者研究《太玄》的重要参考资料。

刘韶军的《扬雄与〈太玄〉研究》，注重文献整理研究与思想的阐释相结合，同时把扬雄其人的研究与《太玄》其书的研究结合起来。首先，该书深入探讨《汉书·扬雄传》的内容，尽量对其中涉及的问题深加追寻，以求对扬雄其人的理解更为深入而完整。其次则是对《太玄》其书进行全面清理，包括它的历代传本及其独特结构体例进行全面整理与分析。然后是对《太玄》的重要思想观念、思想渊源和思维方式进行全面分析阐释，该书没有停留在字义疏证层面，而是将其中的丰富思想内容结合原文文本仔细分疏探讨，这比一般的注疏更为深入详尽，更重视其中的思想内涵，且与乾嘉学派那种考证有所不同。该书的研究，一方面利用文献学的各种方法，如版本、目录、校勘、训诂、考证等方法，另一方面则利用思想研究的分析方法，相辅相成，这样才能对古代文献所蕴涵的丰富内容有更深入和全面的理解，由此才能发现更多的新内容，从而使相关的研究得到发展。

问永宁《太玄与易学史存稿》[①]，在文献考证研究的基础上，主要围绕着易学的历史发展、不同易学家的思想、经典文本《太玄》的考证等几个方面进行阐发。对《太玄》尚古易文的关系等进行了详细梳理，对《太玄》的作者、测辞、筮法、与古易的关系、是否为谤书等《太玄》研究中的诸多问题多有论述。对易学文本的考察则以《太玄》的作者、测辞、筮法、与古易的关系等为主，学理性强。书中还贯穿了作者的思考及对当今易学研究的一些看法，体现了作者的质疑、反思精神。全书论据扎实，引证丰富，编排适当，行文流畅，既有历史脉络的梳理，也有经典的文本注解，是研究《太玄》与易学关系的重要参考书籍。

《太玄》一书历经千年，由于不同版本流传，造成了很多异文异音异义现象。此外，历代学者关于《太玄》的注解和研究，不少已经散佚，这无疑给今人的校勘、考订、整理增加了很大难度。幸而学术界诸多学者承担起繁重、艰辛的工作，对《太玄》相关资料进行了严谨、细致地考订与整理，使《太玄》这部博奥深邃、艰深晦涩的著作，得以被更多的读者了解和探讨，为今后学者对《太玄》的进一步研究奠定了重要基础。

二、《太玄》的思想渊源研究

扬雄博极群书，遍览典籍，倾注心血著成《太玄》一书。《太玄》虽是拟《易》而作，但其中却蕴含着道家、儒家等不同的思想，因此，关于《太玄》的思想渊源，很多学者的观点也各有差异，归纳起来，主要分为四类：第一，《太玄》源于道家思想；第二，《太玄》源于易学思想；第三，《太玄》源于儒、道思想。第

① 问永宁：《太玄与易学史存稿》，商务印书馆 2017 年。

四，《太玄》源于易、老思想。

(一)《太玄》源于道家思想

扬雄师承著名道家学者严君平，对道家思想颇有造诣，而他倾尽心血著成的《太玄》也深受道家思想的影响。很多学者从道家角度研究《太玄》，但这牵涉到“道家”的界定问题，且先秦道家和汉代道家的思想也各有所异。因此，学者们对《太玄》源于道家思想的观点，也可以分为两个方面。

1.《太玄》源于以《老子》为代表的先秦道家

清宫刚[①]的《扬雄与道家思想》[②]认为《太玄》是据《老子》道而形成的“玄”的体系，实际上是道和玄两者的统一，体现了扬雄对道家思想的吸收。

王世达的《简论〈太玄〉外易内道的结构特色》[③]指出玄的概念源出老子，而《周易》中是没有玄这个概念的。在本体论上，玄跟道一样具有二重性，而易则不然。在宇宙发生论与辩证法的特征上，玄跟道一样，是一种“三”的结构，而易则是“二”的结构。在发展观上，玄继承了道之循环论，与易之发展观判然有别。在伦理观上，玄、道相近而玄、易相远。在人生态度上，玄与道是一脉相承的，是消极遁世、清静无为的，其目的是全身远祸，而其根据则是最纯粹、最富哲学意义的理智思考和规定。

张运华的《从〈太玄〉看道家理论思辨对扬雄的影响》[④]认为，首先，“玄”这一概念就来自《老子》一书，扬雄将其发展为

---

① 清宫刚虽是日本学者，但《扬雄与道家思想》经过河北大学原哲学系主任商聚德先生指导、杜彤英翻译，因此将该文收入综述。

② 清宫刚：《扬雄与道家思想》，《河北大学学报（哲学社会科学版）》1997 年第 4 期。

③ 王世达：《简论〈太玄〉外易内道的结构特色》，《人文杂志》1998 年第 6 期。

④ 张运华：《从〈太玄〉看道家理论思辨对扬雄的影响》，《唐都学刊》1999 年第 1 期。

天地万物的本源，以及万物遵循的法则。其次，扬雄在事物变化过程中一分为三的思路，也是从道家“道生一，一生二，二生三，三生万物”得来。再次，《太玄》关于事物转化的思想，也来自道家的辩证思维，尽管扬雄的这种辩证思维就比老子更彻底、更科学，但它由老子发展而来却是不容否认的。

王萍的《严遵、扬雄的道家思想》[①] 发现扬雄撰《太玄》等，将源于老子之道的玄作为最高范畴，并在构筑宇宙生成图式、探索事物发展规律时，对道家思想多有融摄和发展。

陈广忠、梁宗华的《道家与中国哲学（汉代卷）》[②] 中指出黄帝、老子、庄子的思想体系，是创作《太玄》的灵魂，扬雄的宇宙模式融进了西汉之前的天文、律历、阴阳五行等自然科学研究成果。

2.《太玄》源于以黄老之学为代表的汉代道家

魏启鹏的《〈太玄〉·黄老·蜀学》[③]，从整个汉代学术史考察《太玄》世界图式的渊源，认为《太玄》仍来自黄老之学。扬雄承继严遵，赋予“玄”更丰富的本体论内含，在幽深渺冥中支配万有，“少则治众，无则治有”，实际上为以“有无”作辩论的中心课题、以探究世界本体为其哲学基本内容的魏晋玄学，做了较充分的思想准备。

雷健坤的《扬雄信道的思想特质》[④]，首先分析了黄老之学的特点，认为扬雄的思想本质是信奉黄老道家，并指出具体体现在：

---

① 王萍：《严遵、扬雄的道家思想》，《山东大学学报（哲学社会科学版）》2001 年第 1 期。

② 陈广忠、梁宗华：《道家与中国哲学（汉代卷）》，人民出版社 2004 年。

③ 魏启鹏：《〈太玄〉·黄老·蜀学》，《四川大学学报（哲学社会科学版）》1996 年第 2 期。

④ 雷健坤：《扬雄信道的思想特质》，《学术研究》1997 年第 9 期。

尚玄与崇道的精神相通：少欲节俭的主张与黄老“虚无为本”相契合；尚因循，讲损益，深合黄老“与时迁移，应物变化”之旨：表面强调礼教仁义实际承袭黄老“形德并举、礼法兼治”的主张：对诸子有取舍的批判与黄老博采众长、择善而从的特点相合。

熊铁基的《秦汉新道家》[①] 指出扬雄的《太玄》继承和发展了黄老道家“道论”。扬雄的“玄”，就是道家的道。扬雄以“玄”代替了“道”，但有关“道”的问题又没有说得很清楚。他的“玄论”和西汉前期形成的“道论”有许多不同，但基本点是一致的。但扬雄的“玄论”，是黄老新道家“道论”的继承是毋庸置疑的，既讲宇宙事物的本原，又讲宇宙事物发展的总规律，并且在具体论述上有许多发展，除三分法之外，还有对于精、气、神等等的理解和运用，以及许多辩证法思想的阐述等等。

以上学者大多是将《太玄》的“玄”与《老子》的“道”进行比较和分析，阐述两者的内涵异同，进而将道家思想视为《太玄》的思想渊源。部分学者认为，“玄”即是“道”，这种说法有待商榷。先秦至西汉末年，学术思想和自然科学都有了很大的发展，扬雄又是一位博极群书、学识渊博的学者，所以，《太玄》的“玄”不能简单地与《老子》的“道”画上等号。

（二）《太玄》源于汉代易学

井海明认为：“汉代易学以象数学为主流，同时还存在着以义理与黄老之学解易之倾向，整个成果十分可观，并对后世易学发展产生重大影响。”[②] 扬雄身处易学的兴盛繁荣时期，在他拟《周易》创作《太玄》之际，也对汉代易学进行了深入的研读。不少

① 熊铁基：《秦汉新道家》，人民出版社 2001 年。

② 井海明：《汉易象数学研究》，山东大学博士学位论文，2006 年。

学者认为，汉代易学也是《太玄》重要的思想渊源。

吴则虞的《扬雄思想评议》[1] 认为《太玄》虽是一部易“稽览图”的再创作，以“京房卦气”“洪范五行”为骨干的卜筮之书，但扬雄不谈灾祥，不信妖妄，建立了完整的“以人占天”的新体系。金春峰的《汉代思想史》[2] 指出《太玄》的体系实际不过是纬书或孟喜卦气说的翻版，除了依据浑天说，它没有包容和概括任何新的知识。问永宁的《试论〈太玄〉与古易的关系》[3] 认为《太玄》与古文《易》有较密切关系，对于《归藏》和简帛《易》的研究，对于《易》本义的探讨均有重要学术价值。在《〈太玄〉与汉代易学》[4] 中，问永宁又探讨了《太玄》与西汉诸家易学的关系，认为《太玄》与孟氏《易》有密切的关联，虽和京氏《易》有关但关系不大，《太玄》未受焦氏《易林》影响，也和《易纬》没有直接的关系。解丽霞的《综参古〈易〉：〈太玄〉的易学渊源》[5] 认为《太玄》不仅仅是模仿《周易》，而是综合参照了当时存在的古《易》，通过分析《太玄》与《连山》《河图》《洛书》的具体关系，认为《说卦》是《太玄》与古《易》联结的纽带。

以上学者联系扬雄所处的时代背景和学术背景，认识到汉代易学的兴盛繁荣，尤其是象数之学的发展，对扬雄思想的影响，进而将汉代易学视为《太玄》的思想渊源。部分学者指出，汉代的《周易》与当今的《周易》有所不同，扬雄虽是拟《易》作《玄》，但也参考了《连山》《归藏》等古《易》著作，以及汉代易

① 吴则虞：《扬雄思想评议》，《哲学研究》1957 年第 6 期。

② 金春峰：《汉代思想史》，中国社会科学出版社 1987 年。

③ 问永宁：《试论〈太玄〉与古易的关系》，《深圳大学学报》2006 年第 4 期。

④ 问永宁：《〈太玄〉与汉代易学》，《唐都学刊》2006 年第 5 期。

⑤ 解丽霞：《综参古〈易〉：〈太玄〉的易学渊源》，《周易研究》2007 年第 4 期。

学的研究成果。这不仅丰富了《太玄》思想渊源的相关研究内容，也为其他学者的研究提供了新的启发和参考价值。

（三）《太玄》源于儒、道思想

扬雄推崇孔孟儒学，又师承严君平，道家思想造诣颇深。他作《太玄》，旨在恢弘儒学道统，挽救西汉后期儒家学统危机。因此，《太玄》思想源自儒、道，为很多学者所认同。

吴全兰的《论扬雄的心态特征》① 通过对扬雄心态特征的研究，指出扬雄不仅继承了孔孟的儒家思想，也吸收了道家思想的精华，拟《周易》而作《太玄》，拟《论语》而作《法言》，对中国哲学史的发展造成了重要影响。

徐复观的《两汉思想史》② 认为《太玄》是京氏《易》的一种演进，它以《老子》的道德为体，以儒家的仁义为用。

叶福翔的《易玄虚研究》③ 认为扬雄集儒道思想和阴阳五行为一体，创作出了独特的《太玄》，《太玄》与孟京易学、《易纬》、帛易都无关系。

陈强的《略论扬雄思想的理论来源》④ 通过剖析《太玄》和《法言》两部著作，指出扬雄思想来源于儒和道，以及阴阳家。

魏鹏举的《述“事”作“文”：扬雄〈太玄〉旨意探微》⑤ 认为《太玄》的思想体系并非完全是道家思想，而是以“玄”阐述儒家仁义道德，是儒道融合思想的体现。

---

① 吴全兰：《论扬雄的心态特征》，《冀东学刊》1997 年第 2 期。

② 徐复观：《两汉思想史》，华东师范大学出版社 2001 年。

③ 叶福翔：《易玄虚研究》，上海古籍出版社 2005 年。

④ 陈强：《略论扬雄思想的理论来源》，《青海社会科学》2007 年第 5 期。

⑤ 魏鹏举：《述“事”作“文”：扬雄〈太玄〉旨意探微》，《文学评论》2009 年第 3 期。

杨福泉在《〈太玄〉的撰著旨趣及儒道兼赅的哲学思想》[1] 考察了《太玄》对前人思想的继承和发展。首先，《太玄》的哲学体系乃是融合儒道思想的产物。其次，扬雄所谓玄兼天、地、人之道，可能受到自董仲舒以来的“天人合一”思想的深刻影响。再次，扬雄正是继承和发展了其师严君平“引《易》入《老》”的学术特点，他的《太玄》将《周易》和《老子》有机融合，建立了一个儒道兼赅的哲学思想体系。其兼赅儒道的《太玄》思想，不但成为魏晋玄学的重要学术渊源，而且成为继《老子指归》之后，两汉哲学向魏晋玄学转变的又一个重要中间环节。

叶秀山的《中国哲学精神之绵延（二）——扬雄〈太玄〉的哲学意义》[2] 认为扬雄的《太玄》主要是把儒家和道家思想“结合”在一个“玄”的体系中，这个“结合”是凝固的，其运动也是一种凝固式的如“车轴”之“运转”。

张昭炜的《扬雄“太玄”释义》[3] 指出扬雄的太玄思想在儒道两家有会通趋势的背景下形成，扬雄的思想是儒道兼宗，玄是元气的母体，是渊，是根，道家由玄关开启众妙之门，儒家由透关得灵根，生生不息，这是儒道在缄默中的相合处。

以上学者从儒、道融合的角度，分析《太玄》的思想渊源，不仅联系了扬雄所处的时代背景和学术背景，也参考了儒、道两家的思想精髓，深入阐述了扬雄对前人思想的继承。总的来说，扬雄思想源自儒、道思想，是较为全面的说法。

---

① 杨福泉：《〈太玄〉的撰著旨趣及儒道兼赅的哲学思想》，《绍兴文理学院学报》2009年第4期。

② 叶秀山：《中国哲学精神之绵延（二）——扬雄〈太玄〉的哲学意义》，《清华西方哲学研究》2016年第1期。

③ 张昭炜：《扬雄“太玄”释义》，《哲学研究》2018年第10期。

(四)《太玄》源于易、老思想

《周易》与《老子》虽是儒、道两家分别尊奉的经典著作，但两者之间存在着诸多关联，并构成了汉魏时期易、老会通思潮的基础。扬雄身处两汉之际，又深谙道家与易学思想，因此，很多学者将《太玄》视为易、老会通的杰作。

侯外庐的《中国思想通史》[①] 认为扬雄摄取周易与老子的理论，并杂以阴阳家的神秘主义（历数），而铸成其二元论的世界观。

郑文的《〈太玄〉学说初探》[②] 发现《太玄》具有唯物主义成分，是依据浑天说和《太初历》，承袭了《老子》和《周易》之故。

任继愈的《中国哲学发展史》[③] 认为《太玄》体系之内，确实包含着比较丰富的辩证法思想，除了来自扬雄对客观世界的正确观察以外，还继承了《老子》与《周易》的辩证法，从而兼有这两家的特点。

冯友兰《中国哲学史新编》[④] 认为，首先，《太玄》在形式上是摹仿《周易》的一部占筮的书。扬雄批判地吸取了汉人讲《易》的许多说法，加入当时关于天文、历法的知识，创造了一个世界图式，从而和官方的正统哲学对立起来。其次，扬雄所讲的“玄”，另一方面是指《太玄》这部书所说的哲学体系，也就是上面我们讲的那个世界图式；一方面是指他认为是天地万物的根本。他所认识的这个根本相当于道家所说的“道”，“玄”这个名词也

---

① 侯外庐：《中国思想通史》，中华书局 1957 年。

② 郑文：《〈太玄〉学说初探》，《西北师大学报（社会科学版）》1979 年第 4 期。

③ 任继愈：《中国哲学发展史》，人民出版社 1985 年。

④ 冯友兰：《中国哲学史新编》，人民出版社 1985 年。

是从《老子》第一章来的。最后，扬雄所说的“玄”是精神性的实体，还是物质性的实体，他没有明确地说明。但是，就他的整个体系来看，他所说的“玄”，相当于当时流行的思想所说的元气。关于“玄”的思想也是稷下黄老学派和《淮南子》中的唯物主义哲学思想的继续。

周立升的《〈太玄〉对“易”“老”的会通与重构》[①] 认为《太玄》拟《易》，同时又吸收了道家的天道观和辩证法，吸取浑天说而建构宇宙图式，以太初历三统历为基础创制特别的历法，吸收并改造了孟、焦、京等人的卦气说，认为《太玄》的三分法直接脱胎于《老子》，就运思理路而言，《太玄》明显地近于《老子》，而与《周易》有所不同。

金生杨的《汉唐巴蜀易学研究》[②] 认为扬雄作《太玄》，融合《易》《老》。扬雄从《老子》中找到了“玄”这个术语，以“玄”为中心，参照《易》的结构，构造了一个无所不包的世界图式。

曾加荣的《玄默自守的深湛之思——论扬雄〈太玄〉与〈法言〉的价值》[③] 发现《太玄》是对《老子》之学和《周易》之学的继承和改造，并且表现出很明显的儒家观点和立场。汪奠基的《中国逻辑思想史》[④] 指出《太玄》是一部比较复杂而且烦琐的独重逻辑推类的思想著作。它继承了《周易》的损益与《老子》倚伏的世界观，同时把阴阳家历数推衍的抽象方法，也尽量运用来作为构成神秘宇宙的推衍方式。

---

① 周立升：《〈太玄〉对“易”“老”的会通与重构》，《孔子研究》2001年第2期。

② 金生杨：《汉唐巴蜀易学研究》，巴蜀书社2007年。

③ 曾加荣：《玄默自守的深湛之思——论扬雄〈太玄〉与〈法言〉的价值》，《蜀学》2010年。

④ 汪奠基：《中国逻辑思想史》，武汉大学出版社2012年。

井雷的《〈太玄〉象数与汉代易学卦气说》[①] 认为扬雄作《太玄》，将“玄”作为最高的哲学范畴，其思想明显受到了道家思想的影响。另外，《太玄》仿《易》实际上仿的是汉代易学，尤其是孟喜、京房的“卦气说”。这也是《太玄》八十一首的排列顺序和今本《周易》不同而与“卦气说”相应的主要原因。汉代易学“卦气说”是《太玄》最主要、最直接的思想依据。

以上学者联系了汉魏时期易、老会通的学术背景，从更加宏观的层次对《太玄》思想的来源进行分析，阐述了《太玄》对《周易》《老子》思想的继承和发展，不仅拓展了《太玄》思想的研究领域，也为今后学者的研究提供了新的角度。

综观上述四种观点，尽管不同学者对《太玄》思想渊源的看法各有不同，但从不同角度和层次对《太玄》思想渊源进行了追溯和探讨，丰富了《太玄》的研究领域和内容，为今后的《太玄》研究提供了重要的参考价值。

三、《太玄》的道家与易学思想

《太玄》一书创作于易、老会通思潮日渐发展的西汉后期，被誉为易、老会通的杰作，其中包含了丰富的道家思想与易学思想。1949 年以来，学者对《太玄》的道家思想与易学思想展开了深入的研究，主要内容包括三个方面：第一，关于“玄”的探讨；第二，《太玄》的辩证法思想研究；第三，《太玄》与《周易》的比较研究。

（一）关于“玄”的探讨

《太玄》一书所论述的“玄”，是扬雄哲学体系的重要概念，

---

① 井雷：《〈太玄〉象数与汉代易学卦气说》，山东师范大学硕士学位论文，2013 年。

对“玄”的探讨，是研究扬雄思想不可或缺的重要途径。因此，学术界诸多学者对“玄”这一概念，进行了严谨而深刻地探讨。解丽霞教授在《扬雄与汉代经学》① 一书中，曾将学术界对“玄”的探讨，分为元气说、本体说和多义说。时至今日，该分类仍是较为准确而合理的，因此，本书仍沿用解丽霞教授的分类，将学术界关于“玄”的探讨，分为元气说、本体说和多义说，并分别加以论述。

1. 元气说

学术界中，部分学者将扬雄视为唯物主义思想家或二元论思想家，因此，他们并不认同多数学者将“玄”看作是“观念性实体”的说法，而是将“玄”解读为“物质性实体”——元气。

叶幼明的《扬雄的“玄”是一个唯物主义命题》② 首先从扬雄与《太玄》同一时期撰著的其他著作来考察，认为扬雄始终坚持唯物主义的思想，是一位唯物主义的思想家，因此，在扬雄拟《周易》而作的《太玄》中，“玄”也是一个物质性的概念。其次，从与扬雄同时代人的评论来看，扬雄说的玄就是元，《太玄》一书就包括了元气，证明“玄”不是一个唯心主义的概念，而是一个唯物主义的命题。再次，从文字训诂看，玄即元，亦即气。“元者，气之始也。”元就是元气，指构成天地万物的最原始的物质。最后，从《太玄》对“玄”的描写看，“玄”是构成天地万物最原始最根本的物质。

冯友兰的《中国哲学史新编》③ 认为扬雄所说的“玄”是精神

① 解丽霞：《扬雄与汉代经学》，广东人民出版社 2011 年。

② 叶幼明：《扬雄的“玄”是一个唯物主义命题》，《湖南师范大学社会科学学报》1997 年第 4 期。

③ 冯友兰：《中国哲学史新编》，人民出版社 1985 年。

性的实体，还是物质性的实体并明确的说明。但是，就扬雄的整个体系看起来，他所说的“玄”，相当于当时流行的思想所说的元气。

郑文的《金城丛稿》[①] 指出扬雄所谓的“玄”，即刘歆所谓的“太极元气，函三为一”的元气，也叫作天、易或道。

以上学者联系扬雄的其他著作、同时代人的评论和当时流行思想所说的元气等，对“玄”展开了另辟蹊径的解读，将“玄”视为元气，拓展了关于“玄”的研究角度，丰富了相关研究的内容。

2. 本体说

相比于“元气说”的观点，更多的学者认为“玄”的内涵极广，无所不包，并未将“玄”视为一种“物质性实体”，而是从本体论的角度对“玄”进行了探讨。

张岱年先生在《中国唯物主义思想简史》[②] 中，认为扬雄的“玄”和老子的“道”是超越物质世界之上的绝对，这个绝对是没有任何相对的性质的，而是一切具有相对性质的事物的唯一本原。扬雄关于玄的学说表现出他在抽象思维方面已达到较高的水平。在《中国古代著名哲学家评传·续编一·先秦两汉部分》[③] 中，张岱年先生也指出，扬雄在《太玄》中，提出了一个关于天地生成的学说，他以“玄”为天地万物的本原。“玄”是扬雄学说体系的最高范畴。扬雄以玄来指称包括天道、地道、人道的最高的道。玄不是元气，而是最高的道，即最高原理。从这个意义上说，玄乃是一种观念性的实体，因而，扬雄的天地本原的学说是一种客

① 郑文：《金城丛稿》，齐鲁书社 2000 年。
② 张岱年：《中国唯物主义思想简史》，中国青年出版社 1957 年。
③ 张岱年：《中国古代著名哲学家评传·续编一·先秦两汉部分》，齐鲁书社 1982 年。

观唯心主义。

北京大学哲学系中国哲学史教研室编写的《中国哲学史》（上册）① 认为《太玄》的最高范畴是“玄”。玄是世界的最高本原，是一切事物的最初根本。玄是最高原理，它不是物质性的，而是一种非物质性的绝对，也就是绝对观念。扬雄肯定绝对观念为世界的根本，所以他的哲学是一种客观唯心主义。扬雄的客观唯心主义表现于两点：一是他提出了一个世界图式，二是他又认为这个世界图式包含于一个绝对观念“玄”之中。

那薇的《试论扬雄的宇宙结构论》② 认为扬雄的《太玄》图式紧密联系着浑天说，“玄”是天地万物和人类社会排列的秩序、条理、原则。

刘晓东《试论糅合儒道的思想家扬雄》③ 指出扬雄学说体系中的最高范畴是“玄”。在以下两个重要方面，扬雄的“玄”等同于老子的“道”：其一，“玄”是宇宙万物发生、运动及其秩序的一元本源；其二，对立物的联系和相互转化是“玄”运行的基本法则。但是有一点特别值得注意，老子的“道”不承认“人道”，确切地说“圣人之道”，而扬雄的“玄”不同于老子的“道”，正在于它肯定了人“道”。

祝瑞开的《两汉思想史》④ 认为扬雄的“玄”脱胎于《易经》的“易”和《老子》的“道”，更直接的，来自严遵的“玄”，是唯心主义的本源。扬雄继续严遵对宇宙本体的探讨，把本体进一步概括为“玄”，并开始把儒、道二家思想结合起来。扬雄哲学二

① 北京大学哲学系中国哲学史教研室：《中国哲学史》，中华书局 1980 年版。
② 那薇：《试论扬雄的宇宙结构论》，《中国哲学史研究》1985 年第 3 期。
③ 刘晓东：《试论糅合儒道的思想家扬雄》，《江西社会科学》1987 年第 4 期。
④ 祝瑞开：《两汉思想史》，上海古籍出版社 1989 年。

元论的理论依据在于精气说，他一方面用精气说来论证他的“玄”的唯心主义本源，另一方面又根据精气说阐说了他的朴素的唯物主义自然观和反对长生不死的观点。

魏启鹏的《〈太玄〉·黄老·蜀学》① 认为应将“玄”与《老子指归》中的“太和”相比，不应和老子的“道”、孔子的“元”同论，《太玄》更关注于本体论的说明，进而联系比较严遵的宇宙生成论和本体论，更贴切地理解扬雄的“太玄”范畴。

李军的《扬雄与玄学》② 认为在宇宙本体论上，扬雄借取老氏“道”论，提出了“玄”的哲学范畴并将其作为宇宙万物的本根，从而在一定程度上超越了汉儒传统的阴阳五行说和象数学宇宙观，将两汉形上之学的中心从宇宙论引向本体论，这对正始玄学“无”本体论的确立起到了重要的过渡作用。

周立升的《〈太玄〉对“易”“老”的会通与重构》③ 认为“太玄”来源于老子的“玄”，是本体，是万物的本根，与元气关联。玄无为而无不为，它无所不包，儒家、道家的观念都包含其中。

叶福翔的《易玄虚研究》④ 批评了侯外庐《中国思想通史》所说“扬雄的二元论思想”，认为玄是唯一的本源和动力，《太玄》哲学是一种一元论哲学，绝不是二元论。

姜晶晶的《扬雄与王充天人思想的比较研究》⑤ 认为在天道观问题上扬雄视天道为“玄”，认为“玄”是最高本原，肯定“玄”的无上地位，“玄”通过“摛措阴阳”而“发气”从而衍生天地

---

① 魏启鹏：《〈太玄〉·黄老·蜀学》，《四川大学学报（哲学社会科学版）》1996 年第 2 期。

② 李军：《扬雄与玄学》，《中华文化论坛》1997 年第 1 期。

③ 周立升：《〈太玄〉对“易”“老”的会通与重构》，《孔子研究》2001 年第 2 期。

④ 叶福翔：《易玄虚研究》，上海古籍出版社 2005 年。

⑤ 姜晶晶：《扬雄与王充天人思想的比较研究》，山东大学硕士学位论文，2016 年。

万物。

以上学者通过对“玄”的解读，认为“玄”是天地万物的本原。与持“元气说”的学者不同的是，持“本体说”的学者并未将“玄”视为“物质性实体”。多数学者甚至认为“玄”是最高的道，是一切事物的最初本原。它是一种绝对观念，一种“观念性的实体”，进而指出，扬雄肯定绝对观念是世界根本，所以扬雄思想也是唯心主义思想。两种观点的不同，源自对“玄”的理解和阐释有异，虽然多数学者认同“本体说”的观点，但扬雄思想中确实包含了唯物主义的思想，所以“元气说”也有其合理之处。

3. 多义说

学术界也有部分学者在探讨“玄”这一概念中，提出了“多义说”这一观点。相比于以上学者，持“多义说”的学者从不同层次、不同角度、不同方面对“玄”展开了更加全面、系统地分析和阐述。

张聿飞的《论扬雄在中哲史上的地位》① 对“玄”概念做了三个层次的解读：“玄”是万物的根本，无所不在，而且是不露痕迹的东西；“玄”是总括“天道”“地道”和“人道”的东西；“玄”是产生阴阳之气和自然规律的东西。

郑万耕的《扬雄〈太玄〉中的宇宙形成论》② 认为“玄”在《太玄》中至少有以下含义：一是指《太玄》书；二是指《太玄》的哲学体系或世界图式；三是指世界的最高本源；四是指事物变法的规律或法则；五是指事物的变化神妙不测。

任继愈的《中国哲学发展史》③ 认为“玄”具有两重性。“玄”

① 张聿飞：《论扬雄在中哲史上的地位》，《哈尔滨师院学报》1962 年第 1 期。
② 郑万耕：《扬雄〈太玄〉中的宇宙形成论》，《社会科学研究》1983 年第 4 期。
③ 任继愈：《中国哲学发展史》，人民出版社 1985 年。

既是宇宙的原始物质状态，包含着元气，是实有的；又是宇宙的精神本源，它产生元气，是虚无的神妙莫测的。“玄”是虚无眇冥的，它本身不含气而只发气，它产生万物不是自然分化的过程，而是借助虚无的作用，其因果关系不可得而知之。

韩敬的《〈太玄〉与〈周易〉之比较研究——兼论扬雄在中国哲学史上的地位与作用》① 认为“玄”既具有宇宙论意义又具有哲学本体论意义，但玄的本体性质在扬雄学说里未能给以充分的描述。

黄开国的《论扬雄哲学的玄范畴》② 对扬雄“玄”的三种含义进行了分析，并总结道：第一种以玄为万物本源的观点，主要反映了扬雄对以往哲学的继承。第二种以玄为世界总法则的含义，则与《老子》把道作为世界总规律的观点相近，因而主要表现了扬雄对《老子》哲学的继承。第三种以玄为包容天地人的绝对，则表现了扬雄对秦汉哲学思想的发展，是扬雄关于玄概念最重要、最基本的规定。

张立文的《扬雄的太玄哲学》③ 从四个方面解读扬雄的“玄”：其一，玄在幽冥中开展出万类万物，而不显露其形象。其二，玄凭借虚空资生陶养出天体及运行的规则，换言之，玄生养天地万物。其三，玄贯通万物古今发展的过程和区分万物的种类。其四，玄的功用体现为伦理道德。

徐贵圆的《扬雄眼中的道家思想——以〈太玄〉为例》④ 从两

---

① 韩敬：《〈太玄〉与〈周易〉之比较研究——兼论扬雄在中国哲学史上的地位与作用》，《思想战线》1987 年第 5 期。

② 黄开国：《论扬雄哲学的玄范畴》，《社会科学研究》1990 年第 1 期。

③ 张立文：《扬雄的太玄哲学》，《孔子研究》2013 年第 6 期。

④ 徐贵圆：《扬雄眼中的道家思想——以〈太玄〉为例》，《鸡西大学学报》2014 年第 1 期。

个方面讨论“玄”：首先，“玄”指的是道的变化多端，幽深高远，玄妙莫测。《老子》书中的“道”，既是指世界的统一原理，又是世界发展原理。它先天地而存在，是万物的根本、宗主、本源，扬雄认为“玄”也拥有“道”所具有的特性，所以“玄”是宇宙的本源。其次，《太玄》之“玄”，所体现的又是宇宙万物运动的规律，这种规律，是自然形成的。天、地、人尽管有各自的运动规律，而“玄”乃是三者的总括。

以上学者关于“玄”的探讨，并非简单地将前两种观点相结合，而是从多种角度和不同层次，对“玄”进行了详细的解读，不仅深化了对“玄”这一概念的理解，也拓展和丰富了相关的研究内容。

综观上述学者对“玄”的探讨，大多是联系扬雄思想体系，从整体上分析“玄”这一概念。对扬雄思想体系的观点不同，在一定程度上影响了学者们对“玄”的认识。而对“玄”的不同解读，也影响着学者对扬雄思想的把握和理解。从意识形态上看，扬雄思想究竟属于唯物主义思想，唯心主义思想，还是二元论思想？学术界一直没有定论。从学术渊源上看，学者们探讨的重点集中于“玄”与道家思想的渊源，包括以《老子》为代表的先秦道家和汉代的黄老道家。不少学者认为，易学是《太玄》的重要思想渊源，“玄”又是《太玄》最重要的概念，但“玄”与易学之间的联系，却鲜有学者涉及。就“玄”之思想本身而言，学者们主要集中于宇宙论和本体论两个方面，相关研究内容已经较为详细和全面。也有学者如田小中提出，从“玄”的价值论这一角度进行分析，但相关的研究内容依然不多。总的来说，“玄”作为《太玄》哲学思想体系最重要的概念，值得当今学者进行更加深入的探究。

(二)《太玄》的辩证法思想研究

《太玄》的辩证法思想，是《太玄》研究的重要内容，不少学者对此进行了深入的分析和阐述。

任继愈的《中国哲学史》① 认为，扬雄承认自然现象中有对立和转化，但是讲到社会现象时，他却认为社会上的尊与卑，是不能相互转化的。另外，矛盾双方的对立面，他认为只有一方面经常起主导作用，其性质也是不可改变的。扬雄的辩证法观点，严重地被他的形而上学的哲学（玄）体系所窒息，没有跳出循环论的圈子。它的主要错误在于脱离了条件，孤立地只讲变化的公式。他所虚构的逻辑体系把发展变化局限于一定的程式上和一定的范围内，也是不利于辩证法发展的。

张岱年的《扬雄评传》② 认为《太玄》的变与反的学说包含辩证法的观点，但又归结为循环论。其“道有因有革”的关于历史变化的见解，具有深刻的思想价值。

金春峰的《汉代思想史》③ 认为《太玄》思想体系整体上没有价值，但如因革损益、新故更代的辩证法思想应做局部的肯定。

方立天的《中国古代哲学问题发展》④ 认为扬雄关于变化阶段性的论述，是有辩证法思想因素的，但把事物变化的阶段凝固化、机械化，又有着形而上学的缺陷。扬雄重视转化中的“极”的观念并描述了转化的过程，是对《周易》《老子》思想的发展，而在人事上尊卑不能转化，和阳尊阴卑的形而上学观点靠拢了。

---

① 任继愈：《中国哲学史》，人民出版社 1963 年。
② 张岱年：《扬雄评传》，《中国哲学史研究》1984 年第 3 期。
③ 金春峰：《汉代思想史》，中国社会科学出版社 1987 年。
④ 方立天：《中国古代哲学问题发展》，中华书局 1990 年。

陈广忠、梁宗华的《道家与中国哲学》[①] 认为《太玄》对自然界、人类社会等普遍存在对立一和矛盾这一现象，有非常深刻的认识。

郑万耕的《扬雄及其太玄》[②] 用较大的篇幅深入分析了扬雄的自然哲学思想，对扬雄吸收前人思想成果，构造包罗万象的自然哲学系统，提出具有朴素唯物主义倾向和辩证法因素的宇宙理论，探讨事物发展变化的法则等贡献，文章给予了中肯的评价。但由于时代和阶级的局限，扬雄思想纯驳并存，瑕瑜互见，故文章也实事求是地分析并指出了扬雄哲学思想的糟粕。

严一钦的《从严遵〈老子指归〉看严遵和扬雄的思想共性》[③] 认为，扬雄与严遵都深切地认识到世间人生福祸相依，因此，他们认识到了矛盾的双方是变化发展着的，矛盾的不同方面是会转化的，因此人们需要顺时而行，注意未雨绸缪。由于他们的辩证法思维，严遵和扬雄能够以发展变化的眼光看待问题。不过又因为辩证法思维的缺陷，导致他们把发现某些事物由幼小或萌芽成长起来最后又归于原初的过程机械化了。

曾仕礼的《两汉哲学》[④] 认为，在扬雄看来，事物在其运动、变化和发展的过程中不仅要有所继承，也应该有所变革。“因”与“革”都一定要合乎自身运动、变化和发展的规律，“革”要合乎“时”，“因”也要合乎“理”，否则，事物就不会按照预期的目标顺利地向前发展。在这里，扬雄虽然没有说明“时”与“理”的

---

① 陈广忠、梁宗华：《道家与中国哲学》，人民出版社 2004 年。

② 郑万耕：《扬雄及其太玄》，巴蜀书社 2008 年。

③ 严一钦：《从严遵〈老子指归〉看严遵和扬雄的思想共性》，福建师范大学硕士学位论文，2010 年。

④ 曾仕礼：《两汉哲学》，云南大学出版社 2011 年。

具体内容，但是他毕竟看到了“因”与“革”之间的辩证关系。

吴静的《四川文化名人扬雄研究》[①] 指出，扬雄的哲学著作《太玄》模仿《易经》，主张世界上的事物存在变化和发展。他主张事物有因循变化，“因”是事物与它以前的产生者的继承的方面，“革”是事物创新的方面。

刘韶军的《论扬雄〈太玄·莹〉中福、祸、乐思想》[②] 根据《太玄·莹》中一段关于福与祸的论述，探讨扬雄关于福与乐关系的思想内涵，并与弗洛伊德、康德的相关思想进行对比。通过分析，文章指出扬雄《太玄·莹》中，包括如下几个思想：一，人们所谓的得失（得亡即得失，亡即是失），不是利的得失，而是福与祸的得失。二，人们的福与祸的得或失，不是由个人的意志来决定的，而是要由外在条件来决定的。三，顺或逆、正或邪是有具体内涵的。所谓顺或逆，是对天地自然规律的顺或逆，即不做违背天地自然规律的事，则得福而亡祸，反之则得祸而亡福。四，天道的顺与逆、人道的正与邪，其中既有自然规律的问题，又有人类社会道德的问题，而其在扬雄的福祸得失观中，得到了统一与整合，不再是分裂、互不相干的东西。五，人的正与邪有具体的规定，即“内正而外驯，每以下人”，此为正，反之则为邪。六，福与祸是相互转化的，即所谓“福不丑不能生祸，祸不好不能成福”。七，扬雄的理想人格——君子，是按以上思想来做人的，是按善与恶为自己思想行为的分水岭的，只行善，不行恶。

以上学者对《太玄》辩证法思想的阐述，虽然从不同立场展开分析，导致对《太玄》思想的毁誉不一，但所探讨的方面，基

---

① 吴静：《四川文化名人扬雄研究》，《成都纺织高等专科学校学报》2014 年第 3 期。

② 刘韶军：《论扬雄〈太玄·莹〉中福、祸、乐思想》，《西华大学学报（哲学社会科学版）》2018 年第 1 期。

本包含了扬雄的发展观、因革论等主要的辩证法思想，也丰富了《太玄》辩证法思想的研究内容。

（三）《太玄》与《周易》的比较研究

汉代是易学兴盛发展的时期。扬雄拟易学经典《周易》而创作《太玄》，以艰深晦涩之辞，对《周易》文本斟酌损益，苦心钻研，进而阐发《周易》经传幽深微妙的思想。因此，将《太玄》与《周易》进行比较研究，也是诸多学者研究《太玄》的重要方面。归纳起来，主要包括易理、象数、占筮三个方面的研究。

1. 关于《太玄》与《周易》易理的比较研究。

《周易》本是一部占筮之书，由于《易传》对其义理的诠释，"《周易》始成为一部哲学宝典，其原初的占筮的功用减弱，对变化世界的把握增加了理性的因素。它以道、太极、乾元、神等范畴对变化世界进行了根本的探求，以八卦系统构成其涵容万象的宇宙模式，并认为人对宇宙万象的根本体认只有诉诸德性主体的建立"①。扬雄拟《易》作《玄》，继承了前人解读《周易》的思想和方式，也对《周易》的核心义理做出了自己的诠释。不少学者曾对《太玄》与《周易》易理进行了比较研究。

韩敬的《〈太玄〉与〈周易〉之比较研究——兼论扬雄在中国哲学史上的地位与作用》② 详细比较了《太玄·中首》和《周易·乾卦》，认为扬雄对事物的发展的描述更完整、更深刻，也更有普遍意义。《易传》的宇宙发生论还是比较朴素的带有直观性的特点，而《太玄》没有停留在宇宙发生论中对宇宙的初始进行探讨，而是进一步对哲学本体论中万物万象之本体进行了探讨。

① 田小中：《〈太玄〉易学思想研究》，山东大学博士学位论文，2009 年。

② 韩敬：《〈太玄〉与〈周易〉之比较研究——兼论扬雄在中国哲学史上的地位与作用》，《思想战线》1987 年第 5 期。

郑万耕的《〈太玄〉"罔直蒙酋冥"的易学史意义》[1] 指出：扬雄第一次将"元亨利贞"配之春夏秋冬四时，说明万物生长收藏的过程，突破了道德的领域，具有世界观的意义。其"罔直蒙酋冥"的提法虽未被后人接受，但其中所包含的意蕴，却为后来的易学家所吸取。

郑万耕的《易学与哲学》[2] 对《太玄》与《易传》辩证思维的关系做了深入的分析，指出《太玄》将《易传》的阴阳学说阐发为阴阳消息说，也指出《太玄》是继承了《易传》的时中说。

以上学者关于《太玄》与《周易》易理的研究，主要集中于辩证法思想方面，并已经有所突破和进展。但易理的研究，不仅仅局限于辩证法思想，例如，《太玄》中"玄"的概念和范畴，既源于《老子》的"玄"，又吸取了易学思想，"玄"与易理的关系未尝不是一个值得探索的方向。此外，《周易》所包含的易理，对后世思想文化的发展，产生了深远影响，融入中华民族传统文化的方方面面。而《太玄》是扬雄拟《易》而作，其哲学体系更为系统和完善，却因文字艰深晦涩，难以广为流传。将《太玄》与《周易》相联系，分析两者对哲学史、文化史的影响，或许能进一步推动《太玄》的研究。

2. 关于《太玄》与《周易》象数的比较研究

"象"是《周易》一书的核心概念，"立象以尽意"是《周易》思想体系的方法论基础。《周易》通过卦象及其关系，去象征、模拟天地万物的本质，形成了独特的象思维。此外，《周易》以"太极"生化的数理体系，阐发万物变化之理。《太玄》拟《易》，以

---

① 郑万耕：《〈太玄〉"罔直蒙酋冥"的易学史意义》，《孔子研究》1991 年第 3 期。

② 郑万耕：《易学与哲学》，上海科学技术文献出版社 2013 年。

数取象，其结构体系也与《易》相当。其以三分为基数形成其体系，每首九赞，共八十一首，对六十四卦象数体系进行了诠释。《太玄》与《周易》象数的比较研究是学术界很多学者非常关注和重视的研究领域，而关于这一方面的学术成果，也是硕果累累。

徐复观在《扬雄论究》[1] 中，对《太玄》有系统研究。在“扬雄的《太玄》”一节中，该书分别从写作动机、西汉学术背景、《太玄》思想线索及构造等方面探讨扬雄《太玄》蕴含的哲学思想。首先探讨扬雄草《玄》的动机，认为《太玄》是他献《长杨赋》之后所作，代表了扬雄知识型性格的基本活动，而草《玄》的动机，既有消极的一面，也有积极的一面，并在作《太玄》过程中写有《解嘲》《太玄赋》《解难》等三文，自道草《玄》心态，说明他深受老子思想的影响，在西汉末年微世惕于人生福祸之无常，借用心于《玄》，以免向外驰骛而得祸。同时他有希望知识上犹如“师旷之调钟，俟知之在后”的积极动机。其次，通过对西汉思想大势和易学卦气说发展背景的探讨，引出《太玄》准《易》而作所依据的问题意识和思想依据，说明扬雄作《太玄》是对《太初历》《三统历》《洪范》、古音律、卦气说及严君平关于《老子》《周易》思想的继承和发展，认为《太玄》的构成数式契合九九八十一的黄钟律和老子“道生一，一生二，二生三，三生万物”的生数，而整体形势以三进制模仿《周易》的二进制，加以推演以求人事与天道相合，用心同、方向同，但在思辨与形式上却不相同，在人的知性活动所建立的一套符号系统添加宇宙人生的规律和价值，认为尽管《太玄》这一大系统在知识上是虚假的，但它运思既精又密，不是西方许多形而上学家中的本体论者所能

① 徐复观：《扬雄论究》，《大陆杂志》1975 年第 50 卷第 3 期。

企及。

任继愈的《中国哲学发展史》[①] 认为，扬雄以玄为本体，以阴阳五行为骨干，以一分为三为规则，以九为度数，以罔直蒙酋冥为过程，构成了一个总括时间与空间、包容天地人的世界模式，向人们描绘了一幅把自然、社会联系为一个整体的宇宙总画面，这个世界模式的表现形式就是八十一首、七百二十九赞。

冯友兰的《中国哲学史新编》[②] 认为，《太玄》的八十一首次序不仅表示阴阳的消长，也表示五行的生克；八十一首的太玄图式，是当时历法的一个总结。

黄开国的《析〈太玄〉构架形式》[③] 认为，《太玄》构架形式的最困难地方，在于对八十一首符号的编排的理解。八十一首符号的编排与《周易》六十四卦的编排不同。《周易》六十四卦是按数学上的二进制进行的，六十四卦实际上包含着 0 到 63 这样 64 个数字。但《太玄》八十一首符号的编排，却是按数学上的三进制实行的。该文详细分析了《易》之“爻”与《玄》之“赞”的不同，并指出扬雄是历史上最早认识到《易》卦是按数学上的二进制为序的。

金春峰的《汉代思想史》[④] 认为，《太玄》的体系实际不过是纬书或孟喜卦气说的翻版，除了依据浑天说，它没有包容和概括任何新的知识。《太玄》模仿了《周易》卦画及卦爻辞的形式，但其三分法把阴阳二分的辩证实质掩盖了。一首九赞的排列程序同样是机械和死板的。《太玄》还把阴阳和五行系统结合起来，构造

① 任继愈：《中国哲学发展史》，人民出版社 1985 年。

② 冯友兰：《中国哲学史新编》，人民出版社 1985 年。

③ 黄开国：《析〈太玄〉构架形式》，《孔子研究》1989 年第 4 期。

④ 金春峰：《汉代思想史》，中国社会科学出版社 1987 年。

了一个无所不包的世界图式，十分烦琐而牵强。

刘保贞的《论〈太玄〉对〈周易〉的模仿与改造》[①] 认为，《太玄》赞辞虽是模仿《周易》卦爻辞而作，却比《周易》更有条理，更有规律可循。在阐释道理的具体方法上，《太玄》和孟、京易学以卦爻辞比附灾异的方法不同，它是直接承继《易传》，但比《易传》又前进一步。《易传》说理，多是就卦爻辞的某句、某字，作牵强附会的发挥。《太玄》的赞辞不是这样，它是用生动形象的比喻来直接说明事理。通观全书，我们可以发现，《太玄》赞辞中汇聚着扬雄所领会的诸子百家的精华，反映的是扬雄对当时社会人事的独特看法。

周立升的《〈太玄〉对“易”“老”的会通与重构》[②] 认为，扬雄把他的宇宙图式与当时流行的五行学说联系起来，建构了《太玄》的外在形式体系，并不是一味照搬重复《礼记·月令》《吕氏春秋》《淮南子》的相关资料，目的是突出“五行相参生和”亦即玄道与五行的阴阳之纪，一种物象与数、理的关系。

叶福翔的《易玄虚研究》[③] 认为玄的首象与赞数完全分离是一个内在缺陷，导致象变枯竭，数系膨胀，这是玄最大的失败。玄数体系试图通过数将当时的知识整合为一个体系，其中玄图与玄中完备的五行属性，对象数和数术也有启发。此外，该文认为，扬雄在拟玄准易时忽视了首象的重要性，未有与《大象》相应的部分，因之补作模仿《大象》之《大测》。

解丽霞的《重构象数：〈太玄〉的赞〈易〉之道》[④] 认为，《太

① 刘保贞：《论〈太玄〉对〈周易〉的模仿与改造》，《周易研究》2001 年第 1 期。

② 周立升：《〈太玄〉对“易”“老”的会通与重构》，《孔子研究》2001 年第 2 期。

③ 叶福翔：《易玄虚研究》，上海古籍出版社 2005 年。

④ 解丽霞：《重构象数：〈太玄〉的赞〈易〉之道》，《周易研究》2008 年第 6 期。

玄》重数轻象，取象服从于演数系统。《太玄》取象有这些特点：一是“象因数生”，数为主，象为辅；一是以“九”为范，综论天、地、人；一是以“五”为式，广纳古籍所载之象；一是以“四时、四方、五行”为基本象，其他诸象由此衍生；一是扩大《易》象，吸取历法、音律知识。《太玄》的“重数轻象”是以简易的方式解《易》，与《易》象数不同，却不违背易理。

田小中的《〈太玄〉易学思想》① 认为，一方面，《太玄》彰显了易象之学中隐含或潜萌的思想因素。《太玄》以数取象的根本标准，较八卦取象更抽象地表达了物与物之间的关系。《太玄》吸收经典资源以广象，其象类较《易》之物象偏重人文属性。《太玄》的“拟象明术”，诠释了《易》“观象制器”中“本天道以推人事”的思想方法及因时为治的通变思想。另一方面，《太玄》的“三分”是《易传》“二分”数理思想的演绎。其九赞丰富了《易》六爻结构的思想表现，同时表现出对《易》“知几”“中和”“物极必反”等思想的融摄。其八十一首是对卦气学说的吸收和改造，彰显了《易》卦之时的思想。

井雷的《〈太玄〉象数与汉代易学卦气说》② 认为，《太玄》仿《易》实际上仿的是汉代易学，尤其是孟喜、京房的“卦气说”。这也是《太玄》八十一首的排列顺序和今本《周易》不同而与“卦气说”相应的主要原因。该文依次分析了扬雄对《周易》、“六日七分”“消息”与“阴阳五行”的继承和吸收，从而构筑了自己更加严谨的理论体系。扬雄在构建《太玄》的象数时，采用了当时最先进的历法知识，所以说《太玄》象数的本质是科学的，而

① 田小中：《〈太玄〉易学思想》，山东大学博士学位论文，2009 年。

② 井雷：《〈太玄〉象数与汉代易学卦气说》，山东师范大学硕士学位论文，2013 年。

不像其他汉代易学那样附会臆说。

王社庄、张金平的《〈太玄〉体例考辨》[①] 认为，《太玄》中的赞辞相当于《周易》中的卦辞，而非如郑万耕、刘韶军两位先生所言相当于爻辞。《太玄》并非有首（卦）无辞，但首辞并非《首传》。赞辞后的测辞相当于《大象》辞。《太玄》中没有相当于爻辞者，故而也自然没有相当于《小象》辞的文字。通行本《太玄》因《首传》位置不当，导致郑万耕、刘韶军等学者的误解，故有必要调整《首传》位置，以利正确解读《太玄》。其调整后的顺序为首象、首名、赞辞（卦辞）、首传（彖传）、测传（大象传）。

以上学者对《太玄》与《周易》象数的比较研究，多年来涌现出众多重要的研究成果，涉及《太玄》从形式到内容上对《周易》的继承与发展，以及《太玄》的象数体系、数理结构的解读与阐释，研究角度和研究内容不断得以拓展和丰富，期待今后会有更多有价值的成果问世。

3. 关于《太玄》与《周易》占筮的比较研究

扬雄创作《太玄》，通过对《周易》古经筮法的模拟和创变，构造了完备的《太玄》占筮体系，并继承了《易传》对占筮的理性态度，赋予《太玄》占筮体系更多的理性因素。学术界对《太玄》占筮思想的重视程度，相对来说，比较薄弱，但也有部分学者对其展开了探讨。

王铁的《汉代学术史》[②] 指出，关于大衍筮法，汉代求卦的具体方法已没有文献记载，现在能见到的解释出自唐宋学者。但从扬雄的《太玄》，我们可以推断汉代筮法与大衍筮法过程相符。

① 王社庄、张金平：《〈太玄〉体例考辨》，《兰台世界》2014 年第 6 期。

② 王铁：《汉代学术史》，华东师范大学出版社 1995 年。

王青的《扬雄评传》[①] 认为，《周易》的断占非常灵活，而《太玄》的断占显得极为幼稚刻板，《太玄》并不是以断占为长的筮书，它的价值在于以一个完整的体系揭示宇宙社会的规律。

刘保贞的《论〈太玄〉对〈周易〉的模仿与改造》[②] 认为，《太玄》和《周易》的筮法路数基本一致，但《太玄》的筮法更加浅易，该文认为，这一段是扬雄为了模仿而模仿，把五行、律吕、月令等方面的内容引入《太玄》，只不过为了使《太玄》也具有“以卜筮者尚其占”的功用，并没有什么实际价值。

汪显超的《古易筮法研究》[③] 从筮法的角度分析《太玄》的“真实品格”，批评“前人注释，大多糊涂”。汪氏对《太玄》筮法中的数字的根据进行了追问，指出《太玄》无论是策数还是筮法程序都没法与它的宇宙生成论统一，是没法与《易》学的筮法相比拟的，而这一点又充分说明着扬雄对《易》学的立筮法则、筮法与筮理之间的内在逻辑关系并不清楚，扬雄他更不知道《易》学的“象、数、理”相统一的真实内涵，因而才敢造出这种拙劣的筮法。

问永宁的《试论〈太玄〉的筮法》[④] 认为《太玄》是模仿《周易》的著作，结构和《周易》对应，它也必然要讲由筮得首的方法，这一部分内容，集中在《太玄数》中。《太玄》之筮法很可能与古易筮法有密切关系，研究《易经》筮法，《太玄》筮法是重要的参考资料。《太玄数》所论筮法，是理解《太玄》占筮法的唯一根据。该文引证后世文章学者对这段文字的解释，主要有范望、

① 王青：《扬雄评传》，南京大学出版社 2000 年。

② 刘保贞：《论〈太玄〉对〈周易〉的模仿与改造》，《周易研究》2001 年第 1 期。

③ 汪显超：《古易筮法研究》，黄山书社 2002 年。

④ 问永宁：《试论〈太玄〉的筮法》，《陕西教育·理论》2006 年第 8 期。

苏洵、司马光、黄宗羲等四家。该文认为司马光的解释完全错误，范望、苏洵的解释也不可取，只有黄宗羲的理解符合《太玄》本意。

王兆立、于成宝的《〈太玄〉的筮法和天道观》[1]，认为《太玄》筮法与《周易》“大衍筮法”相比较，可以看出《太玄》筮法的特色在于：第一，扬雄将首的阴阳属性、赞的昼夜属性、位的经纬属性，都做了预先的规定。第二，扬雄在占辞的取择上，创立了参看三条赞辞的方法。从赞位的角度看，蕴涵了事物发展由始到盛到终整个过程的意味，从而使占筮的结果富有一定的辩证色彩。

田小中的《〈太玄〉易学思想》[2] 认为《太玄》继承《易传》“尚占”的思想，形成了完备的筮占体系。《太玄》为筮之道强调“精”，是对《易传》占筮理性精神的继承；《太玄》揲蓍成首的过程，是“玄”的思维模式的展现，是对“大衍筮法”的最早诠释；《太玄》断占以德性为归依，是对《易传》的直接继承。总之，《太玄》占筮体系主要体现的是“人谋”。

冯树勋的《扬雄的范式研究——西汉末年学术范式冲突的折中之例》[3] 从《易》学自孔子时由卜筮《易》到义理《易》的范式转移谈起，指出扬雄当时正面对儒家学派内部有关义理《易》和卜筮《易》的分歧，以及受到外部结合道家思想的《易》学的“刺激”。为了弘扬圣人之道，扬雄在《易学》的子系统外建立一个与《易》功能类似但运作方式不同的《太玄》系统。

---

① 王兆立、于成宝：《〈太玄〉的筮法和天道观》，《周易研究》2009 年第 4 期。

② 田小中：《〈太玄〉易学思想》，山东大学博士学位论文，2009 年。

③ 冯树勋：《扬雄的范式研究——西汉末年学术范式冲突的折中之例》，台北：台湾大学出版中心 2015 年。

以上学者对《太玄》与《周易》占筮思想的比较研究，多数学者肯定《周易》筮法，贬斥《太玄》筮法，但也有部分学者对《太玄》筮法思想进行深入分析，并肯定了《太玄》筮法的作用和地位。占筮思想历来褒贬不一，因此，关于《太玄》的占筮思想，少有学者进行探讨。两汉时期谶纬神学颇为流行，联系扬雄所处时代的特殊背景，对《太玄》占筮思想进行探究，或许今后会有新的研究成果问世。

综观学者关于《太玄》与《周易》的比较研究，从不同角度、不同方面，对两者的思想进行了深入的诠释和论述，对今后的相关研究，起到了重要的参考和启发作用。《太玄》与《周易》都是内容庞杂，博奥深邃的著作，且都历经数千年无数学者研读、注解，但诠释的观点仍然是见仁见智，众说纷纭。今后研究必然会与时俱进、异彩纷呈，从中发掘出更多有价值的研究成果。

四、《太玄》的儒学思想

扬雄的儒学思想，主要体现在他的两部学术著作《太玄》《法言》中，但学术界研究扬雄的儒学思想，大多对《法言》进行相关探讨，而对《太玄》所体现的儒学思想，进行研究的学者并不多。归纳起来，主要包括三个方面：第一，《太玄》的政治思想；第二，《太玄》的人性论思想；第三，《太玄》的伦理思想。

（一）《太玄》的政治思想

纵观扬雄一生，在官场上默默无闻，“三世不徙官”，少有政治建树，但并不意味着扬雄对社稷民生漠不关心。相反，他一直默默关注着政治发展，并将他的政治思想融入他的作品之中，学者们对此也曾进行过一定程度的探讨。

董根洪的《“动化天下，莫尚于中和”——论扬雄的中和哲学》[①]，分析和阐述了扬雄所提出的中和哲学新体系。扬雄仿《论语》而成的《法言》提出了儒家理想的政治——中和政治；扬雄仿《周易》而成的《太玄》一书则发展儒家中和哲学建立了阴阳中和哲学，其最高的太玄之道即是中和之道，而这一太玄化的中和之道构成天道地道人道的核心内容。

刘保贞的《〈太玄〉赞辞所倡明君、贤臣思想述评》[②] 通过对《太玄》赞辞的考察与解读，阐述扬雄的明君、贤臣思想：有道明君是一国兴旺、人民安乐的根本；贤臣必待明君而后出；明君能从谏如流。他祖述孔、孟，糅合老、庄，创见虽不多，但也从一个侧面反映了他对西汉末年君昏臣奸的政治局面的不满，这在当时是难能可贵的。

张鹏的《扬雄的政治思想》[③] 认为，扬雄超越了《周易》卜卦之学而假设了一个宇宙模型，对人性有了更为客观的认识，最后形成了重人事轻天意的人性论。该文从扬雄的主要著作《太玄》和《法言》出发，从宇宙论、人性论和认识论三个方面把握其政治思想的理论基础，再阐明他“以仁用人”的仁治用人思想，和鼓之以德、征之以仁义的统治思想，结合他的政治保身态度，再谈到他的政治见解，如等级观念、礼治思想、改革主张、民族关系问题等。然后，从反对谶纬的贡献和承前启后的儒学影响来简要评价扬雄，也揭示了扬雄与政治若即若离的独特知识人生。

以上学者联系扬雄所处的时代背景，以及扬雄的哲学体系，

① 董根洪：《“动化天下，莫尚于中和”——论扬雄的中和哲学》，《社会科学研究》1999年第6期。

② 刘保贞：《〈太玄〉赞辞所倡明君、贤臣思想述评》，《齐鲁学刊》2001年第2期。

③ 张鹏：《扬雄的政治思想》，中国政法大学硕士学位论文，2007年。

对其政治思想展开论述，拓展了扬雄政治思想研究的相关内容。但总的来说，这方面的研究还是比较薄弱，有待于今后学者对其进行更深入的探讨。

（二）《太玄》的人性论思想

扬雄的人性论思想，学术界主要是根据《法言》对其进行分析和研究，基本上是将扬雄与前人的人性论进行比较研究。相比于《法言》的人性论研究，对《太玄》人性论进行探讨的学者并不多。在对扬雄的人性论思想研究中，涉及《太玄》一书论著如下：

问永宁的《从〈太玄〉看扬雄的人性论思想》① 认为，扬雄的思想基本就建立在《太玄》中所建构的宇宙模型中，进而阐述了以五行搭配这个宇宙模型的说法。尽管该文认为它只是一个大概的说法，但对其合理性并不完全认同，但由此阐发的人皆有五常之气，人都有希望成为圣人的说法却是一种理性的说法。该文阐述了扬雄重视心志与学习的思想，并指出扬雄的人性论更接近于孟子的思想。

李沈阳的《扬雄人性论辨析》② 从分析扬雄所构建的哲学体系入手，指出“玄”在扬雄思想中具有重要地位，是分析扬雄人性论的重要条件。该文从人与玄的关系、人与气的关系两个方面展开论述，指出扬雄虽持“善恶混”的人性论，但事实上有性善论的倾向。在扬雄关于人性的价值判断中，该文认为他更重视人性的“善恶混”，并把善恶之间的取向归结到人的思虑。在善恶之间的选择上，扬雄强调人性中向善的取向，并为此做出详细的论述。

---

① 问永宁：《从〈太玄〉看扬雄的人性论思想》，《周易研究》2002 年第 4 期。

② 李沈阳：《扬雄人性论辨析》，《兰州学刊》2006 年第 8 期。

玄不仅是人内在的善质，而且是人向善的动力。善恶之间的转换，就在于人心的思虑向那个方向发展，而人心的思虑又与玄密切相关，最终，玄与心、善结合起来。

郭君铭的《扬雄人性思想本义》[①] 从扬雄人性论中的“善恶混”和“气”展开解读和论述。该文阐述了历代学者的解析，又做了进一步的探索，指出“人之性也善恶混”应该是说人性中只有还处于潜存状态、处于混沌之中的善和恶，善和恶的分化是在人的后天修为中形成的。因此，扬雄说“气”是引导人走向善或者恶的一匹马，决定人后天的善恶趋向。

闫利春的《从玄、气、心看扬雄的性善恶混论》[②] 从“玄”成物的原理，分析性善恶混的思想。在扬雄的人性论思想中，性善恶混正是体现了“玄”生物成物的对待相生之理。该文通过分析历代学者的观点，考察“玄”与“气”的关系。在“玄”的生成作用下，人同样兼具神明之气与阴阳之气。扬雄认为，这两种气以“灵”与“气”的形式存在于人。气本身是无善无恶的，人的善恶还在于一念动机的催生。一念动机的善恶及其能否持久，则完全取决于心的思虑作用。

桑东辉的《从人伦维度探究扬雄思想的体系架构与内在关联》[③] 指出，太玄图式是扬雄人伦思想的本体基础。从扬雄的本体论与人伦思想的关系看，天道自然规律是人类道德立法的准则，天道的阴阳决定人伦的尊卑。善恶相混是扬雄人伦思想的人性论。

① 郭君铭：《扬雄人性思想本义》，《石家庄铁道大学学报（社会科学版）》2010 年第 4 期。

② 闫利春：《从玄、气、心看扬雄的性善恶混论》，《周易研究》2012 年第 4 期。

③ 桑东辉：《从人伦维度探究扬雄思想的体系架构与内在关联》，《唐都学刊》2017 年第 1 期。

扬雄善恶相混思想为其人伦思想提供了人性论基础。按照扬雄的观点，一个人要修成圣贤，首先要用善念来保持自己的心，并且强调凸显人作为道德主体的自觉选择。

郭剑的《扬雄人性论思想研究》① 认为，扬雄的人性论思想带有时代的烙印，也有自身鲜明的特点。扬雄主张人性善恶混，认为人性有善有恶，情也是性，人性的完善取决于后天的修行，人性可以塑造，其善恶可以转化；他打破了儒家传统人性论思想中“三分人性”的观念。扬雄认为人人都是处在“善恶混”的统一人性起点上，只要努力向善修行，就都有机会成为圣人。

以上学者从《太玄》一书入手，研究扬雄的人性论思想，多是肯定了《太玄》哲学思想在扬雄思想体系中的核心地位，认为《太玄》思想，是扬雄人性论思想得以阐发的重要基础，从而联系《太玄》，对扬雄的人性论加以论述。学术界关于扬雄的人性论研究，其实已经取得了很多重要的研究成果，但因为扬雄的人性论思想主要体现在《法言》一书，所以联系《太玄》展开分析的学者，实在寥寥无几。

（三）《太玄》伦理思想

扬雄的伦理思想，学术界主要还是围绕《法言》一书进行研究，并展开了较为全面的探讨，多数学者认为扬雄在批判“诸子学”和儒教神学的基础上，复兴改造了儒家思想。但也有部分学者，联系《太玄》一书，对扬雄的人性论进行了一定程度的论述。

侯外庐的《中国思想通史》② 认为，扬雄一方面摄取《周易》与老子的理论，并杂以阴阳家的神秘主义（历数），而铸成其二元

---

① 郭剑：《扬雄人性论思想研究》，湖南师范大学硕士学位论文，2018 年。
② 侯外庐：《中国思想通史（第二卷）》，中华书局 1957 年。

论的世界观，另一方面又根据儒家的人生哲学，建立其伦理学说。

黄开国的《一位玄静的儒学伦理大师——扬雄思想初探》[①] 认为，扬雄建立了一个以儒家伦理为核心的思想体系，扬雄的两部思想著作，都十分明确地贯穿着伦理为核心的主线。《法言》始“学行”，终“孝至”，说明该书以人的道德践履为开始，而以达到孝最高境界作为归宿。《太玄》虽言天道，但中心仍在伦理，因此，解释八十一首的十一篇，是以忠、孝作为结尾的。自孔子起，儒学家皆重伦理，但扬雄无疑是第一个自觉地以伦理为核心，来有意识地建造其理论的人。这个方向实际是后来宋明理学的发展方向。

郑万耕《扬雄伦理思想发微》[②] 认为，扬雄吸收前人的人性论思想，对孟、荀性善性恶论加以综合，提出了人性“善恶混”的学说。他强调个人的修习锻炼，发挥主观能动性，但在人性问题上贯彻其关于“气”的理论，以“气”解性，用“元气”说来说明人性的善恶，这就混淆了人的自然属性和社会属性的界限。关于道德修养的方法，扬雄强调“强学而力行”，学习的内容，主要是指圣人的典籍及其道德规范，肯定了人的道德观念和道德行为是后天形成的。

以上学者联系《太玄》对扬雄的伦理思想所做的阐述，拓展和丰富了扬雄伦理思想的研究角度和内容。尽管比起《法言》的伦理思想研究，还是显得较为薄弱，但毕竟《法言》一书是模拟《论语》而作，充分反映了扬雄的儒家伦理思想，而《太玄》是拟《易》而作，本身又艰深晦涩，因此，联系《太玄》思想，对扬雄

① 黄开国：《一位玄静的儒学伦理大师——扬雄思想初探》，巴蜀书社 1989 年。
② 郑万耕：《扬雄伦理思想发微》，《北京师范大学学报》1990 年第 6 期。

的伦理思想加以阐述，有待更多今后学者进行研究。

综观学术界对《太玄》儒学思想的研究，多是联系扬雄所处的时代背景，以及其他学术著作，对扬雄的政治思想、人性论思想、伦理思想进行分析和阐述。不少学者认为，《太玄》虽是拟《易》而作，但扬雄的创作目的，在于恢弘儒学思想，挽救西汉末年儒家学统危机。因此，从儒学角度入手，联系扬雄的学术思想，对《太玄》展开分析，或许能收获更多有创见的研究成果。

五、《太玄》的科学哲学思想

《太玄》一书是自然科学与社会科学相结合的重要著作。扬雄博极群书，儒道兼融，更结合自然科学的成就，创立了他独特的思想体系，将自然科学和哲学思想相结合，这对后世学术有着重要意义。学术界对《太玄》的自然科学思想的研究，主要集中于无神论、天文历法和数学三个方面。

（一）《太玄》的无神论思想

关于《太玄》的无神论思想，部分学者联系两汉时期谶纬神学流行于世的时代背景，以及扬雄反对谶纬神学的立场，对《太玄》的无神论思想展开了剖析。

张岱年的《中国唯物主义思想简史》[①] 认为，扬雄重新提出了老子的“自然”观念来和目的主义对抗，为以后唯物主义的发展开拓了道路，但他却不能贯彻唯物主义的观点，将“玄”视为超越物质世界之上的绝对，这是唯心主义的观点。

孙叔平的《中国哲学史稿》[②] 认为，扬雄的宇宙观是客观唯心

① 张岱年：《中国唯物主义思想简史》，中国青年出版社 1957 年。

② 孙叔平：《中国哲学史稿》，上海人民出版社 1980 年。

主义和形而上学循环论，但在内容上还有些唯物主义的因素。他把神秘的“玄”看作宇宙的创造主，又相信有不可避免的“天命”，这是唯心论。他把实际上化生万物的东西归之于二气五行，又确认二气五行化生万物是一个自然无为的、无限的、有因有革的过程，并否认鬼神、仙人的存在，这是唯物论。

孙实明的《简明汉唐哲学史》[①] 认为，扬雄利用和改造了道家关于自然无为的思想以及《周易》关于“阴阳消息”的思想，建立了自己的自然观体系。扬雄所谓的玄，不仅指产生世界万物的元气，而且还指世界万物运行的总规律。该文指出这个总规律就是对立面发展到极端时的相互转化和对立面的统一，扬雄的唯物主义自然观在理论上给予了天人感应目的论和谶纬迷信思想以重大打击。

王友三在《中国无神论史纲》[②] 中首先指出扬雄的无神论观点，指出他怀着同司马迁一样“究天人之际”的意愿，去探求天人关系，反对董仲舒天人合一的神学目的论，以及谶纬、神仙方术等迷信。其次，该文阐述扬雄的自然观，即一切事物的变化都是自然而然的，不是神的力量，人的认识要符合自然的本质，体现了与神学观念相对立思想。再次，该文阐述扬雄的天人关系，肯定了扬雄所提出的人事成败在人为、“天曷故焉”的积极思想，与司马迁的思想如出一辙。另外，该文认为扬雄对封建世俗迷信的批判是较为广阔的，如对谶纬、神仙鬼怪和生死等世俗迷信都有议论。并对王莽为篡权制造舆论，利用谶纬制造符命，宣扬神仙方术等进行了批判。

① 孙实明：《简明汉唐哲学史》，黑龙江人民出版社 1981 年。
② 王友三：《中国无神论史纲》，上海人民出版社 1982 年。

以上学者关于扬雄的无神论思想，看法不尽相同，尤其是扬雄思想中含有唯心主义成分，这一点遭受了不少学者的贬斥和批判。但学者们多数肯定了扬雄对天人感应目的论和谶纬迷信思想的打击，认为扬雄的无神论思想对当时和后世学术思想，有着重要意义。

（二）《太玄》与天文历法

扬雄创作《太玄》，吸收了浑天说、《太初历》等方面的天文历法成就，使得《太玄》一书有了自然科学思想作为依据。因此，部分学者对《太玄》与天文历法做了一定程度的探讨。

郑万耕的《扬雄〈太玄〉中的宇宙形成论》① 认为，“玄”是当时流行思想所说的“元气”，“玄”不是产生阴阳，不是生气，而是“玄”含有阴阳二气。扬雄的宇宙形成论不仅从宇宙发生和发展的角度探讨了外部世界的普遍联系，包含有较丰富的辩证法思想，也排斥了上帝、神和任何超物质的力量，是和董仲舒所宣扬的创世说相对立的，其唯物主义性质更加彻底。与《淮南子》所提出的宇宙形成论比较，《太玄》也有其独有的特点。在《〈太玄〉与自然科学》② 中，郑万耕首先阐述了《太玄》对西汉天体学说的吸收。西汉的天文学中，关于“天体”的学说，主要有两家，一家是“盖天说”，一家是“浑天说”。扬雄起初信奉“盖天说”，后来在桓谭的帮助下，看到它不符合天象的实际情况，转而拥护“浑天说”。其次，郑万耕阐述《太玄》对历法的吸收。扬雄把《太玄》八十一首，分为七百二十九赞，每两赞主一昼夜，共三百六子四日半，外加《踦》《嬴》两赞，而满一岁三百六十五日又一

---

① 郑万耕：《扬雄〈太玄〉中的宇宙形成论》，《社会科学研究》1983 年第 4 期。
② 郑万耕：《〈太玄〉与自然科学》，出自《中国哲学》第 12 辑，人民出版社 1984 年。

千五百三十九分日之三百八十五。正与《三统历》相合。另外，《太玄》既用日躔宿度，又用北斗所指方向来说明一年二十四节气的变换，既有《三统历》的说法，又有《淮南子》遗迹。

吕子方的《中国科学技术史论文集》[①] 认为，扬雄关于浑天说的理论，虽然不如以后那样具体而完备，但在我国古代天文发展史上是有一定地位的。在扬雄所处的两汉时代，浑天与盖天两派学说的论争十分激烈，扬雄勇敢地抛弃了盖天说，坚定地信奉了比较科学的浑天说，这不仅是他本人天文思想的大转变，也反映了两汉时期天文思想的大转变。

黄开国的《〈太玄〉与西汉天文历法》[②]，分析了浑天说与盖天说两种理论的起源、发展与差异，指出盖天说不能准确地说明太阳在天球上的视运动，相应地就不能为制订精确的历法提供理论依据，而浑天说比较接近天象变化的视运动，能满足制定精确历法的需要，因此，浑天说逐渐取代了盖天说，成为观察天象、制定历法的主要理论根据。

问永宁的《读玄释中——试论〈太玄〉所本的宇宙说》[③] 认为，《太玄》不仅拟卦气说之易，亦拟《易传》所传之易，并认为《太玄》兼采浑天说和盖天说，详细阐述了扬雄浑盖兼取的可能性。该文从探讨扬雄如何兼取浑、盖，这与《中》首兼具水、土二行有何关系的问题出发，在对几种盖天说与浑天说分析的基础上，认为《太玄》所参考的盖天说和浑天说分别为：盖天说，即天南高北下，和《淮南子・天文训》所讲“天倾西北，故日月星辰移焉”一致；浑天说，即天是一个球体，地在天中，是一个通

① 吕子方：《中国科学技术史论文集》，四川人民出版社 1983 年。
② 黄开国：《〈太玄〉与西汉天文历法》，《江淮论坛》1990 年第 2 期。
③ 问永宁：《读玄释中——试论〈太玄〉所本的宇宙说》，《周易研究》2001 年第 3 期。

过天球中心的半球体，将天球分为两半，天球以南北极为轴转动，北极不动，南极隐没不见，天轴与地面斜交。这两者为《太玄》所本，并以此为基础，对《中》首为何兼准二行做了解释。

以上学者对《太玄》与天文历法的联系，进行了详细而深入的探讨。第一，从天文学的角度入手，阐述了两种不同的天文学理论，即盖天说和浑天说，并分析了扬雄对这两种理论的吸收和发展。第二，对《太初历》的内容展开论述，认为《太玄》是依据《太初历》建立起来的哲学体系。第三，学者们肯定了西汉天文历法的成就，对扬雄《太玄》有着重要影响。总的来说，关于《太玄》与天文历法的相关研究，已经较为全面和系统。

（三）太玄的数学思想

《太玄》虽是模拟《周易》所作，但《太玄》的数理结构及其规律，与《周易》有所不同。扬雄按照数的规律进行逻辑推演，在《太玄》一书中，通过一套复杂、深奥的数理体系，用以象征天道、人事。因此，研究《太玄》所蕴含和体现的数学思想，也是理解和分析《太玄》的重要方面。

蔡伯铭的《扬雄的逻辑辩说思想与数的演绎逻辑》[①] 认为，《太玄》的数的结构及其规律，不仅反映了宇宙的全貌和事物的发展变化，而且也是规范人的行为的准则。按照数的规律进行逻辑演绎，即可了解各种现象，做出相应的判断。

温公颐的《中国中古逻辑史》[②]，首先比较了《太玄》与《周易》，指出《太玄》的结构虽和《周易》不同，但它的目的却和《周易》一致，即它企图以八十一首和七百二十九赞的数的变化，

① 蔡伯铭：《扬雄的逻辑辩说思想与数的演绎逻辑》，《湖北师范学院学报（哲学社会科学版）》1988 年第 1 期。

② 温公颐：《中国中古逻辑史》，上海人民出版社 1989 年。

来推演天道和人事的关系，形成它的数的逻辑演绎。其次，该文剖析了《太玄》的数的结构。《太玄图》中提出了玄数组织的两个原则，即“三起”和“三生”。此外，扬雄也兼采阴阳五行家的说法，把五行的数，参列入其中。再次，该文从《太玄》所含的数的结构看，指出玄数不是杂乱无章的，而有它的一定的规律。这些数的规律即为它在空间、时间和人事上各方面的逻辑演绎的依据。最后，该文指出《太玄》数的演绎逻辑是一个以数为依据的特殊演绎系统。

郑军的《太极太玄体系——普适规律的易学探奥》① 指出，扬雄从数学上把太极体系（二进制体系）和太玄体系（三进制体系）结合为一体，即太极太玄体系；在天文学上，他从日月地的三体运动的规律论证了干支六十年周期的客观性、科学性和可操作性，论证了六十年周期和钱德勒极移周期与朔望月和近点月的会合周期有关。

周文英的《扬雄对〈太玄〉符号系统的语形、语义解释》② 肯定了扬雄《太玄》对“三极性”加以论述的功劳，并指出了扬雄在理论上的缺陷：扬雄虽然构造了一个“三”的世界，但他难以摆脱《易经》的影响，在《玄冲》和《玄错》中对自己所构造的体系进行一番二极的演算，结果演算不能穷尽，最后留下一个余数和尾巴。该文认为，扬雄《太玄》的三极划分，多为具体的阐述，缺乏高度逻辑抽象概括的性质，因此可以说是一种三值逻辑思想的萌芽。

① 郑军：《太极太玄体系——普适规律的易学探奥》，中国社会科学出版社 1992 年。

② 周文英：《扬雄对〈太玄〉符号系统的语形、语义解释》，《江西大学学报（社会科学版）》1993 年第 1 期。

王伦信的《〈太玄〉首符是一组严整的三进制数》[①] 对《太玄》八十一首进行了深入的探讨和解读，因为《太玄》八十一首首符的顺序排列正好严整地组成了从 0 到 80 的 81 个三进制数字序列，所以该文将《太玄》八十一首按照原来的顺序列出其首符、三进制数、十进制数的对应关系表，以方便读者明显地看出《太玄》首符是一组从小到大，按照自然数序列，严整排列的三进制数，并可以通过换算法则确定《太玄》中任何一首在八十一首中的位次。

刘华金的《"扬雄三进制"研讨》[②] 首先通过对"扬雄三进制"由来的揭示，论证了各数难以确认的原因，并提出了各数确认的公式。其次，该文认为《太玄经》的八十一个首象，不仅是一组序数，而且是一组完整的三进制计数序列，进而指出其两大局限，以及拓展之后的新矛盾。再次，该文通过详细的解读、推算和论证过程，使读者更清晰明了地理解三进制与十进制的换算过程。最后该文简介了三进制加、减、乘、除的运算法。

王琛的《西汉"卦气"与"太玄"世界图式的数理试探——消息用事之"二""三"分》[③] 认为，孟喜"卦气说"首次系统地将周易六十四卦与自然历法联系起来，用来表示阴阳消息和人事天事的变化过程，以二分为数理架构的时空图式与阴阳相合，却与三才体系相分离。扬雄拟《周易》作《太玄》，学孟喜推卦气，统一用"阴阳坒参"表示时空图示的阴阳消长和天、地、人"三玄"的变化。在扬雄思想中，"三"是世界图式构成的结构框架，

---

① 王伦信：《〈太玄〉首符是一组严整的三进制数》，《中国哲学史》1993 年第 1 期。

② 刘华金：《"扬雄三进制"研讨》，《湖北大学学报（哲学社会科学版）》2007 年第 1 期。

③ 王琛：《西汉"卦气"与"太玄"世界图式的数理试探——消息用事之"二""三"分》，《湖南科技学院学报》2008 年第 7 期。

而以天地人“三和”涵盖太玄，以阴阳消息的“九天”对应时空构成了统一的“太玄”世界图式。

关于《太玄》的数学思想，以上学者主要从《太玄》数的规律、三进制算法等方面，进行分析和解读，肯定了《太玄》以数的变化，来推演天道与人事的关系，并形成一套系统的数理体系。尽管学者们对扬雄《太玄》的数学思想褒贬不一，但对于《太玄》的三进制思想，多是肯定了其贡献和影响。

综观以上学者对《太玄》科学思想的探讨，主要是联系两汉时期谶纬神学流行于世的特殊学术背景，以及西汉时期天文历法的成就，从更宏观的角度对《太玄》所蕴含和体现的自然科学思想进行了较为深入的研究。学者们对扬雄的科学思想，或褒或贬，毁誉不一，其中的分歧主要还是扬雄思想的归属问题，即扬雄思想究竟属于唯物主义思想，唯心主义思想，或是二元论思想。这个问题，学术界始终难以定论，留待今后学者对其进行更加科学、合理地分析和阐述。

六、《太玄》的学术史影响

《太玄》是扬雄《易》《老》会通，儒、道兼融的思想产物，是一部博奥深邃、艰深晦涩的著作，它在中国学术史上有着重要意义。尽管在历史上，由于时代背景和思想流变，关于扬雄的评价几经波折，大起大落，《太玄》对学术史影响的研究也经历了一段时间的沉寂，但近年来，学术界对扬雄及其思想愈加关注和重视，对《太玄》学术史意义的研究也日渐丰富。学术界对《太玄》学术史意义的研究，主要集中于《太玄》对蜀学、玄学、易学、儒学等不同领域。

(一)《太玄》对蜀学的影响

以地域文化视野研究《太玄》，是蜀学的重要特色。扬雄亦是蜀人，对巴蜀地区的学术思想和文化发展有着重要影响，因此，关于《太玄》对蜀学的影响，是巴蜀学者研究《太玄》的重要方面。

魏启鹏的《〈太玄〉·黄老·蜀学》[①] 考察了《太玄》与蜀学之渊源关系，认为《太玄》根在巴蜀，《太玄》不是闭门苦作惊人异想的产物，肯定了《太玄》古代思想史上出现的合理性。该文认为从严遵到扬雄，汉代道家哲学对宇宙的来源和本体的认识更深化更系统了，为以“有无”作辩论的中心课题，以探究世界本体为其哲学基本内容的魏晋玄学做了较充分的思想准备。

谭继和的《西道孔子扬雄的大一统观与儒风在巴蜀的流布》[②]，通过对扬雄的大一统观及其哲学基础以及儒风在巴蜀的流布的研究，阐述巴蜀文化在秦汉时期融入中华大一统文化的同一性进程和差异性进程，说明不同地域文化以“和而不同”的方式在统一体中的交流融汇是中华民族多元一体文化共同体的主要特征。认为扬雄是孔子思想在汉代传承的集大成者。扬雄以中和精神为内核的关于“三”的创见，是大一统思想的哲学基础，是汉文化统一进程在思维方式变革上的集中反映。

唐好的《扬雄与巴蜀文化》[③] 认为，《太玄》首创拟《易》之风、树立以老庄解《易》典范、体现出重方术历算之特征，这些

---

① 魏启鹏：《〈太玄〉·黄老·蜀学》，《四川大学学报（哲学社会科学版）》1996 年第 2 期。

② 谭继和：《西道孔子扬雄的大一统观与儒风在巴蜀的流布》，《中华文化论坛》2001 年第 1 期。

③ 唐好：《扬雄与巴蜀文化》，四川师范大学硕士学位论文，2008 年。

均对后代巴蜀易学家研习《易》产生了巨大影响。扬雄尊巴蜀易学始祖之严君平为师，对其易学思想最先予以关注并深入研究，在其基础上又使得巴蜀易学之精髓有所发展。因此，扬雄是首位深入研究巴蜀易学思想之源流，又推进了巴蜀易学发展的学者。

金生杨的《巴蜀易学与中国学术的转型》① 认为，扬雄继承严遵融会《易》、老，以虚玄为宗的学风，拟《易》而作《太玄》，在形式和内涵上进一步深化了《易》、老的融合与易学的玄学化。后世蜀人积极推动易学的玄学化发展，与其他地区的学者一道，最终促成玄学的兴起。玄学兴起之后，巴蜀易学仍在此方面有积极的努力，对玄学的继续发展起到了积极的推动作用。

许晓宇的《从二到三：〈太玄〉蜀学渊源浅探》② 认为，《太玄》虽由仿《易》而来，但扬雄能够从《周易》之“二”另辟《太玄》之“三”，其取精用宏是多方面的，有对中原儒家礼制论述的借鉴，但巴蜀地区落下闳的律历学、黄老的三才观等思想，使《太玄》得以建立起严整纵深的玄首体系、贯天地人的恢宏内容、萌长盛消的变化安排，从而在纵的体系、横的视野、细的赞测上都将“三”安排妥当。所以《太玄》之“三”，也可视为巴蜀学脉发展到西汉晚期集大成式的体现。

蔡方鹿、刘俊哲、金生杨的《巴蜀哲学对中国哲学发展的贡献》③ 认为，巴蜀易学在中国多次学术转型的历史中发挥了积极的引领和推动作用。严遵、扬雄首开融会《易》、老，倡扬玄学之

① 金生杨：《巴蜀易学与中国学术的转型》，《周易研究》2014 年。

② 许晓宇：《从二到三：〈太玄〉蜀学渊源浅探》，“2013 年第二期巴蜀文化与湖湘文化高层论坛”会议论文。

③ 蔡方鹿、刘俊哲、金生杨：《巴蜀哲学对中国哲学发展的贡献》，《哲学动态》2013 年第 1 期。

风，玄学的兴起与之有莫大关系。

曾虹佳、谢应光的《浅谈扬雄对巴蜀文化的贡献》[①] 认为，扬雄作《太玄》上承巴蜀易学之传统，下开巴蜀易学之特色，在一定程度上丰富了巴蜀易学的内涵，进一步推动了巴蜀易学的发展。扬雄是继孟、荀之后儒家最重要的代表人物之一，被誉为“西道孔子”，也可以说是儒家文化对巴蜀地区长期影响的结果。另一方面，扬雄对儒家文化的继承传播丰富了巴蜀儒学的内容，为巴蜀儒学的发展做出重大贡献。

潘殊闲的《扬雄与蜀文化》[②] 认为，一方面，扬雄是蜀人擅长逆向思维的典范。扬雄有强烈的“立言”的抱负，他的著述都是依循经典而不简单模仿，如《太玄》，明显受《周易》和《道德经》等典籍的影响，但却独辟蹊径，建立了自己的“玄道”。另一方面，扬雄是“易学在蜀”的典范。扬雄对《易》的理解与极富个性的阐释，尽管苏轼批评为“好为艰深之词，以文浅易之说”，但不可否认的是，扬雄在蜀中易学史上应占有一席之地，其易学著述个性十分鲜明，对丰富“易学在蜀”的内涵，具有重要的意义与价值。

舒大刚的《尊道贵德：扬雄“五德”观溯源》[③] 阐述了“道德仁义礼”五德的核心价值观念，并考察了“五德”的历史渊源，即远源于老子、孔子，中继于王褒、严遵诸人，甚至还有巴蜀志怪文献《山海经》的影响。该文将扬雄思想纳入地域文化视野，认为扬雄之学不仅是儒道合流的产物，也是对巴蜀文化的合理继承和发展。

---

① 曾虹佳、谢应光：《浅谈扬雄对巴蜀文化的贡献》，《蜀学》2015 年。

② 潘殊闲：《扬雄与蜀文化》，《西华大学学报（哲学社会科学版）》2018 年第 1 期。

③ 舒大刚：《尊道贵德：扬雄“五德”观溯源》，《孔学堂》2018 年第 2 期。

蔡方鹿的《扬雄对蜀学的影响》[①] 认为，扬雄《易》、老结合，儒、道相兼的思想对后世蜀学产生了影响，亦成为蜀学的特点之一。即比较重视道家、黄老思想，并将其与儒学等其他思想融会贯通，而不是相互排斥，具有一定的包容性。该文阐述扬雄对黄老道家思想有所吸取和重视，而使之得以持续推演，流传至东汉末则道教在蜀地产生，这对蜀学和整个中国传统文化意义甚大。

以上学者探讨了扬雄及其《太玄》对蜀学的影响，以地域文化的角度研究《太玄》，是其独具一格的特色。近年来，蜀地学者关于研究扬雄及其《太玄》的著作日渐增多，已经取得了较为丰富的研究成果，相信今后会有更多有价值的成果问世。

（二）《太玄》对玄学的影响

扬雄本人既推崇道家明哲保身的思想，又没有放弃儒家积极入世的理想，这种矛盾心理与魏晋玄学初期的人物矛盾心理也有着一定内在联系。扬雄儒道兼融的《太玄》思想，是魏晋玄学的重要学术渊源。因此，《太玄》对玄学的影响，也引起了部分学者的重视和探讨。

李军的《论魏晋玄学生成的学术渊源与理论逻辑》[②] 认为，西汉末的扬雄是两汉道家文化源流中承前启后的重要人物，他上承贾、马、严遵，下启荆州学派，在哲学观点与思辨方式上为玄学导夫先路。扬雄建立了两汉时期第一个完备的儒道调和的太玄理论体系，此对魏晋玄学之产生不啻有开启门径之意义。在《扬雄与玄学》[③] 中，李军指出：一方面，扬雄建立了西汉时期第一个完

① 蔡方鹿：《扬雄对蜀学的影响》，《社会科学研究》2018 年第 5 期。
② 李军：《论魏晋玄学生成的学术渊源与理论逻辑》，《杭州大学学报》1997 年第 3 期。
③ 李军：《扬雄与玄学》，《中华文化论坛》1997 年第 1 期。

备的儒道融合的太玄理论体系，对魏晋玄学的产生具有开启门径的意义；另一方面，扬雄对初期玄学家的精神影响不仅表现在思想理论上，还直接存在于学术师承关系之中。此外，通过“观象于天”的思考和摹比，扬雄抽象出“玄”范畴，作为解释宇宙万物生化的根本。这个“玄”本体，正是从老子的“道”本体过渡到玄学“无”本体的重要理论环节。

徐公持的《论魏晋玄学思想资源在两汉时期的先期整合》[①] 指出，《老》《庄》《易》“三玄”在汉代四百年间的变化和整合，表明魏晋玄学的兴起，自有前代思想学术所做的酝酿铺垫，并非突如其来发生的现象。这些整合“三玄”方面比较重要的人物和著作有《淮南子》、扬雄、张衡等，体现了汉代学者在一些玄学命题上做出了程度不等的先期贡献。

潘殊闲、潘君瑶的《扬雄〈太玄〉与魏晋玄学》[②] 认为，扬雄的“玄”，打通孔、老，综合了儒、道，开启了真正意义上的“玄学”的大门。扬雄的《太玄》建构了以“玄”为根本的哲学体系，是从先秦儒道分判至魏晋玄学儒道杂糅的过渡与桥梁，在中华玄学史上具有里程碑的意义与影响。

以上学者阐述了扬雄及其《太玄》对魏晋玄学的重要影响，进而肯定了扬雄在中国玄学史上的地位。总的来说，学者们多是联系不同时期玄学发展的特点与内容，分析扬雄《太玄》的影响。其实，将扬雄与后世玄学家相联系，进行比较研究，探究扬雄与后世学者之间的微妙联系，或许能发现更多有价值的成果。

---

① 徐公持：《论魏晋玄学思想资源在两汉时期的先期整合》，《福州大学学报（哲学社会科学版）》2006 年第 1 期。

② 潘殊闲、潘君瑶：《扬雄〈太玄〉与魏晋玄学》，《福州大学学报（哲学社会科学版）》2019 年第 1 期。

（三）《太玄》对易学的影响

《太玄》本是拟《易》而作，在我国易学史上也具有重要的价值和影响。关于《太玄》的易学思想，是学术界研究《太玄》的重要方面，不少学者也对《太玄》的易学史影响和地位展开过分析和探讨。

郑万耕《〈太玄〉"罔直蒙酋冥"的易学史意义》[①]，阐述扬雄模仿"元、亨、利、贞"四德，提出了"罔、直、蒙、酋、冥"的观念，并与四方四时加以配合，用来说明事物从无形到有形，从发生到消灭的无穷发展过程。在这个循环往复、永无休止的变化过程中，既有时间的推移，又有空间的转换，而且还有新故更代、推陈致新的质的变化。在中国思想史上，这是一种新的突破和发展，含有深刻的辩证思维。尽管"罔直蒙酋冥"这五个生词是作者仿《周易》"元亨利贞"硬造而成，因此没有被广为接受和流传，但一定程度上表现了扬雄标新立异、敢于创新的精神，就其对"元亨利贞"四德的理解说，第一次以其配春夏秋冬四时，说明万物生长成藏的过程，开始突破了道德的领域，具有世界观的意义，后世学者吸收了其思想精华，所以扬雄"罔直蒙酋冥"的创新对易学史的发展有重要意义。

张涛的《略论扬雄对汉代易学发展的贡献》[②] 认为，扬雄是汉代著名学者和思想家，也是易学史上的重要人物。他模拟《周易》而作《太玄》，试图构筑一贯通天地人三才之道、包罗万象、广大悉备的宇宙图式。扬雄还提出了一系列富蕴辩证思想的理论主张，特别是推出了关于事物变化、发展的九段说。他的易学思想体系

---

① 郑万耕：《〈太玄〉"罔直蒙酋冥"的易学史意义》，《孔子研究》1991 年第 3 期。

② 张涛：《略论扬雄对汉代易学发展的贡献》，《河南大学学报（社会科学版）》2000 年第 1 期。

是对《易传》及西汉易学成果的继承和发展，也是西汉末年社会政治思潮在易学领域的深刻反映，树立了以道家黄老之说解《易》的典范，并对后来以王弼为代表的玄学派易学多有启发和影响。

周立升的《〈太玄〉对"易""老"的会通与重构》① 认为，扬雄一方面希冀以《太玄》取代汉代经学而又未能予以取代，另一方面他想超越烦琐的象数之学向思辨哲学迈进而又未能达到魏晋玄学的高度，从而成为两汉哲学向魏晋玄学转化过程中极为重要的中间环节。

马鹏翔的《汉魏时期的〈易〉〈老〉会通思潮》②，认为汉代易学的主流是注重象数，并借象数大谈阴阳灾异、天人感应，其中又以孟、京两家为代表，但这种专讲阴阳灾异的易学因其思路的狭窄渐为士人所厌弃，随着西汉政府的日益黑暗没落也逐渐丧失说服力，因此《易》《老》会通的思潮又有渐兴之势。其中，扬雄的哲学思想是继严遵的《老子指归》后，两汉经学向魏晋玄学转化的又一重要的中间环节。

田小中的《〈太玄〉易学思想》③ 首先从扬雄的治易方法、释易方面述及《太玄》对后世易学的影响，也分析了其影响远逊于《周易》经传本身的原因。其次，《太玄》创作反映出扬雄治易"述而不作"的学术进路，《太玄》的象数理占都是对《周易》经传思想的阐幽显微，彰显的是《易》义。《太玄》体系是对易学发展的整合，是在整合中的自觉的体系构建，标志着汉代哲学家抽象思维能力的提高。

---

① 周立升：《〈太玄〉对"易""老"的会通与重构》，《孔子研究》2001 年第 2 期。

② 马鹏翔：《汉魏时期的〈易〉〈老〉会通思潮》，《西南石油大学学报（社会科学版）》2009 年第 3 期。

③ 田小中：《〈太玄〉易学思想》，山东大学博士学位论文，2009 年。

以上学者不仅对《太玄》的易学思想，进行了深入且详细的阐发，也对《太玄》的易学史地位和影响加以分析和肯定，为今后学者的研究提供了重要的参考价值和启发作用。

（四）《太玄》对儒学的影响

扬雄所处时代的学术背景较为复杂，虽然儒学仍为文化主流，但政治危机严重，儒学诸子纷争，经学章句繁衍，谶纬神学流行，儒家学统面临着严峻的危机。因此，扬雄创作《太玄》《法言》等著作，最主要的目的，还是匡护和恢弘儒家思想。虽然学术界关于扬雄的儒学思想研究，主要集中于《法言》等著作，但部分学者也对《太玄》的儒学思想及其儒学史地位和影响，进行了一定程度的探讨。

边家珍的《论扬雄对先秦儒学的继承与发展》①，联系西汉末年儒家经学面临的危机，指出扬雄自比于以“正人心，息邪说”为使命的孟子，从学理上树立以孔、孟为代表的先秦儒学为学术正宗的观念，张扬人本主义理念，目的在于扫除董仲舒以来的神学泛滥及道、法等学派思想的抬头；扬雄借鉴道、墨等诸子的思想，丰富和发展了先秦儒学的内涵；他在儒学指向上突出“内圣”，拓展了孔、孟重视个体人格的道德自律及自我完善的一面，有利于矫正汉代神学经学在促使士人人格自觉上的苍白乏力。边家珍的《扬雄对西汉新儒学的重构及其意义》② 一文中，指出扬雄在西汉新儒学的重构中，从学理上批判了今文经学，客观上为古文经学的兴起做了一定的理论准备；他融合《易》《老》，会通儒、道，对于魏晋玄学具有开启门径的意义；他在儒学的指向上突出

① 边家珍：《论扬雄对先秦儒学的继承与发展》，《河南大学学报》2002年第3期。

② 边家珍：《扬雄对西汉新儒学的重构及其意义》，《东岳论丛》2002年第6期。

“内圣”的一面，可以说起到了从孟子到宋明理学之间桥梁式的先导作用。

王栋的《扬雄的因革论》[①] 认为，扬雄的因革论强调客观、真实、自然和时代现实性，坚持儒学正宗地位，以儒融通道、墨诸家，在丰富、发展儒学思想中为王充、葛洪、刘勰等文论家之因革论思想的形成提供了思想理论渊源。

解丽霞的《扬雄与汉代经学》[②] 认为，扬雄在“综参古易”的基础上，以“经传分立、重构象数、取道宗儒”为基本思路，建构了与汉易主流系统不同的易学体系。这一体系的建立标志着汉代今文易学向古文易学的转向，也为后人的研究规定了“以《玄》解《易》”的理解范式。扬雄《太玄》吸取了费直解《易》的古文经学路子，对汉末魏初的宋衷《易》学和《太玄》学兴起有深刻影响，也直接影响了魏初王弼“扫象言理”的义理解《易》方式。

梁宗华的《论扬雄对儒学的改造和发展》[③]，认为扬雄志在成为孔子道统的传承者，他以孟子自居，大力发扬和抬高孟子的地位，致力于恢复先秦孔孟原始儒学的人文理性传统。扬雄的哲学著作、文学篇章及他的思想主张在当时及后世产生了重大影响。他对神学经学的抨击，对谶纬迷信的批判，对桓谭、王充的思想有着直接的影响。他捍卫儒家正统、竭力恢复先秦纯儒学传统的精神，受到许多思想家、政治家的推崇，时人视他如孔子一般的圣贤。其《法言》《太玄》，在汉代即被目为五经之次，有学者为之作注，而汉末更形成《太玄》学。

---

① 王栋：《扬雄的因革论》，《北京化工大学学报（社会科学版）》2010 年第 3 期。

② 解丽霞：《扬雄与汉代经学》，广东人民出版社 2011 年版。

③ 梁宗华：《论扬雄对儒学的改造和发展》，《东岳论丛》2016 年第 12 期。

金生杨的《苏洵、苏轼的〈太玄〉学》[①] 认为，苏洵的论述是建立在扎实的注释基础上的儒道探求，有着明显的汉学向宋学转折的色彩。苏轼在苏洵考论的基础上，对《太玄》做出了“以艰深文浅易”的著名论断。苏洵、苏轼的《太玄》学体现了汉学向宋学的转折，也反映出《太玄》研究对宋学兴起有着特殊的贡献。

以上学者对《太玄》儒学思想的地位与价值，进行了分析和阐述，肯定了扬雄及其《太玄》对汉代经学，以及后世儒学的发展，起着重要作用。从儒学角度对《太玄》进行研究，可以更好地理解和把握扬雄在学术史上的地位和意义，期待今后学者对此会有更加深入的研究。

（五）综论《太玄》的学术史影响

除了以上几个方面外，部分学者还从不同角度和领域入手，对扬雄及其《太玄》的学术史意义，进行了综论。

叶福翔的《试论扬雄对中国文化的贡献》[②] 认为，《太玄》通过立玄分天地人，又天地人各二分导出君子之道，可谓是扬雄创新的表现。而《太玄》出于《易》而别于《易》，自有独立创见和独特体系，对中国哲学的发展起了推动作用。此外，该文认为扬雄的成就除董仲舒外无人能及，《太玄》《法言》所体现的文人内修精神，以涵养心性为动力，以立德立言为己任，传播知识，甘于寂寞，进而深沉地影响着中国文化。

吴龙灿的《拟经拟圣，匡扶大道——扬雄经学诠释的历史影响》[③] 首先指出西汉末年政局危机四伏，儒学诸子纷争，经学章句

---

① 金生杨：《苏洵、苏轼的〈太玄〉学》，《乐山师范学院学报》2017 年第 2 期。

② 叶福翔：《试论扬雄对中国文化的贡献》，《中华文化论坛》1996 年第 1 期。

③ 吴龙灿：《拟经拟圣，匡扶大道——扬雄经学诠释的历史影响》，《宜宾学院学报》2015 年第 9 期。

繁衍，人心浮躁无依，是战国之后又一个“百家争鸣”的新乱世。扬雄于是以“孟子”自居，通过开创新的经学诠释方法，匡护儒家经典和孔子思想所示的大道。其次，扬雄的诠释形式虽为模拟经典而新创，但其书之内容所传述的却是忠实于前圣古贤大道的真精神。拟经使经学诠释者从“我注六经”和“六经注我”的两难困境中超脱出来，直接以本体诠释学的立场阐发圣人之道，把语言、行为和意义合为一体，把古圣贤书与当下视域融合，诠释本身成为切合时代的实践智慧。最后，“拟圣”诠释对宋明理学的影响。一是宋代儒家道统论的形成，扬雄起到了重要的开辟作用。二是宋明理学的核心经典，多承续扬雄之所弘扬。三是宋明理学的义理诠释传统和语录体著述体例，深受扬雄影响。

汪文学的《扬雄论——兼论扬雄学术和文学对六朝的影响》①，从士风、学风、文风诸方面探讨扬雄学术和文学对六朝的影响，并以陶渊明为个案讨论扬雄的人生行事与六朝名士风范之间的渊源关系，以刘劭为个案研究扬雄的学术思想对六朝玄学思想的影响，以刘勰为个案分析扬雄文论对六朝文论的启发。对于系统探讨扬雄在中国古代思想史上地位和影响，深入论证“六朝学术和文学始于扬雄”这个论点，该文具有极大的参考价值和重要贡献。

舒大刚、王贞贞的《千秋止有一扬雄——扬雄生平及学术思想评议》② 肯定了扬雄在学术思想方面的贡献，认为他不以今文章句自缚，抖落了俗儒曲学的陈腐之习，开创了简易朴质的东汉古文家法。扬雄讲明义理，避免了杨墨佛老的虚无和俗套；擅长文

---

① 汪文学：《扬雄论——兼论扬雄学术和文学对六朝的影响》，广西师范大学博士学位论文，2015 年。

② 舒大刚、王贞贞：《千秋止有一扬雄——扬雄生平及学术思想评议》，《文史杂志》2019 年第 2 期。

章，没有后来六朝人的四声八病等形式主义；他理论上坚持仁义，态度上信守孔学，是与董仲舒、王通、韩愈并列的中古社会少有几位大儒。他一生宗孔孟，倡儒学，反迷信，纯道统，从本体论上丰富了儒学思想，是当时独步儒林的思家，是汉家二百年文化造就的硕果，也是秦汉以下迄于五代少有的纯德儒者。

以上学者关于《太玄》学术史意义的综论，对《太玄》学术史地位和影响的阐述，更加全面和详细，对于理解和把握扬雄《太玄》的学术史意义，有着重要作用。

近年来，关于扬雄及其《太玄》的学术史地位和影响，学术界已经愈加重视，对这方面的研究也日趋丰富和深入，今后必然还会有更多有价值、有创见的研究成果问世，期待更多优秀学者对扬雄及其《太玄》，进行探索和研究。

第二节 《法言》研究

一、研究初期

20 世纪 40 年代末至 20 世纪 70 年代末近 30 年间，针对扬雄《法言》独立研究的论文只有两篇，一篇是白寿彝的《跋扬雄〈法言〉卷十、卷十一》[①]，一篇是吴则虞的《扬雄思想平议》[②]。

吴则虞在《扬雄思想平议》中，针对《法言》主要得出了三个结论。第一，该文认为《法言》是“西汉王朝的挽歌，也是他一部沉痛的忏悔录”。该文从扬雄和王莽的关系谈起，在弄清他晚

① 白寿彝：《跋扬雄〈法言〉卷十、卷十一》，《北京师范大学学报（社会科学版）》1963 年第 3 期。

② 吴则虞：《扬雄思想平议》，《哲学研究》1957 年第 6 期。

年的政治生活情况后，以《法言·渊骞》的分析为切口，试着站在扬雄的艰难立场上，理解扬雄的情感和思想，从而指出《法言》有若干地方是扬雄“向王莽的诅咒和谴责，也是倾诉自己哀痛的委婉之语”。扬雄政治思想也一直是人们讨论的焦点，但以《法言》中的一卷来进行分析，或许不够全面。第二，《法言》中扬雄的无神观是很明显的，他阐述了宇宙万物发生发展的客观规律，虽然也有迷信色彩，但在社会发展变革方面的看法是改良了“袭”和“因”，得出“变”和“不变”的发展观。第三，关于扬雄人性论，该文通过将《法言》中扬雄有关人性论的观点与孟子、荀子、世子、告子的人性论逐一比较和分析，指出扬雄认为性的形成不是先天的，不是“与生俱来”的，与孟子、荀子、世子等先天决定论者毫无共同之处。该文关于扬雄人性论的讨论不仅引起了后继学者对扬雄人性论的关注，更是促进了对其人性论渊源的讨论，关于荀、孟二者对扬雄人性论是否有影响，成为后来讨论的焦点之一。

白寿彝在《跋扬雄〈法言〉卷十、卷十一》中讨论了扬雄的历史观，该文从《法言》卷十、卷十一中的历史人物评论入手，指出扬雄如“六国之亡归之于时激（时事之相激）、地保（地势险要之保卫）和人事的具备”等观点都跟司马迁的论断相似，然而“称赞石庆，反对游侠，反对陈胜吴广”，又跟司马迁对立，这是正宗学者立场的表现，因此该文认为扬雄的历史观是正宗儒学的表现。通过扬雄的历史观来分析扬雄的思想是这篇文章很独特之处，启发了后继学者对扬雄的历史观研究。

除了这两篇较为独立的论文外，不少扬雄《法言》的研究成果也可见于学者所写的专著中。如张岱年在《中国唯物主义思想简史》① 中就有《扬雄的自然观念与桓谭的无神论思想》一章，该书指出扬雄重新提出老子的“自然”观念和当时儒家的唯心主义对抗，他批判神仙长生不死的迷信，在《法言·君子》篇中写下生必有死观念是自然规律的看法，扬雄为以后的唯物主义发展开拓了道路。此章不仅提到了扬雄，还在之后提到了桓谭和王充。该书将这三人用汉代唯物主义思想发展过程联系起来，虽然没有做过多的分析，但已启发后世的学者对三人的关联做研究。此外，徐复观的专著《两汉思想史》② 中有一节专门讨论了《法言》——从《法言》的文体与构成、《法言》思想核心及对五经博士系统的严厉批判、《法言》中对孔子把握的限制、《法言》中的人性论及其教育思想、智性是扬雄真正的立足点，以及扬雄对当时虚妄的批判、学术性的人物批评、哲学家与史学家的对跖之一例、对历史人物的了解及对历史人物的批评等多个问题进行了较为全面的研究，《法言》中一些值得研究的问题在这一节中基本被提出，后继的学术研究焦点大部分就集中在这些问题上。

从这段时期的研究成果我们可以看出，当时《法言》的独立研究还比较少，且大部分是研究其思想内容，没有做更细致的分析。但学者在这时期已经提出了一些值得进一步思考和探究的问题，为后续研究提供了指引方向。

二、研究发展期

20 世纪 80 年代初至 20 世纪 90 年代末是扬雄《法言》的研究

① 张岱年，《中国唯物主义思想简史》，中国青年出版社 1956 年。

② 徐复观：《两汉思想史》，台北学生书局 1979 年。

发展期。

（一）《法言》思想内容研究

此阶段的《法言》思想内容研究包括：道德伦理思想研究、人性论思想研究、社会历史观思想研究、政治思想研究、认识论研究、文学和美学理念研究、教育思想研究等。

《法言》道德伦理思想研究主要探讨的是《法言》中反映出的儒道思想问题。

郑万耕在《扬雄伦理思想发微》① 中认为扬雄继承的是儒家思想，该文首先谈到了扬雄的道德观，接着谈到扬雄继承孟子的道德说教，认为扬雄把仁义视为最高的道德理念，而又在此上做了新的阐发。该文主要是从道德观入手，来看扬雄的思想渊源，得出其道德观是受孟子影响的结论。

石晓宁的《试谈扬雄〈法言〉的思想倾向》② 则认为，扬雄创立的是一部"纯儒学"思想体系的专著。该文阐述了扬雄"纯儒学"体系与扬雄晚年的创作思想、主张，且指出以个人修身扬名取代政治功利，甚至重于政治功利，这种总体上超脱现实政治的倾向，使扬雄晚年的创作思想颇具特色，有开世人先风的意味。《法言》有很大一部分是儒学思想，但说它是"纯儒学"就有些片面。

叶福翔的《试论扬雄对中国文化的贡献》③ 通过讨论《法言》对儒家思想的发展，得出扬雄是基于孔孟而适取老子思想补充发展儒学的结论。

---

① 郑万耕：《扬雄伦理思想发微》，《北京师范大学学报》1990 年第 6 期。

② 石晓宁：《试谈扬雄〈法言〉的思想倾向》，《沈阳师范学院学报（社会科学版）》1994 年第 3 期。

③ 叶福翔：《试论扬雄对中国文化的贡献》，《中华文化论坛》1996 年第 1 期。

雷健坤的《扬雄信道的思想特质》① 认为，扬雄的思想本质是信奉黄老道家的，但他显然又受到儒家思想的深刻的影响，在当时“独尊儒术”的学术背景下，扬雄以“尊孔拟经”的形式曲折地表达了自己的思想，在“独尊儒术”的学术环境中，尝试着将儒道融合，可以说是对他所处的时代的根本反动，因而具有思想解放的巨大意义，从而影响了后汉及魏晋哲学发展的方向。

关于扬雄儒道思想渊源占比的问题是学者一直不懈研究的焦点，但大部分学者，还是认为扬雄的思想是以儒家为主的，《法言》中反映的多是儒家思想。如杨海文在《扬雄〈法言〉的文化守成主义》② 中认为，扬雄《法言》的文化守成主义由语言学策略、儒学史建构两部分组成。前者实际上是一种“文本解读方法”，要求被“众言淆乱”的语言魔障所困惑的人们，真正地把握蕴涵于言说与书写之中的意义本体，这一意义本体亦即圣人之道。后者实际上是一种“学派分疏意识”，要求被“杨墨塞路”的思想乱局所干扰的人们，明智地洞察贯穿于孔子与孟子之间的思想真理性，这一思想真理性亦即孔孟之道。

《法言》的人性论研究主要以《法言》中人性论的渊源探讨为主。学者们在这方面的看法并不统一，上文提到的吴则虞的《扬雄思想平议》认为扬雄的人性论和孟子、荀子等人的观点没有关系，而郑万耕的《扬雄伦理思想发微》认为扬雄是吸收前人的人性论思想，对孟、荀性善性恶论加以综合后，提出的人性“善恶混”的学说。郑文的《在人性论上荀况对扬雄的影响》③ 又从考察

① 雷健坤：《扬雄信道的思想特质》，《学术研究》1997 年第 9 期。

② 杨海文：《扬雄〈法言〉的文化守成主义》，《学术研究》1997 年第 9 期。

③ 郑文：《在人性论上荀况对扬雄的影响》，《河北学刊》1985 年第 3 期。

扬雄“善恶混”的观点入手，逐一介绍并分析了李轨、吴秘、宋咸和司马光对“善恶混”的注解，指出其中的合理之处与不足之处，认为扬雄对于人性的观点，同于荀子“人之性恶，其善者伪也”的观点，而不是调和孟、荀二人的观点，扬雄的人性论，虽然标的“善恶混”，实际源于荀子的性恶论。

《法言》社会历史观思想研究以探讨扬雄的史学观和历史观为主。扬雄的进步历史观和“因革论”是讨论的焦点，如黄开国的《扬雄的社会历史观》① 就指出扬雄的社会历史观与以往的思想家存在截然相反的认识，扬雄认为历史是发展的。该文认为扬雄在《法言·问道》中仍显示不足的“因革论”，在《太玄·玄莹》中得到了弥补。将《法言》和《太玄》结合起来研究，是该文的创新之处，此外，该文指出扬雄用“天地人具”来解释让会历史发展的原因，是一个进步的理论，这个方面的研究也是前人未涉及的领域，启发了后来的学者。

郑万耕在《扬雄的史学思想》② 中指出，《法言》提出一些很重要的史学原则，其中就有历史发展观和因革论。该文还分析了扬雄提出的写史书的三个方面问题：立事即叙事；品藻即对历史人物的品评；实录，是说要有文献及事实的根据，不虚美，不隐恶，秉笔直书，实事求是。从这方面可以看出学者们已经在历史观研究方面出现了转向。除此之外，针对扬雄对诸子学说的评论，文章也做了深入的研究，概括为扬雄推尊孔孟而小诸子，以五经为一切是非的标准，是顺着汉代推明孔氏，罢黜百家，立五经博士的学术大势而来，但又与董仲舒为代表的官方学术不同。最后

---

① 黄开国：《扬雄的社会历史观》，《重庆师范大学学报（哲学社会科学版）》1990 年第 2 期。

② 郑万耕：《扬雄的史学思想》，《史学史研究》1998 年第 2 期。

针对扬雄对历史人物的评价，该文认为扬雄也以儒家的道德规范为标准，又辅之以道家思想为尺度。他以为太史公对历史人物的评价，“不与圣人同是非，颇谬于经”，所以他要补正《史记》的缺失。该文比较全面地概括了扬雄的史学思想，给后继学者开拓了可以深入的方面。

《法言》认识论研究的是扬雄的某些哲学思维和概念。黄开国的《扬雄〈法言〉的人论及意义》[①] 阐述了扬雄人论中“人禽之分”的观点，还就扬雄把人划分为众人、贤人、圣人三类层次的思想进行了考察和评议。此外该文讨论了扬雄把人划分为小人、君子的这种观念思想，最后得出扬雄的贡献是第一次自觉地完全从伦理来认识人。

蔡伯铭的《扬雄的逻辑辩说思想与数的演绎逻辑》[②] 从逻辑学的角度，对扬雄的思想进行了深入研究，认为《法言》主要讨论社会政治和人事方面的一些实际问题，但也反映了他关于逻辑辩说的思想，概括起来就是：辩说要以五经为法，以事实为尚，以证验为重。这样的研究角度是跨学科多元化新研究方向的体现。

从知识学研究扬雄哲学的代表性成果是刘哲浩的《扬雄知识学研究》[③]，该文首先研究扬雄知识学的知识之主体。该文认为，扬雄所讲的心、性为知识的主体，而此心、性是可与天合一，以为善，明哲保身的具有形上本体意义的主体，也就是道德主体，所以扬雄也以仁、义、礼、智、信之德为知识主体的目标。人在达到此目标的过程上也有君子与小人，或者众人、贤人、圣人等

① 黄开国：《扬雄〈法言〉的人论及意义》，《江西社会科学》1989 年第 4 期。

② 蔡伯铭：《扬雄的逻辑辩说思想与数的演绎逻辑》，《湖北师范学院学报（哲学社会科学版）》1988 年第 1 期。

③ 刘哲浩：《扬雄知识学研究》，《哲学论集》1991 年第 25 期。

的等级。其次，该文研究扬雄知识学的知识之对象。该文认为，扬雄所讲的知识的对象也离不开形上本体，又与其知识之主体息息相关。扬雄以知道圣人之正道为真正的、最高的知识，而以圣人之正道为真正的知识之对象。扬雄也重视礼，以为礼就如人的身体，所以人没有礼，则不能为德，就如人没有身体，不得为人。关于法的重要性，扬雄以为圣人厌恶没有法的原始时代，因而法创始于伏羲，而成立于尧。假如没有此法，则人以礼义争吵的多，所以圣人采取法。再次，该文研究扬雄知识学的知识之方法。扬雄将“为学”视为求知之道。人有学问与知识，才可以为圣人贤士。第一，学的目标。扬雄主张学的目标是道、德、善、仁、义。第二，学的方法。治学、精思、以朋友磨炼、崇尚名誉、不倦学都是学问的主要方法。此外，扬雄又以修身为知识之心思达到义的基本功夫。该文总结指出，扬雄知识学所追求的知识之目标就是知识之主体与客体统合为一的本体。此知识之主体与客体统合为一的本体，也是有与无为一体的“玄”本体。“玄”是有无一体的天地万物的本体，而智、仁、勇、公、通、圣、命、道、义、业都是“玄”本体之用，“玄”又是知阴知阳、知止知行、知晦知明的本体，也就是知识之主体与客体统合为一体的本体，所以扬雄知识学的主体与客体密不可分。该文认为，心性知识之主体要由学即修性及修身的功夫，达到主体与客体为一体，而又与天地神明为一体的道、德、仁、义、礼、智、信、法等的本体，人也要成为具有此道、德、仁、义、礼、智、信、法本体的君子、贤人、圣人，而此知识之主体与客体为一体，而又与天、神本体为一体的道、德、仁、义、礼、智、信、法的本体都是有无一体的天地万物的本体“玄”的作用，而一切皆统合于一个“玄”本体之中。该文以《法言》为依据，分类知识主体与对象及其方法，以探讨扬雄知识学之内涵，是目前该领域研究扬雄哲学的优秀成果。

扬雄的唯物主义思想也是学者继续研究的方向，如孙实明先生的《简明汉唐哲学史》[①] 中有一节《扬雄的唯物主义和无神论》就对扬雄的唯物主义和无神论展开了阐述，最终得出的结论是“扬雄在自然观方面，批判地继承了道家思想，而在社会观方面则基本上继承了儒家思想。因此，扬雄对汉儒宗教迷信的批判属于儒家学派内部的斗争，而不是儒法斗争”。除了就扬雄本身的唯物主义做研究外，学者也从思想传承发展的角度来研究《法言》，如姜书阁的《扬雄、桓谭、王充间的思想承传关系》[②] 探讨了扬雄唯物主义思想对桓谭的影响。而桓谭的形神关系论，进一步推动了唯物主义的发展，从而影响王充，使他也提出了反对儒家“是古非今”“贤古贱今”的历史观。这种以汉朝唯物思想发展为脉络去探究扬雄唯物主义认识论的成果，是在前辈学人如张岱年的研究结论上的进一步深入。

李英华的《杨雄〈法言〉中的易学思想》[③] 列举了多处例证，阐述《法言》与《周易》的联系，进而指出，扬雄分别用“潜”“存神索至”以及“照之四方”来揭示《周易》的思维方式的特色。

《法言》的政治思想研究以《法言》中反映的扬雄政治理想和生涯为主。董根洪的《“动化天下，莫尚于中和”——论扬雄的中

① 孙实明：《简明汉唐哲学史》，黑龙江人民出版社 1981 年。

② 姜书阁：《扬雄、桓谭、王充间的思想承传关系》，《湘潭大学学报（社会科学版）》1994 年第 3 期。

③ 李英华：《杨雄〈法言〉中的易学思想》，《周易研究》1996 年第 4 期。

和哲学》[①] 详细分析和阐述了扬雄所提出的具有创新特色的中和哲学新体系，指出它是董仲舒中和哲学到王充中和哲学的中介。而关于《太玄》和《法言》的关系，该文认为从中和哲学角度看，《太玄》便是《法言》的理论基础，这是一个较创新的观点。

周全华的《扬雄附莽辩》[②] 讨论了怎么看待“扬雄附莽”及《法言》卒章的问题。除了分析《法言》思想外，该文以《法言》在后世的流行评价情况来为“扬雄附莽”进行分析，认为在东汉人眼里，《法言》不是媚莽之作，而是早朝批判王莽的代表作，这相较于单纯地分析《法言》文本思想更具有说服力。

《法言》的文学和美学思想研究主要集中在文学评论和文学功用上。如陈曼平、张克的《试论扬雄的美学观》[③] 讨论了《法言》中提出的“诗人之赋丽以则，辞人之赋丽以淫”和探讨文质关系的观点，指出扬雄否定了屈原及其作品的悲壮之美，是其美学思想的一个重大缺陷。

聂振斌的《扬雄文质副称说的美学意义》[④] 认为文与质的统一，亦即美与真善的统一，是扬雄美学思想的基本观点。扬雄从这个基本观点出发，对汉赋进行了批评，强调了文学作品内容的决定意义和文学的社会功利目的。同时也是从这个基本观点出发，接受了先秦儒家的礼乐思想，突出了礼乐对社会政治的巨大意义，以维护封建社会秩序，表现了封建士大夫的阶级本质。总的来看，

---

① 董根洪：《“动化天下，莫尚于中和”——论扬雄的中和哲学》，《社会科学研究》1999 年第 6 期。

② 周全华：《扬雄附莽辩》，《上饶师范学院学报》1988 年第 6 期。

③ 陈曼平、张克：《试论扬雄的美学观》，《延边大学学报（社会科学版）》1983 年第 1 期。

④ 聂振斌：《扬雄文质副称说的美学意义》，《西北师大学报（社会科学版）》1983 年第 2 期。

扬雄的美学思想与现实生活的联系是不够的（与较他稍晚的王充相比），哲学思辨的成分比较大，然而哲学思辨又使他的美学思想比同时代的刘向等人深刻得多，在中国美学史上做出了一定的贡献。

许结的《论扬雄融合儒道对其文论的影响》① 从考察历代关于扬雄学术思想评论开始，探讨扬雄学术思想的形成过程，通过对扬雄《法言》中儒道融合的思想进行分析，发现其文论中之矛盾，指出其矛盾主要表现在文与道、文与质、对汉赋的评价与对屈原的评价四方面，从而又解决了因其矛盾产生的误解，进而肯定了扬雄文论本身融合儒道的意义。

孙连琦的《略谈韩愈与扬雄》② 在比较韩愈和扬雄两人文学思想时，从《法言》出发，总结了扬雄的两条文学见解：一是强调明道、征圣、宗经，二是创新与求深，要求文学为统治阶级的根本利益服务，从而论述扬雄对韩愈的影响，以及两人的相同或相似之处。

《法言》的教育思想研究集中在扬雄的教育和治学理念等问题上。如谭佛佑的《论扬雄的教育思想》③ 是从教育的作用、教育目的和培养目标、教育内容、教学原则和治学方法等方面，比较完整且准确地解读了扬雄在《法言》中所体现的教育思想，也是扬雄思想研究一个创新方向的体现。

（二）关于《法言》体例版本研究

束景南的《〈法言〉仿〈齐论语〉辨》④ 从辩驳康有为及当时

① 许结：《论扬雄融合儒道对其文论的影响》，《学术月刊》1986 年第 4 期。
② 孙连琦：《略谈韩愈与扬雄》，《锦州师院学报（哲学社会科学版）》1989 年第 4 期。
③ 谭佛佑：《论扬雄的教育思想》，《贵州师范学院学报》1987 年第 4 期。
④ 束景南：《〈法言〉仿〈齐论语〉辨》，《古籍整理研究学刊》1993 年第 3 期。

学者将扬雄归入古文经学派的观点入手，认为扬雄经说非独取于古文经学，他作《法言》即仿今文《论语》即《齐论语》，通过考证《齐论语》的《问王》《知道》两篇文章，将它们和扬雄《法言》中的篇目进行比较，又根据扬雄于《法言》中多称誉传《齐论》者，得出仿今文《齐论》而作《法言》的结论。该文推翻了之前学界的看法，但该文并未对仿《鲁论》的学说进行反驳，故对这一问题学术界还存在争议。

王菡的《〈扬子法言〉历代校注本传录》[①] 就《法言》主要校注本的流传予以考述，分别考察了李轨的注本、《法言音义》和唐宋时期的注本、司马光对《法言》的集注与校注。

除了单篇论文，这一时期扬雄《法言》的研究成果还综合见于各中国思想哲学史的专著中。如北京大学哲学系中国哲学史教研室编写的《中国哲学史》[②] 中有《扬雄和桓谭的哲学思想》一章，指出了扬雄具有的唯物主义观念、辩证法思想、认识论和人性论与社会政治思想，但这本书由于没有引用任何文献材料，研究成果仍显得太过单薄。

孙叔平先生《中国哲学史稿》[③] 则在文献材料的引用和结论的推断上做得比较好，他在《扬雄》这一章中探讨《法言》仍是在于其体现的唯物论、历史观、人性论、政治思想等方面，该文是在引用了大量原始文献进行推导后得出的观点，尽管如对扬雄行知论的探讨不过几百字，但该文从扬雄善恶混的基本观点出发，指出扬雄认为“成善”要经过学。学什么？当然是学“圣人之道”。不过，扬雄认为，学“圣人之道”，要学它的质，而不是学

---

① 王菡：《〈扬子法言〉历代校注本传录》，《文献》1994 年第 3 期。

② 北京大学哲学系中国哲学史教研室：《中国哲学史》，中华书局 1980 年。

③ 孙叔平：《中国哲学史稿》，上海人民出版社 1980 年。

它的文。但扬雄又认为，学是重要的，行更重要。该文指出，扬雄在知行论上有不少可取的见解，这和他的宇宙观中的唯物主义的成分是分不开的。这样得出的观点不仅有原始材料支撑，更是给读者清晰呈现了作者思考推断的过程。这类专著对扬雄及其《法言》的探究虽然受篇幅限制，没办法面面俱到，但也有不少研究成果是极具分量的。

韩敬的《法言全译》① 在每卷中选择与思想史或文化史有某种关联、不予以说明有碍于对内容的深入理解之条目，加以阐释，能帮助读者比较顺利阅读《法言》原文，又能让读者对思想史或文化史上的有关问题有更多了解，是颇有意义的普及读本。

综合来看，这二十年的研究主要集中在《法言》思想内容方面，包括教育观念、历史观念、文学观念、道德观念、政治观念等多方面，研究方式呈现多元化趋势，如不少学者通过将《法言》的思想和前人或者后人的思想观念相联系，纵向研究，试图找寻一条清晰的思想传承脉络，取得了一定的成果。有的学者从《法言》思想内容出发，推翻历史上人们对扬雄形象的定论，为扬雄进行辩护。还有的从文献学角度，探讨《法言》的创作流传过程等等。总体而言，在这二十年的研究发展期中，学者对《法言》的思想内容做了较全面的探讨，取得了显著的成绩。

三、研究成熟期

从 21 世纪初至今，是扬雄《法言》研究的成熟期。

（一）《法言》思想内容研究

《法言》中的道德伦理思想方向的探讨以研究其渊源和其内容

① 韩敬：《法言全译》，巴蜀书社 1999 年。

为主。扬雄对儒道思想的继承是学者们在这个阶段讨论的重要问题。但在此阶段，学界的大致观点是扬雄思想受道教思想影响，但儒家影响对他更深。如张兵的《扬雄〈法言〉中的道家思想》①认为，严遵思想中所具有的批判性以及其“淡泊寡欲”的性情无疑给扬雄带来了深刻的影响，归纳《法言》中的道教思想后，发现这些思想主要体现在两方面：尚玄崇道和因循革化。该文还探讨了儒、道二者在《法言》中究竟是何种关系。因此可以说《法言》中的道家思想是为儒家思想服务的，无论尚玄崇道，还是因循革化，实际最终高高推举出的，还是儒家的学说理论。

边家珍的《论扬雄对先秦儒学的继承与发展》② 阐述了扬雄对先秦儒学的自觉继承与维护，指出扬雄在《法言》中多处推崇孔子，把孔子思想视为治学的门径、判定是非正误的标准及最高的真理。在理论建树上，扬雄拟《论语》作《法言》，阐发孔子思想精义的意图极为明显，并从多个角度论述了儒道。该文认为，扬雄对以阴阳灾异说附会五经极为不满，力图把阴阳灾异之说与正统的儒学区别开来。同时基于神学无力解决种种社会危机，道、法诸家思想抬头的现实，扬雄从维护孔、孟之道出发，在《法言》中对异于儒家的其他先秦诸子进行了严厉的批评。总的来看，扬雄以儒学为宗，但又善于借鉴、吸收其他诸子来丰富儒家思想。首先，改造老子“道德”概念，赋予儒学含义。其次，辩证地汲取老子“无为”的政治观。最后，汲取墨家“兼爱”思想，改铸儒家“仁”的内涵。扬雄崇孟抑荀，在儒学的指向上突出“内圣”，因此特别倡导士人的自我学习与修养。

---

① 张兵：《扬雄〈法言〉中的道家思想》，《济南大学学报（社会科学版）》2001 年第 5 期。

② 边家珍：《论扬雄对先秦儒学的继承与发展》，《河南大学学报》2002 年第 3 期。

杨福泉的《论〈法言〉的尊圣崇经与儒学批判》① 指出扬雄拟《论语》而撰《法言》，与西汉后期的社会政治和学术风气密切相关，阐述了扬雄以当代孟子自居，对西汉以来的今文经学、谶纬神学、《太史公书》以及先秦时期的诸子学说，进行的广泛而深入的批判并力图加以纠正的行为。扬雄明确界定诸子为“其知异于孔子”者，并赋予儒以新的文化内涵。他的尊圣宗经，不是保守倒退地简单复古，而是自觉奉行儒家经典的真正内涵，是坚决捍卫孔孟之道的基本精神。

在此领域的研究成果还有魏然的硕士学位论文《〈法言〉伦理思想研究》②、巨利宁的硕士学位论文《扬雄与道统》③。

《法言》的历史思想方向研究就扬雄的历史认识展开了讨论，学界不再单纯阐释分析扬雄进步的历史观和社会因革论。如张秋升的《扬雄历史观再认识》④ 就往往为研究者所忽略的扬雄关于人类社会起源的认识进行了探讨，指出扬雄之所以认为历史应从伏羲说起，是由于他认为从伏羲时代才有了“法”，即有了规范制度。

郑先兴的《论扬雄的史学思想》⑤ 认为政治史学中的游离性、官方史学中的民间性和人本史学中的谶纬性，构成了扬雄史学思想的基本特征。

翟蕾的硕士学位论文《扬雄〈法言〉的历史观及其影响》⑥ 探

① 杨福泉：《论〈法言〉的尊圣崇经与儒学批判》，《上海大学学报（社会科学版）》2003 年第 3 期。

② 魏然：《〈法言〉伦理思想研究》，中南大学硕士学位论文，2009 年。

③ 巨利宁：《扬雄与道统》，西北师范大学硕士学位论文，2012 年。

④ 张秋升：《扬雄历史观再认识》，《聊城大学学报（哲学社会科学版）》2002 年第 5 期。

⑤ 郑先兴：《论扬雄的史学思想》，《南都学坛》2011 年第 1 期。

⑥ 翟蕾：《扬雄〈法言〉的历史观及其影响》，陕西师范大学硕士学位论文，2012 年。

讨了《法言》对后世历史所造成的影响，指出《法言》承继《史记》对《汉书》造成了影响。扬雄的史学观对《汉书》的影响也是这阶段学者注意到并开始研究的一个方面。

李士彪、隋长虹的《论经学对〈汉书〉义例的影响》[①] 认为，班固《古今人表》正是继承了扬雄“壹概诸圣”的原则，来评判历史人物的。班固在《古今人表》中把儒家学派的许多人物列入上等，而将老庄学派的人物列入中等或中等以下，就充分说明了这一点。

曲柄睿的《刘向、扬雄对〈汉书〉合传的影响》[②] 指出自《史记》开创以人叙传的风气以来，两汉间诸子纷纷承其绪而著作，其中刘向利用以人叙传的方式解经，扬雄试图用儒家道德来重新规范《史记》的传记。值得注意的是，扬雄又创设出“臣自得”“臣自失”“美行”“言辞”“执正”“折节”“守儒”“灾异”等名目来容纳西汉一代人物。可以看出，在继承司马迁的以人类传的基础上，扬雄也希望突出人的品行和事迹在人物分类方面的作用，这应该被认作“是非同于经”的价值判断方式。如此在《史记》之外，形成了一股利用人物品行叙《传》，希望用儒家伦理规范这一类传记的潮流。班固作《汉书》，继承了司马迁因“功名”传人的原则，但是也承袭了刘向、扬雄的思路。这些研究让我们在从《史记》看向《汉书》时，不得不注意路过其间的扬雄，这是后继学者可以进一步研究的领域。

《法言》的认识论研究也有新进展。王青的《儒家的知识论传

---

① 李士彪，隋长虹：《论经学对〈汉书〉义例的影响》，《山东大学学报（人文社会科学版）》2002 年第 2 期。

② 曲柄睿：《刘向、扬雄对〈汉书〉合传的影响》，《史学理论与史学史学刊》2014 年。

统与扬雄的重智思想》[①]探讨了扬雄如何在《法言》中将孔子心性之学中的智性层面发挥到了极致，由此建立起其知识论。该文指出扬雄一个最值得我们重视的现象就是他对智性的重视。在扬雄看来，“智”是成为圣哲的必需条件。扬雄的知识论受荀子的影响最大，从强调对事物本身的客观反映和重视征验的立场上，我们可以看出他的理性主义态度，这使得他在神学迷信盛行的西汉，在对神怪之事和长生成仙之说持有清醒的理智态度。

郑万耕的《扬雄身心观述评》[②]从汉代医学知识发展的背景入手，阐述扬雄对人体器官的认识，以及从整体的角度探讨各器官的作用。该文认为扬雄身心观的重心是对心的思维活动的探讨，认为扬雄从人性的角度对人的意识活动进行论述，其探讨性情的目的，是要强调人的修习锻炼，以提升人的道德境界，改善身心功能，此即所谓“修其善则为善人，修其恶则为恶人”。

《法言》的教育治学思想研究探讨的是扬雄的治学理念和路径。王庆的《扬雄的治学路径》[③]指出扬雄把他的学术建立在模拟圣人的基础之上，是因为他认准了这条路：圣人之道是绝对真理和终极旨归，因而圣人就是绝对权威，圣人之言就是是非标准。因此扬雄不仅行动上模拟圣人，理论上也反复强调：明道、崇圣。该文认为这个模式是扬雄对后世产生的最大影响，是理解扬雄学术的钥匙。

杨金有、宋祥的《学者，所以求为君子也——扬雄〈法言〉

① 王青：《儒家的知识论传统与扬雄的重智思想》，《阳明学刊》2004 年。

② 郑万耕：《扬雄身心观述评》，《河北师范大学学报（哲学社会科学版）》2004 年第 3 期。

③ 王庆：《扬雄的治学路径》，《北京科技大学学报（社会科学版）》2018 年第 2 期。

中的治学思想》① 指出，扬雄治学思想的核心是“学者，所以修性也”，“求为君子”是治学的目标。“君子”是品德高尚、言行谨慎的人，经过努力，人人可以成为君子。要想“求为君子”，必须树立成为君子的志向、选择品行俱佳的老师，并为此坚持不懈地学习。具体的学习方法则要靠自身勤学精思、与朋友切磋琢磨，还要努力践行学、思所得的圣人之道。扬雄提倡学习圣人，以圣人为最高目标，以修性为主是学界比较公认的结论，这方面的研究注重于扬雄治学思想的内容，而专门研究其治学思想渊源和影响的文章不多，因此这方面还有研究的空间。

《法言》的政治思想研究重点在于扬雄的政治思想、态度和生涯上面，扬雄和王莽的关系是学者争论的焦点。刘保贞的《从〈孝至〉后半篇看扬雄对王莽的态度》② 认为，《法言》一书当完成于汉平帝时期王莽取得“宰衡”称号不久，《孝至》后半篇中赞美王莽的文字，既不是扬雄为了谋得某种好处而有意媚莽，也不是为避祸而写的逊避之词，而是反映扬雄在当时真心拥护王莽采取的政策。这一观点和之前周全华的《扬雄附莽辩》的结论是完全相反的，目前学术界对此没有较为统一的看法，但有不少学者支持刘保贞所提出的观点，且在寻找更多事实来佐证。“扬雄附莽”研究已无关扬雄的人格高低，而成了探究扬雄政治思想的一个途径，仍有极大的研究空间。

张鹏的硕士学位论文《论扬雄的政治思想》③ 认为，在治国主张上，扬雄传承了传统儒家的仁治思想，做出了新的发展；又融

---

① 杨金有，宋祥：《学者，所以求为君子也——扬雄〈法言〉中的治学思想》，《古籍整理研究学刊》2018 年第 4 期

② 刘保贞：《从〈孝至〉后半篇看扬雄对王莽的态度》，《晋阳学刊》2003 年第 3 期。

③ 张鹏：《论扬雄的政治思想》，中国政法大学硕士学位论文，2007 年。

合了道家的以道德统治的精神，进一步完善了他的儒学治国思想；在乱世扬雄主张退而避害保身，在具体的治国策略中，更多地主张以礼治国；面对西汉阴霾的政治气象，他提出了一系列偏于温和的改革主张；在民族关系上，他主张和平相处。由于扬雄有“与天地配其体”的宇宙论，所以不难理解他的政治主张都是偏于中庸，强调教化的，如反对用暴力手段，主张和谐统一。

杨福泉的《扬雄的历史哲学与人物评论》① 指出扬雄的政治主张和社会理想集中体现在《法言·先知》里，他的基本思想是建立中央集权的君主专制，做到立政中和，哲乎民情，从而达到《礼记·礼运》等著作所描绘的那种理想社会状态。扬雄的历史观和政治观的研究成果并不多，该文对扬雄历史哲学和人物评论的分析和论述，无疑丰富和拓展了这方面的研究内容。该文指出，扬雄的历史观和政治观深受儒道思想影响。扬雄十分注重“时”的观念，并从哲学高度深刻论证了社会历史和政治制度是一个不断因革、损益的发展变化过程。扬雄还提出了“立事”“品藻”“实录”的史书体例及著述原则，倡导“立政中和”“为政思”的政治主张和社会理想。扬雄关于当代人物的简要评论，直接对班固《汉书》产生了重要影响。

《法言》文学和美学方向研究讨论重点仍是以明道、征圣、宗经为核心的扬雄文学观、对汉大赋的批判和文质关系的问题。康卫国的硕士学位论文《扬雄的文学思想》② 认为，以“模拟”“复古”抑或“本儒兼道”等分析模式来把握扬雄文学思想中的特质，其成效是有限的。因革通变的意识贯穿于扬雄的整个思想，其文

① 杨福泉：《扬雄的历史哲学与人物评论》，《绍兴文理学院学报》2007 年第 1 期。

② 康卫国：《扬雄的文学思想》，陕西师范大学硕士学位论文，2003 年。

学思想亦如是。具体于文学思想，则体现于扬雄对于“宗经”与“损益”、“文”与“质”、“丽以则”与“丽以淫”的辩证分析上，通过具体的文本解读可知，扬雄力求在“文”“质”动态转化中求其统一，而对于文学作品则要求“丽”“则”兼备。其关于“心声”“心画”等观点明确表达了文学作品来源于心的观念，并指出了在创作以及接受活动中“心”—“言”—“书”之间存在的矛盾。将扬雄的文学观放在其整个思想里来看，是这篇文章的可取之处。扬雄文学观方面的研究如何取得新的成果，从扬雄的其他思想来观看其文学思想，是一个可以考虑的方向。

经过前人的许多探索，更出现不少全方位研究《法言》的成果。如王青的《扬雄评传》① 中探讨了《法言》及其思想学说，从人性论、伦理思想、知识论、教育思想、社会政治思想、历史思想、民族思想、文学观等问题做了深入探讨。

王博的硕士学位论文《扬雄〈法言〉研究》② 从思想史及文学史两个角度，以儒本兼道为切入口，对《法言》进行全面探讨和研究。研究的重要内容也包括《法言》本身独特的艺术特色以及《法言》对后世文学思想的影响。

郭君铭的《扬雄〈法言〉思想研究》③ 认为，《法言》是扬雄在成圣心态下创作的一部仿圣之书。在分析严君平对扬雄影响的两面性和考证扬雄入京年代的基础上，该书指出扬雄的人生态度是以积极进取为主导，并非以淡泊为主。通过揭示《法言》中的圣人观和梳理全书的内在逻辑，该书认为扬雄的人生形态应定位为“成圣”型。该书以“内圣之学”和“外王理论”概括《法言》

---

① 王青：《扬雄评传》，南京大学出版社 2000 年。

② 王博：《扬雄〈法言〉研究》，广西师范大学硕士学位论文，2004 年。

③ 郭君铭：《扬雄〈法言〉思想研究》，巴蜀书社 2006 年。

中的道德伦理思想和社会政治理论，对《法言》一书的思想进行了细致研究分析，提出了一些有别于传统认识的观点。

王瑞卿的《〈春秋繁露〉与〈法言〉的比较研究》[①] 从西汉中后期儒学发展走向问题切入，通过比较两者的成书背景、学术思想、政治思想等，把握住由《春秋繁露》的儒术与政治结合到《法言》的向纯儒学体系回归的西汉学术发展道路，认为《春秋繁露》为今文经学之集大成者，《法言》为古文经学之先声。此方向的研究成果还有张庆伟的硕士学位论文《扬雄〈法言〉思想研究》[②]，解丽霞的《〈法言〉的"经传注我"与义理标举——扬雄〈论语〉学研究》[③] 等。

（二）《法言》版本注释研究

张兵的《扬雄〈法言〉的版本与流传》[④] 首先考证了《法言》的两大版本系统：十卷本的《法言》和十三卷本的《法言》。考证了以李轨注十三卷本《扬子法言》为代表的十三卷系统下两个通行版本：北宋治平二年国子监刻李轨注《扬子法言》本和清嘉庆二十四年秦氏石研斋影宋刻本，及十卷本系统下的几个通行版本：宋咸《扬子法言注》本、司马光集注《扬子法言》本、建宁四注本、《纂图分门类题五臣注扬子法言》《新纂门目五臣音注扬子法言》《纂图互注扬子法言》。该书认为汪荣宝《法言义疏》（中华书局1987年陈仲夫点校本）为最为完备的一个整理本，秦恩复影宋刻本是最好的善本。

---

① 王瑞卿：《〈春秋繁露〉与〈法言〉的比较研究》，山东师范大学，2012年。

② 张庆伟：《扬雄〈法言〉思想研究》，山东大学硕士学位论文，2008年。

③ 解丽霞：《〈法言〉的"经传注我"与义理标举——扬雄〈论语〉学研究》，《华南理工大学学报（社会科学版）》2014年第2期。

④ 张兵：《扬雄〈法言〉的版本与流传》，《古籍整理研究学刊》2004年第4期

除了对整个《法言》版本系统的研究外，还有学者对某个具有特色的版本进行了考证，如刘明的《〈纂图互注扬子法言〉版本考略》[①] 讨论了《纂图互注扬子法言》版本的鉴定问题，此外挖掘出牌记所透露的关于《纂图互注扬子法言》刊刻的文献信息。在此基础上，简述了《纂图互注扬子法言》在明清两代以迄民国间的递藏源流。而师为公的《扬雄〈法言〉姚鼐评点辑析》[②] 将录有姚鼐评点的桐荫书屋明刻本《法言》辑录，并试作简析，以供研读扬雄《法言》及研究姚鼐文学、儒学思想的学者参考。和上述研究方向一致的还有刘冰《南宋台州刻本〈扬子法言〉》[③]、张钰翰的《北宋扬雄〈法言〉〈太玄〉疏解著述考》[④]。

（三）《法言》语言和文体研究

张兵的《扬雄〈法言〉语言艺术特色初探》[⑤] 指出，《法言》在文学艺术价值上的独特性首先表现在其对多种修辞手法的大量自觉运用，如形象化语句的使用、运用对比说理、比喻的运用等，《法言》所具有的骈俪化的时代风貌和大量用典，生动地演绎了当时散文审美风尚的变迁。

路广的博士学位论文《〈法言〉词类研究》[⑥] 上编分别对《法言》中的名词、动词、形容词、代词、副词、介词、连词、语气词、助词、叹词十类词进行考察，认为有的和先秦相比没有很大的变化，这或者因为当时即是如此，或者因为仿古；而有的则出

---

① 刘明：《〈纂图互注扬子法言〉版本考略》，《图书馆杂志》2010 年第 11 期。

② 师为公：《扬雄〈法言〉姚鼐评点辑析》，《文献》2013 年第 2 期。

③ 刘冰：《南宋台州刻本〈扬子法言〉》，《图书馆学刊》2009 年第 6 期。

④ 张钰翰：《北宋扬雄〈法言〉〈太玄〉疏解著述考》，《理论界》2013 年第 7 期。

⑤ 张兵：《扬雄〈法言〉语言艺术特色初探》，《西华师范大学学报（哲学社会科学版）》2004 年第 3 期。

⑥ 路广：《〈法言〉词类研究》，华东师范大学博士学位论文，2006 年。

现了一些新词；有的词出现了一些新的用法。下编是专论部分，考察了五个专题：《〈法言〉注释商榷》《作为焦点标记的“为”和选择问句》《〈法言〉中的人称代词》《从“陈不果内”看“果”的语法化》《〈法言〉中的“是”》。

吕高峰的硕士学位论文《〈扬子法言〉问句研究》① 在对《法言》问句穷尽式收集并统计的基础上，运用句法、语义、语用三个平面语法理论，辅助以语用学理论，采取静态描写、定量分析和定性分析相结合的研究方法，对《法言》疑问句进行了全面、系统的描写。

罗雪萍的《〈扬子法言〉中句末连用语气词汇释》② 认为《法言》一书中句尾语气词连用的现象非常多。其中以两个语气词连用为多见，有“已乎”“也哉”“矣夫”“也与”“也者”“矣乎”“矣哉”“也夫”“乎哉”“而已”等；也有三个语气词连用的情况，如“也已矣”“而已矣”“已矣哉”“几矣哉”。不同语气词的选择使用可以让作者的思想感情更完整地展现。

葛园的硕士学位论文《扬雄〈法言〉文体研究》③ 从西汉末期的时代因素和社会思想文化视角出发，结合扬雄自身特色，阐释了《法言》的成书背景；通过分析《法言》结构、语言、表达方式等方面的特点，归纳了《法言》的文体特征；参考语录体的文体优势，探讨了《法言》的文体功能。

在此领域内的研究成果还有周玉萍的《扬雄〈法言〉语言学

---

① 吕高峰：《〈扬子法言〉问句研究》，新疆师范大学硕士学位论文，2012 年。

② 罗雪萍：《〈扬子法言〉中句末连用语气词汇释》，《陇东学院学报》2009 年第 3 期。

③ 葛园：《扬雄〈法言〉文体研究》，扬州大学硕士学位论文，2015 年。

思想研究》[①]、吴婷婷的硕士学位论文《〈法言〉动词研究》[②]、路广的《从语言运用看文学风格差异——以〈法言〉〈扬雄集〉为例》[③]。有关《法言》语言文体方向的研究是之前学者未曾关注的。

这一时期也有研究扬雄的专著出版，在这些专著中，上述《法言》有关的问题都是重点研究的对象。其中的代表作是解丽霞的《扬雄与汉代经学》[④]。此书有关《法言》的研究集中于第三章《经学转向：仿〈论语〉作法言》。该章首先探讨了扬雄采取模拟方式著述，从《易》转向《论语》的原因，来探讨《法言》写作的背景和目的。接着就《法言》对《论语》的诠释方式进行探讨研究，就《法言》如何以孔子之法为准绳进行探究。该书还探讨了《法言》中扬雄对颜渊推重的原因和其中君子之道。此外，针对《法言》中的《重黎》《渊骞》两卷，该书指出扬雄的用心是拟《春秋》，指出扬雄通过运用《左氏春秋》体例，达到“为世立法”的创作目的。在对人物评定上，解丽霞将扬雄和司马迁的历史评价进行了对比研究，得出两者有所差异的原因。最后，从《法言》的影响来看，主要是讨论其对《新论》的书写影响。

汪文学的专著《扬雄与六朝之文学》[⑤] 主要从两个方面展开研究：一是关于扬雄学术思想文化及其影响的研究，二是关于六朝之学之渊源的研究，并讨论了扬雄与六朝之学之间的关系。该书讨论了扬雄的学术思想渊源与方法创新、“尚智”论与六朝文人的理性精神、“品藻”论与六朝品鉴之学、乡土意识与六朝社会的地

---

① 周玉萍：《扬雄〈法言〉语言学思想研究》，《六盘水师范学院学报》2017 年第 2 期。

② 吴婷婷：《〈法言〉动词研究》，陕西师范大学硕士学位论文，2012 年。

③ 路广：《从语言运用看文学风格差异——以〈法言〉〈扬雄集〉为例》，《社会科学家》2011 年第 7 期。

④ 解丽霞：《扬雄与汉代经学》，广东人民出版社 2011 年。

⑤ 汪文学：《扬雄与六朝之学》，贵州人民出版社 2019 年。

域文化观念及扬雄文论与六朝文论新观念等问题。

吴龙灿的《拟经拟圣，匡扶大道——扬雄经学诠释的历史影响》[①] 认为，扬雄的诠释形式虽为模拟经典而新创，但其书之内容所传述的却是忠实于前圣古贤大道的真精神。扬雄分别模仿《周易》《论语》《尔雅》而作《太玄》《法言》《方言》，其拟经体例成为后世一种经学诠释传统。拟经使经学诠释者从"我注六经"和"六经注我"的两难困境中超脱出来，直接以本体诠释学的立场阐发圣人之道，把语言、行为和意义合为一体，把古圣贤书与当下视域融合，诠释本身成为切合时代的实践智慧。两汉之际经学诠释转向，东汉儒学的批判思潮兴盛，魏晋玄学的形成和发展，宋明理学的经典建构和义理诠释等，都有扬雄经学的深刻影响。

而这阶段出版的《法言》注解本也是值得注意的研究。纪国泰的《〈扬子法言〉今读》[②] 主体部分将《法言》各篇分章，其分章在参考前人成就基础上，多断以自己的理解，虽与前人不同，但持之有据。还有一般古籍整理所没有的"按语"，能结合整个儒家的思想来发明其意义与价值，是一部集学术性与通俗性双重优点的读本。

本阶段的研究成果仍然以研究《法言》思想内容为主，探讨《法言》中的教育观念、人性观念、文学理论、儒道合一思想等问题，但比前人的研究更加深入。同时本阶段的研究方向上也有了新的突破，学者开始注意《法言》的版本流传问题，以考证版本流传及历代注释等来开展学术工作。不少学者重点研究《法言》的文学艺术和文学价值，探讨《法言》的文学地位和对后世的影

① 吴龙灿：《拟经拟圣，匡扶大道——扬雄经学诠释的历史影响》，《宜宾学院学报》2015 年第 9 期。

② 纪国泰：《〈扬子法言〉今读》，巴蜀书社 2018 年。

响。还有学者研究《法言》的语言，探讨其语言艺术和词类。总而言之，这时期的《法言》研究更加全面多元，且取得了许多宝贵的学术成果。

第三节 其他研究

《太玄》《法言》之外，关于扬雄其他论著的哲学研究，首先是与《太玄》《法言》有关的《汉书·扬雄传》《太玄赋》等文的哲学研究，其次是《方言》和《扬雄集》中的其他扬雄文章的哲学思想论述。下面列举几篇代表性论著。

束景南的《〈太玄赋〉非伪作辨》[①] 主要运用文献学和哲学辨析的方法，回应《哲学研究》编辑部编《中国哲学史文集》第二辑载郑文先生《读扬雄太玄赋献疑》一文。后文定《太玄赋》为伪，举四条以证《太玄赋》非扬雄所作，进而对扬雄的哲学思想提出了一些新看法；此后又在《文史》发表的扬雄著作目考定文章中，将《太玄赋》作为伪篇剔除。束文通过对郑文先生证《太玄赋》非扬雄所作的四条证据，逐一进行驳斥，论证了《太玄赋》是扬雄的作品。第一条，郑文认为"《太玄》为扬雄的宇宙观、人生观之具体表现"，它根据古代天文学的浑天说，专言"自然之理"，而"《太玄赋》则盛言人事而少言自然之理；即就所言的自然之理——'若飘风不终朝兮，骤雨不终日，雷隐隐而辄息兮，火犹炽而速灭'而论，也仅仅表明'物有盛衰，而况人事之所极'？其目的无非在戒'贪婪于富贵'，惧丧躬而危族。理既浅显，而对于扬雄之'潭思浑天'略不一及，和《太玄》之'抗辞幽说，

① 束景南：《〈太玄赋〉非伪作辨》，《古籍整理研究学刊》1993 年第 5 期。

阂意吵指'（《汉书·扬雄传》）又不相称”。束文认为，这里在史料的运用和说法上均有错误。首先是郑文未弄清盖天说与浑天说，把盖天说错当成浑天说。其次，这一条主观规定的辨伪标准不可信。郑文的意思是认为《太玄》言自然之理，而《太玄赋》则少言自然之理而盛言人事；《太玄》深奥，而《太玄赋》浅显，所以《太玄赋》是非扬作。这条证伪标准没有实际意义。第二条，郑文认为：“《太玄》对于《周易》仅在拟其形式”，“而其自然主义精神，则本于《老子》”，认为司马光就有这种看法，并举例说：“就其一、二、三摹说，更本于《老子》之‘一生二，二生三，三生万物’。”“《太玄》之玄，实即《老子》所说的道，而其取名，则本于《老子》之首章”。由此郑文辨伪说：“《太玄》所本的《老》《易》，是这样复杂而微妙的《老》《易》，《太玄赋》仅举《易》之损益，《老》之倚伏，实不合赋这种文体的铺陈敷布的要求。这是《太玄赋》非扬雄所自作的第二个理由。”束文认为，这条区别真伪的标准更具主观随意性。且不说“自然主义精神”同所说“自然之理”一样使人无法弄清其内涵与外延，已为考证文章所大忌。况且，说《太玄》对《周易》仅拟其形式，“玄”只是老子的“道”，就不符事实。另外，对易学思想的张冠李戴，将汉代易学家的思想加诸老子，也有错误。最后，把《老》《易》神秘化，要求文学形式的赋（尤其是短赋）也要如同哲学著作一样面面俱到大谈抽象玄理，是对辞赋家不切实际的要求。第三条，郑文认为，《太玄赋》中说“岂若师由、聃兮，执玄静于中谷”，是“著眼于逃避现实，与扬雄的意向不同”。束文认为，这一条作为辨伪标准更难成立。扬雄思想很复杂，他的人生观既有儒家进取济世的一面，又有道家玄默退守的一面，故他的基本处世态度是因“时”进退，并列举扬雄著作中的思想加以论证。第四条，郑文认为："扬雄不信神仙，而《太玄赋》有'挟飞仙以遨游'的长生思想，是《太玄》所没有的。"并且《太玄赋》还有"遁世远引、明哲保身的隐逸思想，也是和《太玄》的宗旨不相同的"。束文指出，这种说法也是只知其一，不知其二。首先，扬雄受道家思想影响，也有"遁世远引、明哲保身的隐逸思想"。其次，《太玄赋》中写仙游，是扬雄仿用《楚辞》如《离骚》《远游》等的传统浪漫表现手法，借想象的美好神仙世界以否定凶险污浊的现实世界。这种神奇的艺术手法向来为赋家所惯用，不能机械地理解为是在宣扬神仙长生思想。该文体现了束景南先生实事求是，论从史出的治史风格，面对有争议的观点，敢于争辩，以史为据，直言不讳地指出他人观点中的错误。对于历史事件的观点存在争议，进而引发不同学者的争论与探讨，一定程度上促进了对这一问题的认识和理解。

赵世瑛的《对扬子云"难盖天八事"钱氏释义的几点补充》①，就扬雄《难盖天八事》一文，既有自然科学的考察，也有科学哲学的探讨。扬雄从浑天观点举出八事以难盖天，科学史家钱宝琮对此有解释。该文先略述钱氏之解释，对其中某几点做一些补充。附论桓谭与扬雄关于盖天浑天的辩难，及另一巴蜀天文学家落下闳制"浑象"事。

申小龙的《汉代〈方言〉的经学超越与范式更新》② 把《方言》放在学术史背景中去考察，发现其学术史、经学史和哲学史的多重价值和意义，认为汉代扬雄的《方言》是中国第一部在全国性个人方言调查基础上完成的方言学著作。汉代经学对经典书

① 赵世瑛：《对扬子云"难盖天八事"钱氏释义的几点补充》，《成都大学学报》2008年第2期。

② 申小龙：《汉代〈方言〉的经学超越与范式更新》，《学术月刊》1998年第12期。

面文本的执迷，从而显露出儒学经学化的某种先天不足。这种与生俱来的局限，使当时作为经学“附庸”的语言文字之学笼罩在浓厚的经学迷雾之中而难以自拔。“小学”的新的生命与活力，唯有来自对经学的超越，扬雄正是自觉进行这种超越的第一人。正是他对汉代儒学经学化的极具个体的反思和对经学规范的自觉的超越，从语言本体论变革、方法论变革及语言界域的变革三方面推动了汉代小学研究的范式革命，对当时儒学经学化过程中出现的种种弊端起到纠偏与导向的作用。

侯文学的《扬雄对女性的审美观照》① 一文通观扬雄不同时期的文学作品，认为扬雄对美女的观照态度有所变化：早期欣赏，中期排斥，后期欣赏。早期与后期虽然态度相同，但这两种态度所托寓的境界并不相同：早期作品营造的是现实境界，后期作品营造的是幻想境界。中期的态度则受其政治功利目的支配。该论文旁征博引结合时代女性审美特点，广泛考察扬雄所有作品的相关女性审美论述，对扬雄的美学思想做了进一步的探讨和论述。

万志全的《论扬雄的音乐美学思想》② 通过扬雄《琴清英》和其他论著中涉及的音乐美学思想论述加以钩沉概括。他认为扬雄音乐美学的一大突破是“以悲为美”，冲破了儒家和道家所共同要求音乐“平淡中和”的美学观。一方面，扬雄受西汉时代“以悲为美”的音乐审美观之兴起所引导；另一方面，他具有从音乐本身的规律和特殊的美感要求来评价音乐优劣的大胆见解，他看透了社会的悲凉，再加上生活贫困、晚年两个儿子皆遭亡故，因而更愿以“悲”来倾诉时代的不公平、人生的悲哀。该文认为扬雄

① 侯文学：《扬雄对女性的审美观照》，《天府新论》2005 年第 4 期。

② 万志全：《论扬雄的音乐美学思想》，《人民音乐》2007 年 1 期。

的音乐美学思想是矛盾的。他一方面强调音乐的“比耳”动听、“以悲为美”，另一方面又信守儒家的“雅正”“和”“礼乐教化”。但其音乐美学思想仍有一根“主线”贯穿着，那就是“文质班班”的文质观，即使是“比耳”之乐、悲乐都应该“文质兼美”，而不应该是徒有其表的“靡靡之音”。扬雄既有对儒家音乐观的恪守，如“雅正”“和”“礼乐教化”，也有对儒家的突破，如“比耳”音乐观就加进了道家非功利的音乐观，甚至还有对儒家和道家的共同突破，如“以悲为美”的音乐观，就突破了儒家、道家共同信守的“平淡中和”的审美要求，显示出扬雄音乐美学独特的创造力，这些音乐美学思想也是其美学思想体系不可或缺的重要部分。

孙少华的《扬雄投阁的文化美学与生命悲情》[①] 通过与屈原投水事件的关联，和先秦两汉生死观、荣辱观和生命哲学的考察，以及扬雄生命历程、人生哲学和时代悲剧以及扬雄相关论著的深入分析，借助中外有关哲学和文化理论辨析，认为扬雄“投阁”是中国古代文人对生命悲情的诗意阐释，具有一定的文化美学意义。然而，其自戕绝非仅仅是对新莽时期严峻政治形势的恐惧所致，其中蕴含着深层的文化底蕴、历史背景与生命悲情意识。扬雄“投阁”背后的生命悲情与人生态度，对两汉之际的桓谭、王充影响不小，而这也是东汉“疾虚妄”学风形成的思想渊源。

黄进的《从扬雄辞赋看蜀人的艺术想象与生存智慧》[②] 从扬雄辞赋中寻绎蜀人的艺术想象与生存智慧，是一篇跨文学、哲学、艺术学等领域的综合研究论文。该文认为扬雄辞赋那天马行空般的想象，充分展示了蜀人的艺术个性，而这种奇妙的艺术想象力

① 孙少华：《扬雄投阁的文化美学与生命悲情》，《山西师大学报》2009 年第 6 期。
② 黄进：《从扬雄辞赋看蜀人的艺术想象与生存智慧》，《中华文化论坛》2012 年第 3 期。

与艺术创造力又转化为他们自己的艺术人生，从而在其艺术人生中累积起丰富多彩的人生智慧。这种生存智慧，即使在社会文明高度发展的今天，也能引发人们某种程度的共鸣。扬雄的辞赋作品不仅展现了大汉帝国宏伟的气象，开启了一代恢宏富丽的美学范式，同时也显示了蜀人丰富的艺术想象力与创造力，折射出汉代蜀中文人独特的文化性格与生存智慧，成为蜀人人格的经典喻示和蜀地悠久文化的重要载体。

经过以上综述考察可以窥知，百年扬雄哲学研究的主角是《太玄》《法言》研究，又以《太玄》研究为最著。《太玄》《法言》是扬雄哲学研究的主要文本依据，但随着多学科融合和交叉综合的发展趋势，《方言》《扬雄集》等扬雄著述也不断被更多的学者加以哲学视角的审视，多侧面挖掘出更多异彩纷呈的扬雄哲学思想。今后扬雄哲学研究，一方面会在《太玄》和《法言》两大哲学文本上再进一步深入通常意义上的哲学研究，一方面会在多文本、多学科综合研究领域不断开拓新的研究视野，如在语言哲学、科技哲学、知识论、美学、生命哲学等方面仍然大有可为。

纵观《太玄》研究，关于基础资料的考订与整理，学术界诸多学者不辞艰辛，对《太玄》相关资料进行了严谨、细致地考订与整理，使得许多重要的参考资料问世，为今后学者的研究提供了重要基础。关于《太玄》思想渊源的追溯，已经涉及道家思想、儒家思想、西汉天文历法的成就等诸多方面，研究角度和领域已经较为全面。关于《太玄》道家与易学思想的阐述与解读，学者们更多地把重点放在了“玄”的探讨、《太玄》所包含的辩证法思想，以及《太玄》与《周易》的比较研究上，进行了扎实、系统的研究工作，取得了许多珍贵的研究成果，为今后的《太玄》研究，提供了重要的参考价值。关于《太玄》的儒学思想，主要是对扬雄的政治思想、人性论思想、伦理思想进行分析和阐述，但学术界研究扬雄的儒学思想，还是以《法言》为主，对《太玄》儒学思想的研究仍然不多。关于《太玄》的科学思想，主要集中于无神论、天文历法和数学三个方面，也有部分学者从音律学、美学等角度进行了相关研究，拓展并丰富了《太玄》的研究角度和研究内容。关于《太玄》的学术史影响研究，近年来也愈加受到学术界关注和重视，目前的研究主要集中于《太玄》对蜀学、玄学、易学、儒学等不同领域，取得了较为丰富的研究成果。此外，扬雄政治哲学思想，《太玄》与易学关系的研究，关于扬雄及其《太玄》在哲学史、思想史和易学史上的地位和价值等，值得进一步探讨和肯定。

纵观《法言》研究，其思想内容是学术界主要研究的重点。有单独研究《法言》中体现的某一类思想，如扬雄的人性论和教育观念；也有探寻扬雄《法言》的思想渊源，如儒家和道家对扬雄的影响；有比较分析扬雄和其他学者的思想观点，看扬雄思想在当时和后世的传播；还有探讨《法言》中扬雄的政治观点，为扬雄的政治经历进行辩护。随着人们对扬雄《法言》研究的深入，研究角度和领域也呈现多元化的趋势，大致分为文献学方向的版本研究、文学方向的文艺理论和艺术特色研究、语言学方向的词汇研究和语言艺术研究等，上述几个方面的研究仍有发展空间。《法言》的未来研究方向，除了对扬雄的哲学思想方面外，可以拓展学术视野，既可进行经学、史学、子学、蜀学等传统学术研究，也可进行历史学、文献学、语言学、政治学、艺术学、社会学等现代多学科交叉融合的综合研究。

第二章　论著提要

第一节　学术专著

《一位玄静的儒学伦理大师——扬雄思想初探》，黄开国著，巴蜀书社 1989 年。

黄开国，四川师范大学教授，博士生导师。

该书分为七章。第一章首先考察了扬雄所处的时代背景，指出西汉后期由于政治腐败的人祸，加上水旱等天灾，致使人民困乏，社会衰败，出现了严重的社会危机。其次，这一章对扬雄的师友交往做了考察，分析了严遵、班稺、桓谭、刘歆等人的学术思想与生平经历，指出扬雄师友交往的特点：第一，扬雄的师友大都人品高尚纯洁，不汲汲于富贵，不求媚于权贵，不热衷于政治，更不善于权术，因此，他仕途坎坷，虽然才高行洁，但却一生不得志。第二，他们都知识精博，如桓谭于《五经》、音律、天文、历法，无所不通，刘歆著述宏富，涉及各个方面，尤对天文历法有精深研究，《三统历》就是他依《太初历》而成。扬雄的《太玄》依天文历法成书，与刘歆《三统历》也有着密切联系。第三，他们大都在坚持儒家纲常伦理的同时，又持老庄的人生哲学，以全身避祸。第四，他们不满当时思想界的状况，对当时的学术界持一种批评的态度，并试图改变其现状，如桓谭不为章句，刘歆攻太学经学博士抱残守缺等，都是这方面的表现。再次，该书又考察了扬雄的生平经历，结合《汉书》等史料，将扬雄的一生分为两个阶段，一是在川阶段，二是入京后的阶段。在川阶段，扬雄不为章句之学，广泛学习哲学、辞赋、文字学、天文历法等方面的知识，为后来创立自己的思想打下了基础。入京后的阶段，是扬雄一生的主要活动阶段，该书结合史料与前人的不同观点，先对扬雄的推荐人和入京时间做了分析，指出扬雄的推荐人不是王音、王根，而是杨庄，扬雄的入京时间是元延元年（前12）。此外，该书又对扬雄的政治态度做了分析，指出扬雄对汉室和王莽都是一种矛盾心理，一方面，扬雄从儒家的忠孝观念出发，是忠于刘氏王朝的；另一方面，西汉政治腐败的现实，又使他不满现状，而希望有某种改良。这种矛盾的政治态度，对刘氏王朝的忠诚是主要方面。由于这个原因，王莽篡汉前夕，人竞相造作符命，邀取富贵，而扬雄虽精通古文奇字，却拒不伪造符命。这种耿介廉洁的品格，也使得扬雄在政治上始终不得志。扬雄后来因符命案受到牵连，投阁几死。在晚年时期，扬雄生活穷困潦倒，去世后连安葬费用也没有，还是由好友桓谭、弟子侯芭将其安葬。此外，这一章对扬雄的著作也进行了简要概述，指出扬雄在哲学、文学、文字学和历史学等方面，都有很高建树，并认为在学术思想领域，扬雄的著述是一笔丰富的精神文化遗产。

第二章主要阐述了扬雄对诸子学、儒学的批判，以及扬雄的尊孔崇圣论两部分内容。第一部分，书中阐述了扬雄面对西汉后期诸子学复兴，儒学内部派别林立的现象，为维护孔子之道，开展对诸子学和儒学自身的批判，这是扬雄整个思想的出发点和归宿点，并构成扬雄思想的一个重要内容。该书认为，扬雄围绕儒家纲常伦理对诸子进行批判，与孟子一脉相承。后世儒家批判道教、佛教，同样是以儒家纲常伦理为依据，这明显是受到扬雄诸子批判论的影响。此外，该书认为，扬雄对儒学的批判，主要从两个方面进行：第一，对儒学界现状的批判，包括为追逐利禄而学习五经的现象，以及儒家内部纷争激烈的现象。第二，扬雄对儒学性质蜕变的批判，当时儒学与方士合流，神秘主义盛行，扬雄紧紧抓住神秘主义倾向展开批判，可谓切中要害。第二部分，书中认为，圣人观是扬雄尊孔崇圣论的理论基础，并总结扬雄对圣人的基本规定有两点，一是伦理上的完美人格，二是最高的人格。此外，该书从扬雄对孔子的著作、言行的推赞来看，指出扬雄所说的孔子之道有两个基本特点：一是最高真理，二是普遍真理。因此，扬雄所理解的孔子之道类似绝对真理的东西。该书从扬雄讲圣人是伦理的最完美人格，圣人之道以礼义为核心，孔子之道是人们行为的准则等方面进行考察，认为扬雄对孔子的改造是着重于伦理的。

第三章着重阐述了《太玄》一书的哲学思想。这一章首先对《太玄》八十一首进行阐述，八十一首是《太玄》的主体部分，首是这一部分的基本构成单位，每首由符号和名称两个部分组成，首的四重、九赞均是按三分法构成。扬雄借助八十一首的形式，建立起一个思想体系，每一首的命名和每一赞的赞辞皆有特定内容。该书也对扬雄“解剥玄体”的十一篇作了简要说明，指出解释八十一首的十一篇，构成《太玄》传的部分。八十一首和十一篇合起来，就构成了《太玄》一书。其次，该书对《太玄》与《易》《老》的联系进行深入探讨，分析《太玄》对《易》《老》思想的继承与发展。该书认为，《太玄》对《易》的继承主要表现在以下方面：第一，《易》为筮书，《太玄》也有筮书的性质。第二，《易》有关天象昼夜的变化理论，也对《太玄》有一定影响。第三，《易》讲天人合一，《太玄》亦言“玄”包天地人。第四，《太玄》继承了《易》的辩证法思想。第五，《易》有附类，《太玄》也有这方面内容，如以九赞附类万事万物。《太玄》对《老子》的继承，主要体现在两方面：第一，《太玄》吸收了《老子》一书的思辨性，改造了《老子》的“玄”概念，而建立了以“玄”为最高范畴的思想体系。第二，《太玄》吸收了《老子》祸福相倚等哲学思想。

第四章主要阐述《太玄》与天文律历的联系。首先，该书结合汉代天文学的成就，推知在扬雄的时代，浑天说的基本理论早已形成，这给扬雄依据浑天说著《太玄》创造了条件。扬雄原先相信盖天说，后来转为相信浑天说，并作《难盖天八事》，对盖天说进行驳难。但该书根据扬雄《太玄》中的天文观念，指出《太玄》一书中除了浑天说，还有盖天说的成分。其次，该书认为，汉代讲律历一体，《太玄》与律历（主要是《太初历》）关系密切，扬雄把《太玄》亦分为天、地、人三卷，分别与《太初历》的天统、地统、人统相应。此外，该书通过对《玄莹》《玄数》等篇章内容的解读，指出《太玄》的历法与音律有着密切联系。最后，该书通过分析《太玄》八十一首与《周易》的卦气说六十四卦间的联系，指出扬雄仿《易》著《太玄》，主要是吸收了当时最大《易》学流派京氏《易》学的卦气说。由于京房的卦气说，是根据《太初历》来编排的，扬雄的《太玄》也是依《太初历》而作的，这就自然出现八十一首之名与六十四卦多类的现象，以及排列次序一致的情况。

第五章主要阐述了《太玄》天地人合一的世界图式。首先，该书分析了前人对“玄”的含义的解读，指出在扬雄思想中，玄有三种含义值得重视：第一种以玄为万物产生根源的观点主要反映了扬雄对以往哲学的继承。第二种以玄为世界总法则的含义，主要反映了扬雄哲学对《老子》的继承，这种含义的“玄”同《老子》把道作为世界的总规律是一致的。第三种以玄为包容天地人的绝对，则表现了扬雄对秦汉哲学思想的发展。其次，该书认为，扬雄以玄为最高范畴，建立起了一个网罗天地人在内的世界图式。这个世界图式以天地人合一为基本观念，以阴阳五行为骨架，而以儒家的伦理原则为其归宿。最后，该书指出，《太玄》的世界图式，本质上是一个具有辩证性的图式。在这个图式中，万物充满类的差异和流止无常的变化，事物的矛盾则成为万物变化的根源，物极必反则是事物转化的途径，三分法九段论的发展，则是万物发展的普遍规则。该书认为，扬雄依据天文律历，以玄为最高范畴所建立的哲学体系，是汉代哲学中很有特色的思想体系。这个思想体系根本不同于时儒的章句之学，而是以当时天文历法的自然科学为根基，吸收《易》《老》思辨哲学的营养成分而建立起来的。因此，《太玄》不仅具有较高的思辨性，而且具有较多的科学性、真理性。

第六章主要阐述了扬雄的人论、人性论和人生观等内容。首先，该书认为，扬雄论人主要讲了两个观点，一是人禽之分，扬雄的人禽之分把礼义作为人的本质属性，认识到不同阶级的人都有伦理这一共性，而伦理正是人的社会性的重要标志，因而，是人不同于禽兽的重要表现。二是对人内部的划分，扬雄看到了人的内部差异，而对人所进行了类别划分。扬雄的划分有两种，一是把人分为君子、小人两类，二是把人分为圣人、贤人、众人三类。其次，在人性论方面，该书指出人性善恶相混，学行是修性的唯一途径，气是适善恶之马等内容，是扬雄人性论的基本内容。该书认为，扬雄的人性善恶相混，则克服了孟、荀人性论的理论困难。因为一个人无论是基本的善，基本的恶，或是善恶兼半，都可以从人性善恶相混中得到解释。其后，宋儒言性，讲天命之性（或天地之性）与气质之性，其中的气质之性有善有恶，人的圣愚贤不肖种种不齐，皆由气质之性而来。宋儒所言气质之性，实深受扬雄人性善恶混的影响，因而，扬雄的人性论自有其历史地位。至于他在人性修养中强调气的作用，则颇具重视主观精神作用的价值，在中国古代人性论中有着特殊的贡献。最后，在人生观方面，该书指出扬雄的人生观兼有儒、道两家思想，并对扬雄人生观的矛盾之处进行总结：第一，扬雄强调礼义的准则作用，希望用儒家的伦常来解决人生社会问题，这是一种积极参与社会人生的入世主义精神，而他讲避世，自柔居下，以此回避人生的祸害，则是一种出世主义的倾向。前者本质上是积极的，后者本质上是消极的。第二，扬雄人生观中的儒家成分，其出发点和归宿都是社会，是有见于儒家伦常的社会作用，以维系社会而道家成分则以个人为其出发点和归宿，是有见于个人祸福变换，而以保全自身为目的。第三，儒家的成分多理想主义的色调，道家的成分则充满现实智慧的情趣。

第七章主要阐述了扬雄的政治、历史观。在社会政治学说方面，该书指出扬雄的社会政治学说是继承儒家政治思想并加以发展而来的。扬雄在吸收先儒的德治学说的基础上，形成了自己的德治理论。扬雄所讲德治的基本含义，是用礼乐仁义等伦理原则来治理天下和国家。扬雄认为，实现德治的关键与人君的修身密切相关。在社会历史观上，扬雄认为历史是发展的，历史发展有因有革，是天、地、人三者作用的结果。同时，该书也指出，扬雄的社会历史观存在局限性，他以有德、无德作为能否受天保佑的原因，这又把历史的兴废的最终原因，归结为道德的作用，从而使扬雄的社会历史观带上了道德决定论的色彩。

该书系统阐述了扬雄的哲学思想，对扬雄的思想体系、《太玄》结构、人性论、社会政治学说、社会历史观等方面，都有着深入探讨和论述，并结合儒学发展史和思想史，阐述了扬雄的学术贡献。在儒学发展史上，扬雄的贡献有：第一，建立了一个以儒家伦理为核心的思想体系。第二，塑造了一个伦理形象的孔子偶像。在思想史上，扬雄的贡献有：第一，建立了一个思辨性很高的思想体系。第二，结合自然科学成就创立思想体系。

《**易玄虚研究**》，叶福翔著，上海古籍出版社 2005 年。

叶福翔，浙江大学教授，博士生导师。

该书是研究《周易》《太玄》《潜虚》的一部专著，由具有逻辑递进层次的“易论”“易玄合论”和“易玄虚引论”三部分构成。

“易论”以象、数，义，理分立说定基，通过思想分析辨识《周易》作者，提出了独立见解；在《义理—理论易学》章阐述了儒学易、道学易、佛学易、医易、西学易的主要思想，在《象数—应用易学》章对数术与方技做了归纳并进行了科学解释。

“易玄合论”是叶福翔的博士论文，分“义理—哲学”和“象数—科学”两部分对《周易》和《太玄》做了全面比较研究。提出了下列新观点：易的世界观和思维方式以二分三辅为特征，玄的世界观和思维方式则以三分二辅为特征；易玄在都具有辩证观的同时，各自的特点是易尚变通而玄重循环；易的“自强不息”

精神和人生观有大众化特点，玄的“淡然强内”精神和人生观有文人化特征。该书对易学研究方法提出了一些新见解，认为包括易学研究在内的中国哲学研究可以作以儒、道、释等为结构的内构解析或诠释，也可以作以本体论、方法论、认识论等为结构的外构解析或诠释。该书还对《周易》研究和《太玄》研究中一些有争议的问题和学科跨度较大的问题做了广泛讨论，当用象、数、义理观总括易、玄时，发现易的象数义理系统是完善的、而玄的象数义理系统则存在象数（赞）分立、象理分离问题，由此对明代叶子奇“求而未通”的八大问题做了解释。

“易玄虚引论”在“易玄合论”的基础上延伸到《潜虚》研究，并进一步探究易、玄、虚的思维方式和哲学异同。运用“易玄合论”中业已确立的思想认识和研究方法，对《周易》《太玄》和《潜虚》做了初步综合比较研究。研究重点是《易》《玄》《虚》的思想内容和当代意义，特别是思维模式和人生哲理，主要以内构解析法诠释《易》《玄》《虚》思想内容，以外构解析法诠释《易》《玄》《虚》当代意义。附录中的《潜虚点校》是《潜虚》的第一个现代标点文本。

《易玄虚研究》还广泛探讨了《易》《玄》《虚》的哲学本体论，认识论等方面的深刻内容，尤着眼于对当今哲学创意、思维启迪、中西会通诸方面的现实意义，提出的不少问题引人深思。全书古今结合，中西贯通，思路开阔，论断精审，力图将易理与现实相渗透，普及与提高相结合，为今后学者进行研究提供了很高的参考价值。

近年来，易学新著纷纷问世，显示一派繁荣景象。但能将《周易》同《太玄》《潜虚》进行比较研究而有所创新者，实属凤毛麟角。

《扬雄〈法言〉思想研究》，郭君铭著，巴蜀书社 2006 年。

郭君铭，中共河北省委党校教师。

《扬雄〈法言〉思想研究》于“引言”之后共分四章。第一章，扬雄的生平。首先，概述扬雄入京前的经历，包括扬雄的家世背景，师从恩师严君平，以及早年的辞赋创作。其次，探讨扬雄的入京年代和推荐人。最后，简述扬雄以赋谏君无果后，转而著述以弘志，以及扬雄晚年的潦倒光景。

第二章，论述《法言》中的圣人观和成圣之志。关于圣人观，该书认为，“知识型”人生形态的提法，不足以概括扬雄的卓然之处，扬雄的人生形态应该用“成圣型”来概括。扬雄在《法言》中所阐述的圣人观，既继承了先秦儒家的传统，又不乏对后世儒者具有先导意义的见解，表现出强烈的理性主义和道德理想主义色彩。在《法言》中，圣人之所以崇高伟大，首先是因为智慧，再者是因为他们是儒家正统思想的传承者。同时，扬雄也通过突出圣人在本初意义上的含义，来廓清时人对圣人的种种歪曲。扬雄的圣人观最有价值之处在于，他在圣人被无限拔高、被不断神化的文化大背景下，以其独具个性的勇气和魄力，在《法言》中表达了人人可以成为圣人的思想。同时，扬雄在字里行间也透露出自己要做当代圣人的志向。关于成圣之志，本章对《法言》的内在逻辑加以探寻，发现《法言》贯穿着一条“成圣”的主线。《学行》《吾子》《修身》三篇联合构成了扬雄的“成圣宣言”。《问道》《问神》《问明》三篇，从不同角度阐发了扬雄对圣人的理解，为读者描述了扬雄心目中的圣人形象，同时为在新的时代背景之下成为怎样的圣人指明了方向。从《寡见》到《孝至》，扬雄较为系统完整地对当时的各种现实问题提出了自己的看法。在学术方面，他对儒学的现状进行了批判，反复强调要廓清异端学说对儒学的侵蚀；在现实政治方面，他认为在新的历史条件下应该继承和发展儒家政治理论，对如何构建新时期儒家政治理论提出一些设想的同时，还对当时一些具体社会政治问题发表了自己的观点；在社会道德建设方面，扬雄运用孔子的“春秋笔法”，通过人物品评的方式，为世人树立了一系列道德规范，教导世人如何以圣人之道为准则修养自身，塑造完美的道德人格。如果说扬雄创作《太玄》是他在为天地立道，那么《法言》这一部分所表现出来的，是他以当代圣人的身份为人世立法。

第三章探讨《法言》中的内圣之学。这一章认为扬雄的内圣之学，更多地带有荀学的印迹，突出强调学与行在成就德行、成就圣人过程当中的意义。就整个内圣之学基础的人性论思想而言，扬雄表现出了在孟、荀基础上向孔子回归的意向。此外，这一章认为扬雄以儒为本，又吸取众家之所长，赋予传统的儒家道德观以新的时代内涵。为了适应专制集权体制下知识分子的生存环境，扬雄发挥传统儒学中的有道则进、无道则退的思想成分，强调儒者在坚持操守的同时，也要有明哲保身的意识。

第四章分析《法言》中的外王理论。首先，以民本主义为特征的德治（或仁政）思想，是儒家政治思想的特质所在。在《法言》中，扬雄继承并发扬了先秦儒学，特别是孟子的思想，呼吁人君体察民情，关爱百姓。对汉代统治阶级推行法家政治主张，苛法繁复、酷吏当道的政治现实提出了尖锐的批判。在批判现实的同时，他也吸取儒家之外的思想因素，提出了建立“中和之政”的主张。其次，植根于宗法制传统的儒家思想，在强调为政以德的同时，始终坚持维护等级制的原则。在儒家看来，清明政治局面的营造首先在于统治者道德的精进，而全社会道德水准的不断提高要依赖于教化的推行，全体成员都各安其位、各守其分，才能维系一个社会的和谐与完美。扬雄准确把握和继承了儒家政治思想的精神实质，重申和论证了这些主张。最后，扬雄“在夷貉则引之”的民族思想，是儒家“华夷之辨”思想在新的历史条件下的继承和发展。所谓“华夷之辨”，是春秋公羊学的一个重要民族思想，即不是以种族，而是以“礼义”文化作为区分民族先进性的标准。

《法言》内容丰富，涉及哲学、历史、文学和自然科学等诸多领域，是一部具有时代意义、富有思想价值的学术著作，是我们研究扬雄思想、了解汉代学术史和儒学史的重要材料。郭书从阐发《法言》思想入手，揭示扬雄作品间的内在联系，力图挖掘出隐藏在文句背后的内在精神。该书作者本着“了解之同情”的原则，从扬雄生活的历史文化环境着眼，在深入分析文献的基础上，以流畅的笔触对扬雄的“成圣之志”进行了细致的梳理和深入的研究。这突破了以往学术界对“知识型人生态”的一般看法，不仅建立了对扬雄思想的历史把握，而且发现了扬雄区别于同时代知识分子的独特心态。该书梳理了《法言》全书的内在逻辑，并联系当时的学术背景和扬雄其他著作中的思想，深入挖掘《法言》的思想内涵，提出了不少有新意的见解。比如，关于扬雄的人性论思想，他认为扬雄的人性论是在孟、荀善恶分殊的基础上向孔子的回归；在民族问题上，他指出扬雄继承并发展了公羊学“华夷之辨”的思想，主张向民族地区传播中原礼乐文化，等等。该书的立论均有充分的史料予以支撑，全书史料翔实，结构严谨，逻辑缜密，评析得当，语言畅达，表现出作者严谨的学风和较为坚实的理论功底。

《**扬雄及其太玄**》，郑万耕著，巴蜀书社2008年。

郑万耕，北京师范大学教授。

《扬雄及其太玄》于序言之后分十章。第一章，扬雄的生平和著作。这一章结合《汉书·扬雄传》《艺文类聚》等其他史料，简述了扬雄矢志向学、安贫乐道的一生；又从班固、王充、应劭等人的著述入手，对《太玄》《法言》《训纂》（已佚）《法言》等扬雄著作逐一介绍，并概论其流传情况。第二章，扬雄思想的自然科学基础。这一章一方面从扬雄对“浑天说”与“盖天说”的研究出发，指出扬雄以“浑天说”为根据，构造其哲学体系；另一方面，考察秦汉时天文历法的发展，认为《太玄》以《三统历》为基础，也吸收了《淮南子·时则训》关于月令的知识，把天文、历法上升到一个囊括天道、地道、人道的宇宙间架，构成了一个包罗万象的世界图式。第三章，扬雄思想的理论渊源。这一章从四个方面进行分析，着重讨论了扬雄的哲学体系改铸了先前哪些思想资料。第一，《太玄》对《周易》的模仿和阐发；第二，扬雄对《老子》及黄老之学的吸收与改造；第三，扬雄对孟京卦气说的继承和发展；第四，关于扬雄与《易纬》的关系。第四章，扬雄的自然哲学系统。这一章用较大的篇幅深入分析了扬雄的自然哲学思想，对扬雄吸收前人思想成果，构造包罗万象的自然哲学系统，提出具有朴素唯物主义倾向和辩证法因素的宇宙理论，探讨事物发展变化的法则等贡献，给予了中肯的评价。但由于时代和阶级的局限，扬雄思想纯驳并存，瑕瑜互见，故该书也实事求是地分析并指出了扬雄哲学思想的糟粕。第五章，扬雄的伦理思想。该书认为，扬雄的伦理道德观念基本上继承了儒家思想，又用道家学说予以补充，并从道德观、仁义道德、人性和修养方法三个方面，指出扬雄伦理思想在中国伦理学发展史上的新特点。第六章，扬雄的美学思想。这一章从考察扬雄对“美”的认识出发，进而阐述扬雄对“文”与“质”的辩证统一关系的认识，又与文质统一论相联系，解读扬雄“丽以则”与“丽以淫”的审美观，最后，从审美意象和审美创造的方面，分析扬雄“言”为“心声”，“书”为“心画”的观点，以及“神化”的美学范畴。第七章，扬雄的无神论思想。这一章从西汉末年谶纬神学和神仙迷信风行一时的背景入手，指出扬雄身处如此环境中，依然保持清醒，对“天”“命”“神”“仙”等范畴做出自己的解释，对宗教迷信思想进行了一定程度的批判，肯定了扬雄坚持无神论，反对有神论的贡献。第八章，扬雄对人物的品评。这一章从扬雄专门辟出两篇内容来品评人物的现象入手，分析其深层原因。该书认为，无论是学术性的批评，还是历史性的评价，扬雄始终贯穿着“儒家思想为标准，辅之以道家思想”的准则，目的是补正司马迁《史记》的缺失，效法孔子，以褒贬为万世立人之极。第九章，扬雄的政治思想。这一章联系扬雄所处时代的社会背景，敏锐地指出扬雄的哲学思想、伦理思想、美学思想、无神论思想，在某种意义上都是为其政治主张服务的，而扬雄的政治思想，主要是对孟子仁政学说的继承和发展，在一定程度上表达了劳动人民要求安居乐业的美好愿望。第十章，扬雄思想的影响及其在汉代思想史上的地位。这一章联系两汉之际和东汉时期出现的多位著名学者，通过对他们的思想与扬雄思想关系的考察，分析扬雄思想的影响及其历史地位。

《扬雄及其太玄》注意文献史料的搜集整理和使用。该书既引述了《太玄经》《太玄经集注》《太玄阐秘》《法言义疏》等解读扬雄思想的著作，也广泛涉猎了《十三经注疏》《春秋繁露》《京氏易传》等经学文献资料，对《史记》《汉书》《后汉书》等史学文献也是经常引用。此外，《文心雕龙》《先秦伦理学概论》《中国美学史》等文学理论、伦理学、美学著作也是该书引用的文献，反映了作者研究扬雄及其思想的深度、广度，体现其严谨而扎实的学风。

该书的最大贡献在于：对扬雄的哲学体系及其与汉代自然科学的关系，进行了深入的探讨和严谨的论述，不仅追溯扬雄的思想渊源，全面系统地解读了扬雄思想的各个方面及其影响，帮助读者了解扬雄其人其书，也进一步推动了汉代易学与文化的研究。

郑万耕先生钻研扬雄著作，不畏艰难，敢于攻坚，已历多年，《扬雄及其太玄》一书是郑先生《太玄校释》之后又一力作。巴蜀书社出版“扬雄研究系列丛书”，将此书纳入其中。张岱年先生为之作序，认为此书“极深探微，得其要领”。扬雄是西汉末年重要的哲学家、文学家、语言文字学家，他的《太玄》历来号称艰深难读，《扬雄及其太玄》一书对更多学者了解扬雄、解读《太玄》具有重要帮助和启发意义。

《**扬雄美学思想研究**》，万志全著，中国社会科学出版社2008年。

万志全，大连理工大学教授。

该书主要探讨扬雄美学思想的来龙去脉、主体内容、地位影响等诸多方面，于绪论后分七章构成。

绪论，分为三部分。第一部分概述扬雄其人其事，重点介绍其蔚为壮观的文学成就、特立独行的思想性格、令人惊叹的突出地位；第二部分阐述研究现状，指出目前的研究主要集中在挖掘其美学思想的几个理论要点上，显得零散而随意，而且至今无人展开整体性的详细研究，而该书从整体面貌着眼，因而将显得更全面、深刻；第三部分讲述研究意义、思路和方法，其意义在于填补整体性研究之空白，并将其潜在的、未成系统的美学理论整合为显在的、系统化的理论，在充分占有材料、细读文本、不曲解其思想原意的基础上，以现代美学学科的胸怀和眼光去看待古代材料，既不把现代美学的术语和概念强加给古代，又使古代的材料以一种现代的组织方式显现出来。

第一章，扬雄美学思想的历史基础和理论前提。这一章指出，西汉的政治、经济、思想、天文学、辞赋等状况是其产生的大语境，这使得扬雄美学思想具有丰富多彩和变化多端特点。先秦以来对美的思考和西汉主要美学思想面貌是其美学思想产生的小语境，是其理论前提（背景）。扬雄美学思考的焦点主要有：美的客观性和主观性之间的结合能否找到形而上的依据，如何给予人格精神美全面的概括，如何在艺术世界、主观世界、客观世界之间进行统筹性美学思考，美与社会功用、道德规范、主观心灵、现实需求之间究竟有何关联。

第二章，扬雄美学思想来源及其哲学基础。这一章探究扬雄美学思想来源，扬雄借鉴了儒家孔子的“文质”“中庸”观、孟子的“仁义”“养气”观、荀子的“礼乐教化”观，他对儒家主要人物的美学精髓进行了创造性的吸纳，弘扬了儒家正统美学；他也借鉴了道家老子的“玄”“自然无为”“大美”“辩证法”，这使得其美学观脱离了纯主观的狭隘视野，具有了一定的客观依据和本体基础，也更符合时代发展的需求；他还借鉴了阴阳五行流派中《周易》的“阴阳互动”“因时制宜”“变革”，借鉴了董仲舒的“天之美”“天人合一之美”“五行之美”，这使得其思想有了形而上的最终追溯，有了“天、地、人”之间美学上的结合理据和互动模式，有了审美变化发展观。

第三章，扬雄美学思想的审美范畴。这一章根据扬雄美学思想内在体系构建的关键点之所在，结合扬雄审美理论对范畴的使用频率和理论升华的必要性，运用逻辑与历史相结合的方法，得出了“丽”“文质”“自然”“正”“重”“经”“内外”“光”“绝”“大”“和”“中和”等十二个基本审美范畴（即“美学范畴”，其中“丽”“重”“经”“绝”为扬雄首次重视而吸纳的审美范畴）。

第四章，扬雄具体门类的美学观。这一章从文学、书法、音乐三个方面逐一阐述。在文学上，扬雄认为文学的审美原则是“原道”“征圣”“宗经”；文学作品的美来源于“心”，而“心”包括“精神世界”“道德修养”“真情实感”“主观个性”；“勤于模仿”“文质俱美”“文德结合”“语言简约”是制约创作的四个关键因素；读者与作者有“意图误差”；他对屈原、宋玉、司马相如、司马迁等人的文学批评透露出“丽以则”的批评理念。在书法上，“书为心画”的内在美学内涵尚无人做深入的研究，它应该包含四个层面：一，书写是一种图画（即“书，心画也”）；二，书法是内心的形象性表达（即“书，心画也”）；三，书法让人们投入很大的创作激情（即“声、画者，君子小人之所以动情乎!”）；四，“从书法中可以看出一个人的道德水准”（即“声”“画形”“君子小人见矣”）。在音乐上，他既有“雅正”“和”“礼乐教化”等儒家音乐观，也有“比耳”等非功利的道家音乐观，而“以悲为美”则是对儒家和道家“平淡中和”的审美要求的突破，这是其音乐美学观创造性之所在。

第五章，扬雄作品的美学特色。这一章认为，扬雄作品的美学特色可分为七类：一，“大赋”的美学特色是雄壮精妙，主要显现于对“高度、范围、丰富、速度、声色、虚构、顺序”等七个方面的审美描述；二，“抒情赋”的美学特色是情感真挚、幽默讽刺，他以大胆宣泄为美，宣扬仙境里的美，用积极想象塑造美，以戏谑为美；三，“箴文”的美学特色是语重心长、文质彬彬；四，“颂、诔文”的美学特色是虚言夸饰、天人感应；五，“论说文”的美学特色是思路缜密、说理透辟、气势充沛；六，“书信”的美学特色是傲气轩昂；七，“哲学著述”的美学特色是博大、简易、不乏想象。扬雄各种作品的美学特色很不一致，因而显得“千姿百态”；而其主导性的美学特色则是“美善相乐”，故其作品总的美学特色即为“千姿百态、美善相乐”。

第六章，扬雄美学思想的特点。作者将扬雄美学思想的特点归纳为六个：内容丰富性；思想统一性；变化发展性；主线稳定性；辩证性；矛盾性。其内容丰富性体现为它由十二审美范畴、十二审美命题、“真善美合一”的审美终极追求和“美善相乐”的作品美学特色组成。其中十二审美命题指：言为心声，书为心画；气为适善恶之马；不自满而得满；追求德行的灵活性；器宝待人而后宝；“原道、征圣、宗经”是文学的审美原则；文学作品的美来源于“心”；“模仿、文质兼备、文德结合、语言简约”是创作的四要素；普通大众常常采用误读的方式对待文学作品的美；文学批评的标准在于“丽以则”；书、画形，君子小人见矣；音乐审美应该追求“比耳、雅正、和、悲”以及社会教化功用。他以基本审美范畴为“基石”，以审美命题为“构架模式”，以审美终极追求为“设计理念”，以作品的美学特色为“感性外表”，建成了“文学美学”“书法美学”“音乐美学”等“美学建筑”，它们组合为扬雄的“美学思想体系”。其统一性表现在他的美学思想处处渗透着一种审美的终极追求：“真善美合一”的审美理想。

第七章，扬雄美学思想的性质、地位、影响和评价。关于扬雄美学思想的性质可谓众说纷纭，该书认为它属于儒家、道家、阴阳五行家美学思想多元混合的儒家“理智派”。在思想地位上，与《淮南子》、董仲舒、司马迁等美学思想相比，它具有不可替代性，它代表了大多数正直、善良、胆小但又想为社会做贡献并留名后世的文人美学心态。关于扬雄美学思想对后人的影响，目前的研究成果极少，而它对后世的王充、刘勰、刘熙载的美学体系构建有示范作用；它诱发了齐梁文坛上的“新旧之争”；它对玄学人格美学的形成有启发；它诱引了唐朝刘知己、李世民、王勃等人产生偏激的文学美学观，对韩愈、李贺的创作有审美示范作用，对柳宗元的“丽则清越”思想有直接的启迪作用。对其美学思想的评价，该书认为，目前多从唯物还是唯心、辩证还是形而上学、儒家还是道家等方面来论述，显得简单、粗疏，而扬雄美学思想以批驳西汉神学美学和繁琐的今文经学统治的面貌而展现，以复兴孔子“尽善尽美”美学思想和孟子个体人格美学思想为己任，因而其体系丰富而多彩，尤其是关于“丽”“文质”等范畴的论述，“道、德、仁、义、礼、智、信”人格美的构拟，以及“诗人之赋丽以则，辞人之赋丽以淫”“言为心声，书为心画”“器宝待人而后宝”“能读千赋，则能为之”等审美命题之理论首创，都说明它是中国古代美学“有待精细雕琢的一块璞玉”。但它也有忽视生活美和实践美、理论过于玄奥、以功利的眼光看待文学和美学等弊端，这是我们必须剔除的糟粕。

关于扬雄思想的当代美学价值，作者揭示至少有四个方面的重要价值：一，对探讨美的本质性问题的参考意义，他虽然没有刻意去探讨美的本质，但“器宝待人而后宝”对探讨美如何实现客观与主观相结合，具有一定的借鉴意义，他以“玄”为哲学和美学基础，对当代美学新体系的构建也有一些启迪；二，对文学、艺术的创作指导意义，“诗人之赋丽以则，辞人之赋丽以淫”对艺术家处理美感追求与法度遵循之间的关系有一定的理论启示意义，

“言为心声，书为心画”对处理文艺创作与艺术家内心世界的陶冶之间的关系有理论探索意义，“文质班班”的文质观对处理文艺作品的内容与形式的关系也有启发意义；三，“能读千赋，则能为之”所倡导的熟能生巧对艺术创作者有相当的激励作用；四，“道、德、仁、义、礼、智、信”人格美学的构拟，对当代人格美学和公民道德素质的塑造有参考意义。

《**扬雄与汉代经学**》，解丽霞著，广东人民出版社 2011 年。

解丽霞，华南理工大学教授，博士生导师。

《扬雄与汉代经学》于引言之后分五章。引言阐述了前人的扬雄研究，分析了扬雄与汉代经学的基本关系，并概述了全书以扬雄的经学境遇、经学观念、经学建构、经学转向、经学关系作为研究的五个向度，通过个案对比研究、文本经学分析，具体解读扬雄在汉代今古文转向中既区别于今文经学又不同于古文经学的独特的学术个性。

第一章，今古之间：扬雄的经学史定位。这一章阐述了扬雄辍赋转经的缘由和境遇，认为扬雄一生的创作有两大特点：一是善于模仿，二是随时而变。由于这两个特点，在汉代经学盛行的学术大势中，扬雄才会从辞赋创作转向经学构建，完成了由文学家到思想家的角色转换。关于扬雄的经学史定位，该书指出，扬雄为博雅之通儒，与被称为古文经学代表的刘歆、王莽同时为官，交情一度甚好，以及“要合五经”的经学立场、“《易》为经首”的经典认知、“约卓艰深”的释经原则，都透露出与古文经学一致的倾向，这也是一般认为扬雄是古文经学家的原因。学术界对扬雄经学史定位的观点分歧，源于西汉末年今古文之争的兴起，扬雄在此转折之际，其思想不可能纯属古文经学或今文经学，较为合理地判别其所属经学阵营，应为处在今古文之间的学者型经学家。

第二章，经学建构：拟《易》作《玄》。该书认为，扬雄《太玄》模仿《易》经，具有鲜明的特征。在易学渊源上，他综参古《易》，吸取《连山》《河图》《洛书》，综合了《说卦》中的两种卦序；在模仿方式上，《太玄》采取经传分立的形式，不是一一模仿现本《周易》的经传，在一定意义上扭转了今文经学繁琐解经的方式；在象数构建上，《太玄》“以三为本”，“象应于数”，综合老子学说、天文历法说、自然音律说、阴阳五行说，完成了独立于官方经学之外的解经工作。该书认为，扬雄在“综参古易”的基础上，以“经传分立、重构象数、取道宗儒”为基本思路，建构了与汉易主流系统不同的易学体系。这一体系的建立标志着汉代今文易学向古文易学的转向，也为后人的研究规定了“以《玄》解《易》”的理解范式。此外，经、传分立的解经方式，在汉代今文经学盛行的情势下，无疑是对当时学风的一种反动。扬雄以传记方式解释《易经》，从两汉经学发展的历史来看，它不仅是对汉初经典解释方式的回归，也开启了古文经学多以传记解经的先河。该书通过严谨的分析和论证，对学术界长期以来对扬雄《太玄》“经、传一体”的误读进行了澄清，对扬雄“经、传分立”的解易方式进行了新的探讨，为当今学者的研究提供了新的视角和重要参考价值。

第三章，经学转向：仿《论语》而作《法言》。关于扬雄弃“经”从“传”，从五经之首的《易》转向当时尚称为“传”的《论语》的原因，该书指出，由于西汉末年纷繁芜杂的经学情境，使得经典解释越来越远离孔氏之学，《论语》被当作孔子言行的记载，其地位在经学发展中有了明显的提高，希冀“尊孔辨经”以言立法的扬雄，因为《论语》的提升以及《论语》所能提供的经典资源，选择了《论语》进行经学转向，经典选择的不同决定了其解释方式的不同和思想的变迁。此外，追寻真孔子而仿《论语》的扬雄，其《法言》的经典视界不局限于《论语》，而是拓展到了《春秋》和《孝经》。扬雄所拟《论语》为《鲁论语》，《春秋》为《左氏春秋》，说明扬雄有转向古文经学的学术倾向，这种转变对东汉古文经学的兴起有重要影响。此外，该书通过分析扬雄在晚年由《易》转向《论语》，指出这种学术转向决定了扬雄在解释方式和解释资源上的转变。《法言》释《论语》主要采取“经传注我”的方式，突显了“以孔子之法为准绳”“以颜子之乐明其志”“以君子之道申其义”的意旨。《法言》仿《春秋》主要体现在《重黎》《渊骞》两篇，依据《左氏春秋》“以意述事”的体例来书写历史人物，与《史记》评价历史事件和人物的方法角度不同。扬雄的经学转向，基于对汉末学术风气和社会政治的深刻认识。从《太玄》到《法言》，扬雄逐渐从退守转向批判、从为一经之艰深转向说数经之圣道，体现了古代知识分子学问与人生交错共生的心路历程。

第四章，恶虚妄与好灾异：扬雄与汉代今文经学。这一章以个案对比的方式，具体探讨扬雄与汉代今文经学和古文经学的关系，指出扬雄与汉代今文经学有思想承续上的关联，两者的最大区别就是扬雄恶虚妄而今文经学好灾异。扬雄的经学构建有取于今文孟京《易》的卦气说，但扬雄不论灾异，与孟京卦气说通过义理阐释讲论灾异不同。扬雄的经学与西汉今文经学大师董仲舒的《春秋》学在建构上都是自成体系，用《易》和《春秋》互相诠释，但二人在体系的“核心概念”和对待天人关系上有本质差别，扬雄主张“以人占天”，董仲舒主张“天人相副”。对盛行于西汉末年的谶纬学，扬雄分而对待，《太玄》吸取了《易纬》的数字生成次序、《易》数的方位排列、对大衍之数和天地之数的解释、天地之数与五行的相配以及“爻辰”说，对“诡为隐语”的谶符则持坚决批判态度。该书认为，反对谶符之虚无荒诞是扬雄思想的主流。《法言》对谶纬之假托、今文“巫鼓”“象龙制雨”之虚妄、神怪仙人之荒诞，既作了批判，又说之以儒家的仁义道德，这也是多数人认为扬雄是在桓谭、王充、张衡之前反对今文谶纬的先锋的重要依据。

第五章，学为道与学为术：扬雄与汉代古文经学。扬雄在西汉末年转向经学研究时，恰逢今古文之争开始，《太玄》《法言》吸收了今文经学的一些观点，也多有批判今文经学之语，故常被称为古文经学家。然而该书究其思想实际，指出扬雄与刘歆、王莽等人在西汉末年“同兴古学”的大前提下，有较大差别。关于扬雄与刘歆的差异，该书指出两人的经典选择不同，扬雄没有选择《左氏春秋》《毛诗》《逸礼》《古文尚书》等古文经典，而是选择了今古文文本没有太大差异的《易》；古文经学家刘歆则以《左氏春秋》作为其经学的重要典籍。刘歆以《易》之阴阳解释《春秋》，采取先《春秋》后《易》的经典思路，扬雄则是先《易》后《春秋》，《太玄》服从解《易》需要和“玄”体系构建。此外，扬雄《太玄》仿《易》到《法言》仿《论语》有明显的经学转向，《法言》变《太玄》的“天人感应”为“以人占天”，经典转向导致了扬雄和刘歆在“阴阳灾异”上的分歧。关于扬雄与王莽的差异，该书指出，扬雄“好古乐道”、王莽“托古改制”；扬雄为学反对伪诈，王莽以符命篡汉愚民；扬雄注重《仪礼》，王莽偏好《周礼》，反映了两人“为学为道”与“为术为政”的不同经学目的，也折射出扬雄对王莽表面似是而非、内心坚定不移的批判态度。

《扬雄与汉代经学》注意文献史料的搜集整理和使用。该书既引述了《太玄集注》《太玄校释》《太玄本旨》等历代学者对扬雄及其思想研究的著作，也广泛涉猎了《史记》《汉书》《后汉书》等史书资料，至于当代学者的扬雄研究文集或著作，更是《扬雄与汉代经学》经常参考和征引的文献。反映了撰写该书过程中，作者研究工作的深度、广度，体现了他严谨而扎实的学风。

该书的一大特色在于，综合运用中西哲学研究方法，以分析扬雄转向经学所遭遇的汉代今古文之争为切入点，具体探讨了经学转向中，扬雄对经学的基本认知和主要观点，并分析了扬雄对《太玄》思想体系的构建，以及扬雄在晚年转向仿《论语》作《法言》的研究，认为扬雄采取模拟经典的方式构建自己的思想体系，在汉代经学中具有独特性。此外，该书以个案比较的方式，探讨了扬雄与汉代今文经学代表——孟京易学、董子春秋学、谶纬学的具体差异，他与汉代刘歆、王莽等古文经学代表的相似与相异之处，并结合扬雄身处今文经学向古文经学转变的时期，指出扬雄的经学建构兼综今古，又偏重古文经学，由此推知扬雄属于今古文之间的学者型经学家。

《杨雄与〈太玄〉研究》，刘韶军著，人民出版社 2011 年。

刘韶军，华中师范大学历史文化学院教授，历史文献研究所长。

该书的研究内容，首先是对《汉书·扬雄传》所载扬雄一生事迹的考察与分析，然后是对《太玄》各种版本的考察与总结，再次是关于《太玄》独特体例的考察，最后是对《太玄》八十一首之外的十一篇思想内容的阐释与分析，并探讨《太玄》的思想渊源及其特殊的三分式思维方法，最后搜集与整理历代学者关于扬雄及《太玄》的评论资料。

该书的研究，在以往注重文献整理研究的基础上，注重与思想的阐释相结合，同时把扬雄其人的研究与《太玄》其书的研究结合起来。首先，该书深入探讨《汉书·扬雄传》的内容，尽量对其中涉及的问题都深加追寻，以求对扬雄其人的理解更为深入而完整。其次，对《太玄》其书进行全面清理，包括它的历代传本（包括各类版本）及其独特结构体例进行全面整理与分析。然后对《太玄》的重要思想观念、思想渊源和思维方式进行全面分析阐释，不仅在字义疏证层面，还对其中的丰富思想内容结合原文文本仔细分疏探讨，这比一般的注疏更为深入详尽，更重视其中的思想内涵，与乾嘉学派那种考证有所不同。该书通过这种疏解，读者对《太玄》其书的思想内涵有更深入而全面的理解。

该研究的另一个特色，是探索文献学与思想史相结合的学术研究方法。该书认为，文献学如果只是按一般文献研究法整理研究文献，只能算是整理研究文献的初步工作，只是扫清了研究文献的外围障碍而已，如满足于此，而不深入对文献的全部内容进行研究分析，则不能称为文献学的研究。真正的文献研究，应该对文献的内容在充分整理的基础上进行深入全面地研究，重视文献的文本注释与解说，要对其文本进行完整注释，不能只拿其中的只言片语或某些段落作为阐发观点的材料，而要贯通文献的全部文本进行阐释，充分分析其中的思想内容，这样才能使文献研究达到更为深广的地步，对于学术研究来说也才更有意义。

该书的研究，一方面利用文献学的各种方法，如版本、目录、校勘、训诂、考证等方法，另一方面则利用思想研究的分析方法，相辅相成，这样才能对古代文献所蕴涵的丰富内容有更深入和全面的理解，由此才能发现更多的新内容，从而使相关的研究得到发展。无论是对扬雄研究，还是对其他文献、思想的研究，作者在该书中运用的方法论探索都具有重要的参考价值和启迪意义。

《西道孔子——扬雄》，纪国泰著，巴蜀书社 2018 年。

纪国泰，西华大学教授。

《西道孔子——扬雄》于引言之后共分四章。引言，介绍扬雄以及历代学者对扬雄的评价，并阐述了扬雄毁誉悬殊的现象，指明原因：其人难懂，其文亦难懂。最后引出本书探讨的几个问题：扬雄为什么被人称为“西道孔子”？扬雄为什么能够成为“百科全书式”的奇才？扬雄为什么“难懂”而遭人非议？扬雄该不该被他的家乡人引以为骄傲？第一章，介绍扬雄的出身背景，师从名师，蜀中求学经历，对扬雄的恩师林闾翁孺和严君平给予很高的评价，提到了这一时期的经历对扬雄性格的造就和影响。第二章，叙述扬雄三十三岁以后自蜀入京，以辞赋求取功名的经过；介绍了扬雄四赋谏君，惜君不用，故弃赋转经的经历；对扬雄事莽美新的前因后果也提出了自己的见解。第三章，叙述了扬雄壮年怀才不遇之苦，老年丧子绝嗣之痛，晚年贫病交加之惨，以及被迫投阁导致受人误解诋毁的蒙冤之恨。第四章，对扬雄的个人品格给予了高度评价，对扬雄的杰出成就进行了充分肯定，昭示扬雄为中国传统文化的传承和发展做出的卓越贡献，并探析扬雄对中国学术文化的深远影响。

该书作为一部扬雄研究的通俗读物，对文献资料的引用，虽然参考了一些通俗历史演义作品，但更多的是依据《汉书》等正史文献，以及不少学者对扬雄研究的论文成果，希冀做到本书内容“真实可靠”。对文章语言的处理也是煞费苦心。作为一部通俗读物，所参考的文献史料大多为文言文，对文言文进行翻译，并尽量使其贴近当今现实。

该书最大的特色，在于用浅显易懂的语言，对扬雄的生平事迹、求学经历、主要思想等，进行了详细地解读和探析，便于读者通过阅读本书内容，对扬雄有更进一步的了解。全书语言朴实生动，叙述过程引人入胜，对一些学术界存有争议的问题，也提出了自己的看法。对学术界的学者来说，该书的一些观点和结论可供参考；对普通历史爱好者来说，该书有助于其了解扬雄其人其书。

《**扬雄与六朝之学**》，汪文学著，贵州人民出版社 2019 年。

汪文学，贵州民族大学教授。

该书通过对扬雄学术、文学与六朝之间的渊源影响关系的研究，尝试提出“六朝学术和文学始于扬雄”的新观点，具体分为七章，其要旨如下：

六朝学术和文学起始于东汉末年，抑或是西汉末年，这是该文讨论的关键问题。近代以来，学术界普遍认为六朝学术和文学始于东汉末年，甚至以其时之马融为转变时代风气之关键人物。当然，亦有部分学者意识到两汉之际的学术文化风尚之变化及其对六朝学术、文学的影响，亦关注到扬雄在其中所起的引领作用，但大多语焉不详。该书第一章“六朝学术和文学之起始：东汉末年抑或是西汉末年”，列举并评述近代以来学者关于六朝学术和文学之渊源的若干观点，在此基础上提出“六朝学术和文学始于扬雄”的观点，以为六朝学术和文学之渊源有远源和近源之分，其远源在西汉末年，其近源在东汉末年。

该书第二章“汉晋学术文化思想发展之大势和扬雄影响六朝

学术和文学的个人可能性”，从士风、学风、文风三个方面概述汉晋学术文化思想发展之大体趋势，重点讨论扬雄在此发展大趋势中所发生的引领作用。其具体内容，将在各章分别讨论。本章所欲侧重探讨者，是扬雄影响六朝学术和文学的个人可能性。该书认为，独特的家族背景和家庭生活养成了扬雄的寂寞清静和深沉之思，具有“异端”特质的师友网络培植了扬雄思想的“异端”特色，富于“边缘活力”的地域环境孕育了扬雄的创新精神。上述三个因素，决定了扬雄具有引领和影响六朝学术和文学的个人可能性。

该书第三章“企慕玄远：扬雄与六朝名士风范”，讨论扬雄之人生行事、性情好尚、人生哲学、处世理念、人生理想，对六朝名士风范之形成的影响。认为扬雄在人生行事上的简易佚荡，性情好尚上之一往情深，人生哲学上之明哲保身，处世理念上之俟时而动，人生理想上之安贫乐道，是对个体自由生命和生命真实情感的珍爱与重视，此与汉人之精神风貌大有区别，而与六朝名士风范有诸多相似之处。本章以陶渊明为例，通过陶渊明与扬雄之间的知音相赏相惜关系之个案研究，呈现扬雄与六朝名士风流之间的渊源影响关系。六朝士人新风尚主要体现在通悦、雅远、旷达诸方面。此种风尚与汉代崇尚经明行修、讲求砥砺名节之士风甚为不同。在汉晋士风之变迁过程中，扬雄起着重要的引领作用。

该书第四章讨论“扬雄的学术渊源与方法创新”。在概述扬雄学术研究的大背景和小环境之基础上，探讨扬雄学术思想之远源和近源，重点讨论他在学术观念和治学方法上的创新。认为扬雄以圣人姿态从事著述，提出“因革”“损益”“新敝”诸论，其儒道兼综的学术取资和出入今古的学术取径，皆有明显的“异端”

特色。而以“不述而作”为核心的创新，以“约卓简要”为核心的博通取径，以“玄思大义”为内容的思辨精神，使他成为汉代章句之学的掘墓人和六朝学术的开创者。

扬雄于六朝学术的引领是多方面的，该书第五章“扬雄的学术思想及其对六朝学术的影响”，采取个案研究方式，选取扬雄学术思想中比较重要的几个问题，如尚智论、太玄论、品藻论、乡土意识与地域观念等等，研究其与六朝学术的渊源影响关系。以为扬雄的尚智论，直接启发了六朝文人的理性精神；扬雄的太玄论，特别是其玄思方法，对六朝玄学有重要影响；扬雄的品藻论，于六朝时期影响深远的人物品鉴活动，于刘劭《人物志》之创作，有直接影响；扬雄浓厚的乡土意识和地域观念，对六朝时期自觉地域意识之形成，有重要启示；扬雄的《蜀都赋》《蜀王本纪》《扬氏谱牒》，于六朝地记、郡书和谱牒的创作，亦有较大影响。

该书第六章“扬雄创作与六朝文学新变”，以为扬雄是“文儒”传统的开创者，他在两汉文学史上之转折意义和在中古文学史上的起点意义，就在于他对文的偏好，对文的重视，有意为文的态度，以及其文士与儒士合二为一的“文儒”身份。在中国古代文学语言从“语言”到“文言”至“古文”之演进过程中，扬雄起着重要的推动作用。本章以《法言》为例，阐释扬雄文学简涩深雅之文体特征，归纳其有意为文的几种形式，用俄国形式主义批评家的“陌生化”理论，阐释其有意为文在中国文学史上的影响和意义。

扬雄的文学创作，尤其是在文学语言上，引领了六朝文学创作新发展，在文学理论上亦是如此。该书第七章“扬雄文论与六朝文学理论新观念”，重点研究扬雄的“明道”论、“玄思”论和“赋神”论对以刘勰为代表的六朝文论家之影响。以为扬雄的“明道”论在中国文学批评史上有承上启下之意义，对《文心雕龙》的“文之枢纽”说，有重要影响。以为扬雄的“赋神”论和“玄思”说，对刘勰《文心雕龙》之“神思”论，有直接影响。

该书从士风、学风、文风诸方面探讨扬雄学术和文学对六朝的影响，并以陶渊明为个案讨论扬雄的人生行事与六朝名士风范之间的渊源关系，以刘劭为个案研究扬雄的学术思想对六朝玄学思想的影响关系，以刘勰为个案分析扬雄文论对六朝文论的启发关系。对于系统探讨扬雄在中国古代思想史上地位和影响，深入论证“六朝学术和文学始于扬雄”这个论点，该书具有极大的参考价值和重要贡献。

第二节　硕博论文

《淑周楚之丰烈——扬雄作品的文化阐释》，侯文学著，2003年东北师范大学博士学位论文。指导老师：李炳海，东北师范大学教授，博士生导师。

论文对扬雄的生平经历、著述，他的作品（主要是文学作品）对人物、艺术、自然事象的审美观照，他在不同时期对色彩的不同取向，其文学作品的文化走向等四个方面进行了深入研究。

第一部分即第一章，考述扬雄的经历及著述。西汉中后期，政治权力高度集于中央，士人普遍由地方趋向中央。扬雄的经历是这一时期的士人经历的一个缩影：中年以前，居于家乡蜀地；中年以后出蜀至长安。文化氛围、视域发生变化，文学作品的创作倾向也发生改变。因此，这一章第一节考述扬雄的生平，侧重于对他的思想、创作发生影响的经历及与之有关事项的考察。第二节则是对扬雄一生创作的全面考辨。

第二部分即第二至五章，侧重探讨扬雄在文学作品中表现出来的审美取向。从西周、春秋战国到两汉这一时段，从审美史上看，是审美风尚发生转变的重要时期。周代传统以高大、舒缓、稳重为主，春秋战国时期，在楚文学作品中表现出以迅疾、屈曲为美的倾向。来自楚地的汉王朝建立者们把这种风尚带到长安。同时，继承周代传统的儒家思想在汉武帝以后逐渐在思想领域定位于一尊，这就形成两种倾向：在统治意识中，与礼乐文明相联系的传统美受到推崇；而在现实生活中，与传统美对立的新风尚极为流行。这两种倾向在扬雄的不同创作时期均有体现，反映历史上升期对不同文化的涵容性，以及表现在同一作家身上的复杂性。该论文的第二章、第三章、第四章、第五章均就这一问题做出探讨。第二章，探讨扬雄对人物——女性和男性的审美观照。第三章，探讨扬雄对艺术——音乐和宫室的审美观照。第四章，探讨扬雄对自然——山、水的审美观照。第五章，探讨他对帝王车马旗旌的审美取向。

第三部分即第六章，探讨扬雄前后期对色彩的不同取向。色彩是视觉艺术的要素之一，在文学想象中地位至关重要。色彩又具有文化含义，文化背景不同，人们赋予色彩的象征意义、对色彩的选择也不尽相同。扬雄观念世界发生的变化同样投射在他对色彩取向的变化上。这一章第一节探讨他前期的色彩取向——以绚丽缤纷为美。第二节探讨他后期的色彩取向——趋向于黯淡单一。

第四部分即第七章，总论扬雄文学作品的文化走向。扬雄的文学作品大体可以分为两类：讽颂类和叙志写意类。这一章依此分两节纵向探讨扬雄在不同类型作品中表现出的不同文化走向。第一节，探讨扬雄在讽颂类作品中表现出的趋向于儒学的创作意识。第二节，探讨扬雄在叙志写意类作品中表现出的生存方式的道家倾向。可以获得这样的结论：在理念世界里，扬雄对儒学是不断趋就的；现实政治的失意又使他颇多怨刺情绪，表现于外在行为及叙志写意类作品，是其淡泊名利的生活方式及对道家学说的接受。

该论文通过对扬雄的一生及创作所进行的梳理与探讨，得出以下结论：一，扬雄生活在文化趋于整合的汉代，又逢两汉之交的特定历史时期，其人其作都打着时代的印记。扬雄以其巨大的文学成就得以在汉代文学发展的历程中占据重要位置；他作品的文化含量是丰富的，是那个时代的杰出代表。从这个意义上说，扬雄是总结了一个时代。二，扬雄是一个坚定的儒家知识分子，强调社会群体的和谐。但是，他同时也十分强调个体独立性，注重义理，与时代重章句的儒学风气相悖，更与侈靡的世风不相容，这种矛盾迫使他选择以道家的生存方式持守他的理念。他的文学创作（叙志写意类作品）和理论建构（《太玄》）都体现出儒道融合的趋势。他的叙志写意类作品反映出他对当时社会的疏离心态，这种心态是东汉士人心态发展链条上的起始环节。从这个意义上说，扬雄是开启了一个时代。

该论文是对扬雄的个案研究，但文中也指出，任何事物与现象都不是孤立展开的，扬雄研究也不例外。扬雄的人生和创作的意义，从纵向考察，上承先秦与盛汉，下启东汉与魏晋。从横向考察，则反映出两汉之交部分士人的生存状况、心态与文学风貌。扬雄是盛世向衰世过渡期的士人的代表。因此，该论文的结论对于先秦两汉文学研究、文化研究都具有借鉴意义。

《一个汉代儒者的执著与徘徊——试论扬雄的自我认同及其矛盾》，林晓雁著，2004年北京大学硕士学位论文。指导老师：于迎春，北京大学中文系教授，博士生导师。

论文分三章。第一章，从扬雄的“儒者认同”入手，考察他的儒学取向，以及他的儒学思想与其时代的出入。文章在对扬雄著作，主要是《法言》《太玄》的分析之下认为：他推尊孔子，更多的是从儒家的角度出发，较之西汉经学，有着更为广阔的空间。其儒学思想与时代的出入主要体现在以下三个方面：一、重《易》，作《太玄》，二、象《论语》而不治《春秋》，三、拟经、传而不为章句。扬雄的儒学思想，虽重在求德，但也并非不求用，其在评说历史、品藻昔贤中，表现出对于德行和功业的艰难取舍。而这种对于德行与功业的取舍，在他自己的人生中，就表现为对于入世与著书矛盾。

第二章，讨论道家思想之引入儒者心灵和儒道互补的问题。文章首先考察老庄退守的人生哲学在西汉中期以后，被引入儒者心灵的必然性；进而对道家人生哲学在扬雄身上的体现，做一个案分析，考察道家人生哲学的引入，给扬雄思想带来的诸般影响，及其因此而产生的矛盾。

第三章，把扬雄的思想矛盾落实到他的文学实践之中，探求其思想矛盾在其文学实践中的体现。对扬雄对于汉大赋的改造、关于“诗赋”的评述、创制“连珠”和大量创作“箴”，进行了比较详细的描述、分析和评论，认为这是扬雄在自己的文学实践中，调和文章“丽”“用”矛盾的努力，并且对这种努力给予了肯定。最后对扬雄的模仿和读者意识做了一个简要的论述。

该文运用个案分析和历史分析的方法，对西汉儒者扬雄的思想矛盾进行了比较细致和深入的分析。论文从扬雄的《自序》入手，考察他对自己的期许与认同，然后结合《法言》《太玄》，以及他的其他作品，考校其对于自己理想和认同的履践与游离。然后，将扬雄的思想矛盾落实到他的文学实践之中，探求其思想矛盾对于其文学创作的影响，以及他在文学实践中对于其思想矛盾进行调和的努力。

该文认为，扬雄思想之矛盾，究其根源，在于中国文化之特性及中国"士"之特征。中国"哲学的突破"是极其温和的，中国之政统与道统之间始终无法划清权责。士人身份的复合性是中国古典文化的重要特征之一。关于扬雄与王莽，时人颇有论及扬雄与王莽及王氏家族之关系者。但该文认为，扬雄之受诏作《元后诔》，又曾上《剧秦美新》，虽可能与这种关系不无瓜葛，但恐怕更多的还是根源于当时的学风，或者可谓之学术传统。扬雄对王莽的褒奖之词，当出于其本心，出于其对古之礼乐现实重现的渴望。

《〈太玄〉易学思想》，田小中著，2009年山东大学博士学位论文。指导老师：刘玉建，山东大学教授，博士生导师。

该文分七个部分。绪论从扬雄个体因素对《太玄》创作背景进行了探讨，评述了学界关于《太玄》易学思想的研究，进而提出问题，形成本文研究视角。第一章对《太玄》的创作背景进行了宏观考察，认为扬雄在西汉今古文经学的大背景之下，形成了精通和博识相统一的知识形态与经典诠释观；扬雄反对灾异之说，而吸收了其中的合理因素；西汉黄老之学及严遵的老学思想对《太玄》的创作也有着影响。第二章对《太玄》象学进行探讨，指出《太玄》彰显了易象之学中隐含或潜萌的思想因素。《太玄》以数取象的根本标准，较八卦取象更抽象地表达了物与物之间的关系《太玄》吸收经典资源以广象，其象类较《易》之物象偏重人文属性；《太玄》的“拟象明术”，诠释了《易》“观象制器”中“本天道以推人事”的思想方法及因时为治的通变思想。第三章分析了《太玄》的数理结构，认为《太玄》的“三分”是《易传》“二分”数理思想的演绎；其九赞是把《易》中蕴含的思想因素即六爻可以反映事物的发展过程普遍化，同时表现出对《易》“知几”“中和”“物极必反”等思想的融摄；其八十一首是对卦气学说的吸收和改造，彰显了《易》卦之时的思想。第四章论述了《太玄》主要义理，认为其“罔直蒙酋冥”的宇宙论体系及其进一步抽象而成的数字图式，是对《易传》宇宙论思想的发展其本体范畴的“玄”，是对历时形成的《易传》根本义理的多个概念的整合；其以“思”“心”决定祸福，是对《易》道德践履主体做出的诠释。第五章讨论了《太玄》的筮法，认为其继承《易传》“尚占”思想，形成了体现“人谋”的完备的筮占体系。《太玄》以“精”贯通圣人创作筮法、成卦断卦、筮仪、为筮之道等方面，是对《易传》占筮益理性精神的继承。其筮法筮数及其推衍皆本于其三分思想其昼夜休咎的占断，实质是德化的工具，是对《易传》吉凶由人思想的继承和发展。结语部分首先从扬雄的治易方法、释易方面述及《太玄》对后世易学的影响，也分析了其影响远逊于《周易》经传本身的原因。其次做出了该文的结论，《太玄》创作反映出扬雄治易“述而不作”的学术进路，《太玄》的象数理占都是对《周易》经传思想的阐幽显微，彰显的是《易》义。《太玄》体系是对易学发展的整合，是在整合中的自觉的体系构建，标志着汉代哲学家抽象思维能力的提高。

该文以独特的研究视角，对《太玄》的易学思想进行了系统而深入的研究，联系当时的学术背景和扬雄其他著作中的思想，深入挖掘《太玄》的思想内涵，提出了不少有新意的见解。关于《太玄》的易学思想，该文所做的探讨无疑丰富和拓展该领域的研究，今后必然会为其他学者的进一步研究提供重要的参考价值。

《先秦两汉儒家气性论研究——从孔子到王充》，任鹏程著，2019年山东大学博士学位论文。指导老师：沈顺福，山东大学教授，博士生导师。

该论文第八章“晦明之气与性善恶混：扬雄的气性论思想”，重点阐释了扬雄的气性论思想，这一章主要包括以下内容：

第一，该文指出扬雄将“玄”视为人性之源。该文认为，玄生万物，然而，“玄”并非虚幻的，也并非不可捉摸的。在扬雄看来，“玄”就是天。“玄”就是元气。玄是化生万物的本原。玄释放阴阳之气，阴阳之气相互作用，由此形成宇宙万物。在扬雄看来，“太玄一阴阳一万物（人）”是宇宙生成的基本逻辑。就人性而言，扬雄以为，性源于玄。“玄”作为物质性的气，它构成了人性的材料。值得注意的是，扬雄不像西汉主流学者那样，将“天”视为有意志、有人格的，甚至是主宰人们的日常社会和政治生活的神灵。恰恰相反，扬雄吸收了道家自然无为的思想，兼及儒家仁义道德伦理资源，指出“玄”（或“天”）生万物是自然的，没有目的的。这种对权威学术的否定，反映了西汉晚期儒家哲学发展的新方向。换言之，天也是没有意志的。玄虽然具备道家之道无为的性质，然而，他又与道家又有着本质区别，扬雄以为，玄是仁义之本。简言之，扬雄借助“玄”的哲学范畴，沟通了天道和人道，为儒家人性学说提供了理论依据。

第二，该文认为，与汉代多数学者一样，在宇宙生成论的视角下，扬雄也持有“以气释性”的立场，他将气视为构成人性的物质，这种材便是晦明之气（阴阳之气）。所以，人性具有物质属性，晦明之气各自具有不同特点，晦气（阴气）能够致恶，明气（阳气）可以趋善，相比之下，扬雄比较推崇阳气而贬低阴气，所以，在人性善恶问题上，扬雄提出“善恶混杂”的人性论。意思是说，人性之气包含善恶两种物质因素。或者说，人性之气是善恶兼具的，这就是具有普遍意义的人性。然而，他又以为，人性之中的晦明之气（阴阳之气）之间能够相互搏斗，而控制阴阳之气相互斗争的枢纽是心。心的妙用便是神。扬雄汲取了孟子和荀子两人有关心、性、气的学说，进而指出，人心能够决定人性之气的走向。这便是心的理智力（“智”），人心不纯则容易为恶，人心合道义则趋向善。这便导致出现了圣人、贤人和众人的差异。所以，“修性”成为扬雄的教化口号。

第三，该文认为，修性的方式和方法主要有两种。第一种便是诵读儒家经典典籍。扬雄以为，语言是疏泄情感的工具，文字作品是语言的表达。圣人之言符合道义，他们将言辞凝聚成文本形成作品。同时，他汲取孟子有关言气关系的探讨，以为艺术作品的创作不仅是人们情感的表达再现，同时也是创作者自身人性之气凝结。作为圣人作创制的经典书籍，它们不仅是圣人思想的表达，而且它们本身便蕴含了圣人之性，这便是善性之气。紧接着，扬雄又将物类相感（感通）的机制运用到学习之中，扬雄以为，人体外界的气能够激荡人体之气，儒家的经典书籍本身蕴含了圣人之气，因此，阅读经典可以与圣人身上的气沟通，可以接受圣人之性的道德熏陶，进而可以进入圣人之境。第二种便是“取重去轻”之术。扬雄以为，人心能够思虑，它具备智的特点。然而，人们常常难以将心的理智力得以发挥，所以，他提出“取重去轻”的教化策略，它包括听从老师教导和遵循儒家礼仪规章两方面内容。“取重去轻”之术的核心就是治心，也就是注重心思的功能，充分发挥心的理智能力。扬雄以为，一方面，通过诵读儒家经典书籍用圣人之气感召人性之善气，将人性之气向善的方向牵引，以此便能够明辨事理、掌握义理。另一方面，通过治理心的理智力，逐渐打磨掉人性之中的晦气、阴气、或者说不善之气。最终，成为君子、成为圣人。

该文的贡献在于，对扬雄的气性论进行了系统阐述，指出扬雄汲取道家自然的精神，兼及《周易》思想，通过对气、玄、性、心、神、等范畴的讨论，实现了以气论性的论证。此外，该文系统阐述了扬雄以气论性的基本思想脉络，特别指出扬雄将无为、自然引入论性的领域，以为玄为性之根源，玄之气在人并非有意，这种对董氏权威学术的否定，反映了西汉晚期儒家以气论性发展的新动态。

《**扬雄与巴蜀文化**》，唐妤著，2008 年四川师范大学硕士学位论文。指导老师：熊良智，四川师范大学教授，博士生导师。

该文以扬雄对巴蜀文化以及巴蜀文化研究的贡献为出发点，为扬雄、巴蜀文化的研究打开另一角度。《蜀都赋》和《蜀王本纪》两文的题材内容，涉及两汉前古蜀历史；《蜀都赋》以蜀都、蜀史为题材，为巴蜀文学史上之首创。研究扬雄对巴蜀文化的贡献，这两篇文章是重要研究内容，但今人学者却始疑其为伪作，辨清是否为伪作是论述展开的前提。该文通过分析，发现持伪作论者并未提实证性材料且多为推测之词，因此，两文为扬雄所作不能轻易否定；《蜀都赋》和《蜀王本纪》所记巴蜀的历史涉及古蜀先王及其王朝的相关历史、一系列与古蜀王者的传说、秦汉时期蜀都的建设以及蜀人的社会生活风习，这些内容绝大部分是有关巴蜀历史最早的记录，从而具有不可取代的历史价值；扬雄《成都城四隅铭》《蜀都赋》开创了以蜀都为题材的创作先河，但对巴蜀文学最大的贡献就是写成了《蜀都赋》，在巴蜀文学史上开启了以蜀都为题材的创作先河，开启了后世都城赋的创作先河，这些都直接影响了同样以蜀都作为文学题材的左思《蜀都赋》的创作。巴蜀文学史上，多次以蜀郡成都为题材进行创作，并造成巨大影响力的作家，仅扬雄而已；《太玄》首创拟《易》之风、树立以老庄解《易》典范、体现出重方术历算之特征，这些均对后代巴蜀易学家研习《易》产生了巨大影响，后世巴蜀易学呈现出以上三方面的特色，溯源称扬雄；《方言》不仅为我们最早记载了巴蜀地区的方言词汇，还让我们得以了解到西汉时期的巴蜀地区的方言和秦晋方言、西汉时期的通语与书面语是相似的。对于巴蜀方言而言，《方言》是第一部准确并全面记载巴蜀地区的方言词汇著作。

该文通过对扬雄所写《蜀王本纪》《蜀都赋》《太玄》以及《方言》的分析，指出扬雄与巴蜀文化的关系，更为重要的是梳理出他对巴蜀文化以及巴蜀文化研究的贡献。表现为以下四个方面：

首先，体现为对巴蜀历史的贡献。《蜀都赋》与《蜀王本纪》所载古蜀史实，通过考古文物、后世文献和扬雄《蜀王本纪》《蜀都赋》两文的相互印证，两文较后世文献有不可替代的客观性、真实性，更为重要的是其内容绝大部分是有关巴蜀历史最早的记录，因而具有不可取代的历史价值。扬雄是对巴蜀古史最早关注的学者，所记客观准确，可称之为巴蜀历史研究创始者。直至近代，鲜有学者对巴蜀古史予以如此之研究。顾颉刚、蒙文通、童恩正、徐中舒等著名学者，试图重建巴蜀的古代史，其中依凭的最重要文献之一就是扬雄的《蜀王本纪》和《蜀都赋》。

其次，体现为对巴蜀文学的贡献。扬雄《成都城四隅铭》《蜀都赋》开创了以蜀都为题材的创作先河，但具有较大影响力的则是《蜀都赋》一文，扬雄对巴蜀文学最大的贡献就是写成了《蜀都赋》，在巴蜀文学史上开启了以蜀都为题材的创作先河，开启了后世都城赋的创作先河，这些都直接影响了同样以蜀都作为文学题材的左思《蜀都赋》的创作。

再次，体现为对巴蜀易学的贡献。《太玄》首创拟《易》之风、树立以老庄解《易》典范、体现出重方术历算之特征，这些均对后代巴蜀易学家研习《易》产生了巨大影响，后世巴蜀易学呈现出以上三方面的特色，溯源称扬雄。扬雄尊巴蜀易学始祖之严君平为师，对其易学思想最先予以关注并深入研究，在其基础上又使得巴蜀易学之精髓有所发展。因此，扬雄是首位深入研究巴蜀易学思想之源流，又推进了巴蜀易学发展的学者。

最后，体现为对巴蜀方言的贡献。通过《方言》一书，巴蜀地区方言的大致情况得到保存：《方言》不仅为我们最早记载下了巴蜀地区的方言词汇，还让我们得以了解到西汉前期以及西汉时期的巴蜀地区的方言和秦晋方言、西汉时期的通语、书面语是相似的。对于巴蜀方言而言，《方言》是第一部准确并全面记载巴蜀地区的方言词汇著作，这无疑说明扬雄是首位对巴蜀地区的方言词汇进行过深入研究的学者。

《〈太玄〉象数与汉代易学卦气说》，井雷著，2013年山东师范大学硕士学位论文。指导老师：王克奇，山东师范大学教授，硕士生导师。

论文绪论中阐述了从古至今的《太玄》和卦气说的研究综述，概述了两者的研究成果和研究现状。正文分为四部分。第一部分，扬雄及其《太玄》。该文概述了扬雄的生平和著述，分析了《太玄》的思想渊源，首先从学术背景上看，其世界观深受《太初历》与“浑天说”的影响。其次，从学术师承上看，严君平的学术倾向对其有主要影响。另外，扬雄作《太玄》，将“玄”作为最高的哲学范畴，其《太玄》思想明显受到了其师道家思想的影响。最后，该文指出，《太玄》仿《易》实际上仿的是汉代易学，尤其是孟喜、京房的“卦气说”。这也是《太玄》八十一首的排列顺序和今本《周易》不同而与“卦气说”相应的主要原因。汉代易学“卦气说”是《太玄》最主要、最直接的思想依据。第二部分，卦气说。该文阐述了卦气说的含义以及主要代表，包括孟喜、京房、《易纬》中的卦气说。第三部分，《太玄》所反映的“卦气”思想。该文依次分析了扬雄对《周易》、“六日七分”“消息”与“阴阳五行”的继承和吸收，从而构筑了自己更加严谨的理论体系。第四部分，《太玄》的学术价值。该文指出，《太玄》与《易》同旨，象数、义理具备，是对汉代易学之谈象数不兼义理的否定，对中国易学史的发展具有重要的进步意义。扬雄在构建《太玄》的象数时，采用了当时最先进的历法知识，所以说《太玄》象数的本质是科学的，而不像其他汉代易学那样附会臆说。《太玄》书中保留了关于《太初历》的记载，是研究汉代天文历法的重要史料。《太玄》融合了儒家和道家的思想，是儒、道思想融合的一个重要典范。将“玄”作为生成万物的本源，具有了本体论的思想，彻底否定了以“天人感应”神学目的论为基础的汉代经学，从而成为魏晋玄学之滥觞。

《太玄》研究一直是思想史研究中的难点，自扬雄作《太玄》以来，研究者相对较少。然而扬雄及其《太玄》又是汉代学术思想发展过程中非常重要的一个环节，研究汉代思想史，不可忽略

《太玄》。《太玄》创作于西汉末年，当时，孟喜、京房的易学思想在社会中影响较大，扬雄作《太玄》在结构上是借鉴了孟、京易学的卦气说。或者也可以说，孟喜、京房、扬雄共同借鉴了一种来源更悠久的卦气思想。总之，《太玄》和卦气的联系是非常密切的。卦气说是汉代易学中的难点，而汉代易学又是易学中的难点，其主要原因之一是资料的匮乏。今天我们能看到的孟、京易学只是散落于汉唐诸书中的只言片语，其原书已经亡佚，而依据卦气说而作的《太玄》却传了下来。可以说，《太玄》是关于卦气说目前保存最早的、最完整的著作。但是人们研究卦气说主要还是利用汉唐诸书中有关孟、京易学的只言片语以及《易纬》，故该文认为将《太玄》与卦气说结合起来研究具有很高的学术价值：第一、从术数层面全面展现《太玄》的理论依据及扬雄的世界观模式，进而探讨易学卦气说的真实面目，从而丰富汉代象数易学的研究角度。第二、利用象数易学分析《太玄》的技术结构，从而为进一步研究扬雄思想做出铺垫。扬雄依据于卦气说将浑天说、太初历、阴阳五行说具体运用到《太玄》中而形成之象数，进而利用《太玄》象数对比孟喜、京房的卦气说进行研究，最后对于《太玄》与卦气说提出自己的观点。《太玄》虽然模仿卦气说，但是《太玄》与卦气说在结构上是不一样的。扬雄在接受了卦气思想之后，依据浑天说和太初历进而构筑了一个以"玄"为核心的新的体系，可以说，《太玄》象数与卦气说在思想上具有共性，但在表现形式上存在着一定的区别。该文着重依据《太玄》象数，通过分析扬雄的哲学思想，对其当时所接受的卦气说进行还原，进而与孟、京卦气说进行比较，对汉代易学卦气说做进一步的探讨，对今天的《太玄》研究有着重要参考价值。

《论〈法言〉的圣人之道》，党时勇著，2016年湘潭大学硕士学位论文。指导老师：方红娇，湘潭大学教授，博士生导师。

论文分为四部分。

第一部分，绪论部分。这一部分包含研究目的、意义以及研究综述等，重点梳理了扬雄的生平，对《法言》版本注释方面做了简单的整理。

第二部分，该文分析了《法言》中圣人之道的思想渊源，阐述了先秦儒家代表人物孔子、孟子、荀子的圣人观，以及道家代表人物老子、庄子的圣人观。《法言》的圣人之道中着重推崇先秦儒家圣人之道主要是由于秦代至扬雄之前圣人之道的衰落，通过分析先秦儒、道的圣人观以及成圣之路的不同，来论述《法言》的圣人之道思想，其实是以儒家思想为主，并融合道家部分思想而成。

第三部分，对"尊圣崇经"的分析。该文认为，扬雄论述圣人的形象以尊崇先秦儒家圣人，《法言》中的天人关系论和人性论也是在"尊圣崇经"的基础上来诠释其中蕴含的圣人之道。圣人之道的传承以圣人之经典为主，如此圣人之经能否损益，他认为对于社会发展可则因、否则革。

第四部分，对礼法治国的分析。该文重点论述了其对先秦儒家经典基础理念"礼"的继承和发展。以礼为重，礼作为指导性准则；以礼治国，将法度观念融入礼。守礼莫过于尽孝，汉代提倡孝治，把家之孝与国之孝结合，扬雄在《法言》最后一卷《孝至卷》以孝至为篇名，然则对尧舜之道论述很多，实则还是讲述孝悌之道而已，大孝为至德。

第五部分，扬雄《法言》圣人之道的评价及其影响。该文论述了扬雄《法言》圣人之道对于后世思想发展的影响和其中存在的几点不足之处。

该文主要通过文本研究法，从《法言》相关原典出发，在对古代文本研究中深入、全面地了解文本，通过阅读相关文献资料，了解了《法言》研究的相关现状和存在问题，对《法言》的内容进行整理、分析。该文试着以《法言》中的圣人之道为中心，阐述其圣人之道的本质及其弊端，分析其圣人之道的来源，来对其圣人之道做一个更清晰明了的论述。

扬雄《法言》的圣人之道在当时来看，对于反抗神学目的的谶纬经学而产生种种怪诞之谈，起到了很大的作用。强调儒家正统，返本追寻先秦时期儒家经典，破除繁琐训诂注释之陋习，遵从唯一的圣人之道，试图让一切都能够以圣人之道为标准。观《法言》全书，尊圣崇经，对于先秦儒家的思想大多数是作为其圣人之道的理论基础，对先秦儒家的内涵虽没有太大的拓展，但是他广泛吸收各家思想并将之融合与儒家思想中，这已经是对整个儒学发展做出了贡献。

在两汉交替之际，今文经学的繁文缛节的注释和解说让人很容易陷入故步自封的地步，对于古文经典的原意把握尤为显得重要。所以他能够根据时代的需要恢复先秦儒家的基础思想，力图用圣人之道来扭转被谶纬神学扰乱的儒学思想，这无疑是在一片漆黑中的一点光明，这对于汉代思想史研究是有较为重要的积极意义。总而言之，《法言》一书的创作可以看作是扬雄其对于整个秦汉儒家思想发展过程的反思，也是对秦汉以来儒、道思想融合的一种大胆尝试。

《扬雄〈法言〉与士人生命主体意识自觉》，杨燕群著，2016年山东大学硕士学位论文。指导老师：李尚信，山东大学教授，博士生导师。

该文绪论主要梳理了自西汉末年至近现代，学界前辈对扬雄和《法言》的研究成果，分析该领域的研究现状，以此确立该文的写作缘起和写作意义，概述了主要的研究方法。

第一部分，追求卓越、期许圣贤的心路历程。该部分从扬雄的学术生平谈起，交代其一生所历和主要著作。该文主要是透过揭示扬雄辞赋、《太玄》和《法言》的文本内容和主旨思想，探讨其一生最终以圣贤为归宿的学术历程的转化过程。

第二部分，《法言》的经学语境。该文指出，萌发于汉代及汉代以前的礼乐及由此发展演化出的经学文化，是扬雄《法言》一书诞生的厚重的经学哲学语境。扬雄的《法言》有着经学语境下宇宙图景的支撑。这一宇宙图景，揭示于《法言》所提到的扬雄的仿《易》之作《太玄》。正是在《太玄》所勾画的宇宙图景的前提下，扬雄展开了其《法言》的相关论述。在汉代经学和卦气说的学术背景下，扬雄基于对六经的全新思考，建构了“玄”为世界本原，借助阴阳五行生化万物的大化流行的宇宙图景，为经学精神的重建，确立了宇宙生成论的根基。依他之见，万物的性命由玄而来，每一物下贯着玄及由玄而来的玄道、五常之性、阴阳之气与五行之质，人尤其如此。于是大千世界成为一个玄为根本的天人一体同构的世界。置身于这个世界中的人，形体来自这里的阴阳之气与五行之质，含具着玄道和五常。

第三部分，经学的生命内在根据。该部分揭示，接续汉代和汉代以前的学术思想的孔子，曾在人的生命之中，为礼乐文化的昌行，寻找到了其内在根基，即生命内在的仁，提出仁学思想。与此相似，扬雄也着眼于人的生命，为礼乐文化找到内在根据，从而将经学的精神落实到人性，使礼乐文化和经学有了坚强的人性根基和人生命的内在根据。这一章首先通过探讨扬雄人性论提出的学术背景，明确“性善恶混说”提出的现实需要。其次，通过详细分析扬雄的人性论，阐发玄道下贯世间万物的过程中，赋予了人和万物仁义礼智信的五常之德，成为人性当中善因的根基，而这正是人之向善与礼乐文化得以推行的生命内在根据。最后，该文通过对人性当中善恶因素的全新检视，明确了人能够通过修善而成圣。

第四部分，经学语境下的人格期许。该部分指出，在扬雄看来，基于世界万物本原的玄造化大千世界过程中赋予万物的仁义礼智信之性的善的因素，人人拥有了成圣成贤的足够根据。成圣，也就成了人的终极应然追求。基于《法言》的文本，该部分主要通过对“也潜”“睎圣”“择师”和“学行”四种修养践行工夫的梳理，指明了扬雄涵养圣贤气象，成就圣贤人格，实现圣贤人生，担荷天下与未来的人生价值期许，阐发了扬雄睹圣成圣的修养途径。

第五部分，士人生命主体意识的全新自觉。该部分主要揭示了扬雄睎圣成圣，撰《太玄》、作《法言》，为经师、王师和民师而担荷天下和未来，体现了扬雄的高度生命主体意识自觉，昭示的则是士人生命主体意识自觉。这一自觉的精神实质，即士人乃至所有人，应当接通宇宙根基的玄，以及由玄而来的仁义礼智信之德之性之道，成就玄人合一、天人合一的圣之时者。这种人格的期许，既是对自己的，又是对士人群体的。他创作《太玄》，让自己成了当代的伏羲、文王和孔子；又作《法言》，让自己成了新时代的孔子和其得意门生颜渊等，以此期许士人努力去做圣之时者，士人的生命主体意识自觉大显，士人的生命主体担当一览无余。该部分进一步指出，董仲舒所代表新兴的士人阶层，以经典合法解释者的身份，充当经师和王师的角色。但相较于扬雄而言，他们缺乏进一步的生命人格自信，至少没有看到他们期许圣贤，直担天下和未来的气魄，在这一点上，扬雄的生命主体意识无疑达到了历史性的制高点，在中国文化的历史长河中闪耀着不朽的里程碑意义。文章最后扼要叙述了这一主体意识自觉对后代士人，尤其是对王通、韩愈和周敦颐及宋明理学家所产生的重大影响。

该文基于汉代经学的语境，结合《太玄》宇宙图景的构建，以人性论为基础，揭示扬雄思想所展现的士人生命主体意识自觉，分析其《太玄》和《法言》的写作缘由，在于揭示在玄道通贯人道的过程中如何成就圣贤人格，如何在挺立士人生命主体担当的过程中推动社会的和谐有序，彰显其宇宙天下的终极人文关切。纵观整个中国古代哲学史，《法言》相对于《太玄》而言，《法言》具有唤醒后代士人主体意识的意义，该文对《法言》与士人生命主体意识的阐述，对今后扬雄《法言》研究提供了重要的参考价值和意义。

《**扬雄与王充天人思想的比较研究**》，姜晶晶著，山东大学2016年硕士学位论文。指导老师：苗润田，山东大学教授，博士生导师。

扬雄和王充天人学说所要探讨的问题，主要包括何谓天、人及天人之间的关系等几个方面。

第一部分认为，“天”的问题是中国哲学中的重要话题之一。关于“天”是什么，两汉思想家普遍给出了价值之天和自然之天两种回答；由于对天的理解不同，形成了神秘化和自然化两种天道观。扬雄和王充都认为天体是客观存在之物，所不同的是扬雄推崇浑天说，王充推崇盖天说，但不论浑天还是盖天，自然之天在他们二人的理论中都不具备人格色彩。然而就价值之天而言，扬雄仍承袭了汉儒将天神秘化的传统，使天有了双重意涵，相比较而言，王充更加彻底。在天道观问题上扬雄视天道为“玄”，认为“玄”是最高本原，肯定“玄”的无上地位，“玄”通过“措摛阴阳”而“发气”从而衍生天地万物。王充视“天”为本原，认为“天地合气，万物自生，犹夫妇合气，子自生矣”。他们二人都谈及“元气”，所不同的是扬雄之“元气”是小于“玄”的存在，王充之“元气”只不过是气中比较精微的部分而已，二人的衍生论都强调阴阳二气在万物衍生过程中的重大作用，但王充的“气”含义更为复杂。

第二部分认为，扬雄和王充二人都认为人在宇宙中有着尊贵的地位，人的认识源自耳目闻见并通过必之辨识和现实的验证最终获得。人的道德理念、道德自觉在人生实践活动中的意义、人性善恶等问题既是先秦哲学家所广泛关注和讨论的问题，也是汉代哲学家们普遍关切的理论问题。他们二人对这些问题都有深入地思考并各自提出系统的人学理论。在人性问题上，扬雄认为人性善恶相混，但又有性善论倾向；王充认为人性有善有恶，并将人性分成上中下三种类别，可见王充思想里包含着人与人本性的不平等。扬雄和王充都提到“气”的作用，但两者诠释“气”时完全不同。二人虽持有不同的人性论，但都认为人性可通过后天的努力而改变，比如改变生存环境、进行教化学习等，人性最终必定走向善的一端。从某种意义上说，扬雄的人性论在极大程度上影响了王充。

第三部分认为，在天人关系问题上，扬雄受儒家思想影响主张“和同天人”，王充受黄老道家影响主张“与天合同”，二人都把天人合一作为自己的理论重心，只不过表达方式有所不同。但是二人都对谶纬迷信、神仙鬼怪的存在进行了激烈的批判，从而成为异于董仲舒天人感应神学目的论的天人学说。扬雄主张“质干在乎自然，华藻在乎人事”，强调真正的天命不可违，但更多事由人决定，更加突出人为因素。王充将天视为自然之天，否定天的人格神力量，反对天人感应的无稽之谈，但他又将“自然之天”和“命定说”相连，使其天人思想具有不彻底性和自相矛盾之处。扬雄和王充二人思想都有各自的闪光点，也各有不足之处，对后世产生了不同的影响。然而不可否认的是，两人能在儒学神学化的思想背景下脱颖而出，其思想中所含有的批判意识和理性精神足以让人崇敬。

第四部分认为，扬雄和王充在天人理论方面的思想差异，首先是由于二人先天所形成的气质之不同，扬雄喜静思，王充好辩论。其次，是二人受儒道影响程度不同，扬雄偏向于儒，王充偏向于黄老道。再次，两人的人生际遇有所不同，二人思想受时代背景影响很大。也因如此，尽管二人性格、教育、际遇均不相同，其思想也有着显而易见的相同之处。扬雄和王充处在共同的大时代，也有各自的小时代，他们的理性洞悉了时代的弊端，这使得二人的思想在百年之后形成共鸣，也可以是延续发展。就扬雄和王充天人学说在各自思想体系中的地位而言，扬雄的《太玄》讲天、《法言》谈人，天人问题可以说是扬雄哲学的基本内容；王充《论衡》的宗旨“疾虚妄”，天人问题在王充那里不过是“疾虚妄”的手段，并不能成为《论衡》的目的。

扬雄和王充都生活在汉代，将二人放置于汉代思想的大背景下进行比较研究，可知其理论来源具有一定的共性，在天人理论上也存在着某种程度的继承和趋同，因此，两者思想具有很大的可比性。该文将扬雄和王充的天人关系思想进行比较，对二人思想之间的共性和个性进行探究，明确二者之间思想的传承，进而深化对汉代哲学的认识，有利于深入了解中国古代天人思想的发展脉络。

《**扬雄的政治思想**》，张鹏著，2007年中国政法大学硕士学位论文。指导老师：杨阳，中国政法大学教授，博士生导师。

该文除引言外，分为四个部分。

第一部分，扬雄其人及其著作。这一部分阐述扬雄一生勤学，学问精深，扬雄的一生是知识的一生。扬雄的著作中与政治相关的有《太玄》和《法言》两部。虽然《太玄》对后世易学有深远影响，但这并不是一部卜筮之书。《法言》是一部模仿《论语》而作的语录体著作，在后世流传的比《太玄》更为广泛。

第二部分，扬雄政治思想的理论基础。该文指出，首先，扬雄模拟《周易》作《太玄》，并假设了一个宇宙模型，进而对人性有了更为客观、现实的认识，最后形成了重人事轻天意的人性论。正是由于有这些独特的知识理论，才有了复杂独到的政治见解。

第三部分，扬雄政治思想的内容。该文指出，在治国主张上，扬雄传承了传统儒家的仁治思想，做出了新的发展又融合了道家的以道德统治的精神，为扬雄的儒学治国思想进一步完善在乱世扬雄主张退而避害保身，在具体的治国策略中，更多的主张以礼治国，进而改善西汉衰败的政治气象，他提出了一系列偏于温和的改革主张在民族关系上，他主张和平相处。由于扬雄有“与天地配其体”的宇宙论，所以不难理解扬雄的政治主张都是偏于中庸，强调教化的。他反对用暴力手段，主张和谐统一。

第四部分，扬雄政治思想的影响及评价。该文指出，扬雄的政治思想主要有两个方面的影响。一方面，《法言》表现的对董仲舒和解读谶纬经学为代表的神学目的论的怀疑和不满，为后来的唯物主义哲学家所继承和发扬，促进了我国唯物主义哲学和无神论思想的发展。另一方面，扬雄在《法言》中所表现的捍卫正统儒学的精神，对后世儒家道统的建立产生了重要作用。

该文从政治思想的视角出发，通过对扬雄的著作的研究来归纳扬雄的政治思想。该文先探讨了扬雄知识结构，分析了扬雄思想的儒学理论基础，再从政治主张和治国见解等方面，总结扬雄的政治思想，进而发现扬雄的政治思想的特点是偏于中庸、温和而强调教化的。该文不同于以往的哲学、儒学和史学研究，而在于在前人的研究成果基础上对扬雄思想中与政治有关的各个方面，做了一个比较全面地总结，进而发现其中的联系，以便对扬雄其人其思想有一个整体的把握。

该文从扬雄的主要著作《太玄》和《法言》出发，从宇宙论、人性论和认识论三个方面把握其政治思想的理论基础，再阐明他“以仁用人”的思想，和鼓之以德、征之以仁义的思想，结合扬雄的政治保身态度，再谈到扬雄的政治见解，如等级观念、礼治思想、改革主张、民族关系问题等。然后，从扬雄对反对谶纬的贡献和承前启后的儒学影响来简要评价他，也揭示了他与政治若即若离的独特的知识人生。

《扬雄〈法言〉思想研究》，张庆伟著，2008 年山东大学硕士学位论文。指导老师：王新春，山东大学教授，博士生导师。

第一章，广评诸子，归宗儒家。该文对于诸子的品评是从两个立场入手的。一种是学术性的，即“小诸子”而崇经尊儒的思想。批判名辨之学，认为辩者自辩而已，辩己志以成己性并自别于诸子。另外一种是政治性的，即用“仲尼之道”治国，“正而不它”。对于法家与道家的品评则是以政治性的立场为主的。继承汉初的“礼法之争”，批判法家思想。特别是申韩之术，认为其是不仁之至。主张以礼治为根本，但不否定法治在社会生活中的作用，这是对先秦孔孟思想的修正。对于道家则是有所取而有所不取。取于其道德观念，反对其绝灭礼学的思想。虽然品评诸子之时涉及道家思想，其实他认为道家是在诸子之上的。“援道入儒”反映了道家对于其思想的深刻影响，亦是其对于新的统治思想的积极探索。他崇经尊儒，赋予“儒”以新的内涵。并在这个基础上重新厘定了儒家经典的范围，凸显了孔孟之道。进而确立了儒家的传世之统。同时对儒家的基本思想给予了概括性的论阐。

第二章，论述天人性命与内圣外王之学。该文认为，扬雄从道家的自然之天的意义和荀子的“明于天人之分”的思想中得到启发，把“天”还原成自然的天，“人”则从天和神的威权中解放了出来。扬雄将“人为”提升到几乎与“天”平列的地位，重视“人为”的作用，进而否定宿命论的天命观。既然“天”已是自然的，那么生死也就是自然之道了。扬雄否定和批判了谶纬迷信及神仙方术的虚妄，并折中孟子和荀子的人性论，提出了“善恶混”的人性新论。该文亦论述了“气”在人性论中的意义。这种动态的人性论，提高了“师道教化”在成善去恶过程中的作用。也进而推导出儒家内圣外王的“一贯”之道。内圣成德则“孔颜之乐”在其中，发而为“为政治国之道”则能成就“中和”的和谐社会理想。

第三章，由《法言》引起的关于扬雄人格品质的辩论及其流传与影响。该文指出，以王莽篡汉为界，扬雄在篡汉以前的作品以规箴为主，篡汉以后迫于压力则以讽劝为主。《法言》对东汉思想的影响很大，到了唐朝，人们即以与孟子相提并论，宋代学者对扬雄学术的研究更加广泛，并由此引发了对于扬雄人格品质的辩论。

就《法言》一书来看，学界研究的问题主要有以下五个大方面：首先，即是道家思想对其思想的影响。该文所谓的“援道入儒”，以及新的“天命观”即是其中的小问题。其次，是对于孔、孟、荀思想的扬弃。对于这方面思想的研究还略显不足。该文认为，扬雄虽在品评诸子的出发点上偏向于孟子。但是纵观其思想的脉络，则隐约着对荀子“明于天人之分”的思想的贯彻，主要表现在天命观上的重视“人为”，在人性论上重视师道教化的意义，而对于谶纬迷信的批判更是本着明“天人之分”的理念的。再次，是对“善恶混”的人性论思想的内涵、源流的分析。最后，是扬雄对美学理论和文学理论的影响。该文尽管篇幅有限，但对于一些问题的研究和阐述仍然很有创见，对其他学者对扬雄《法言》研究提供了一定的参考价值。

《**〈法言〉伦理思想研究**》，魏然著，2009 年中南大学硕士学位论文。指导老师：吕耀怀，中南大学教授，博士生导师。

该文主要采用文献研究法和比较研究法，去探究《法言》中蕴藏的丰富的伦理思想。首先，该文阐述扬雄的人性论，即“人之性也，善恶混。修其善则为善人，修其恶则为恶人”。扬雄认为人的本性不能决定人的善恶，而最终决定人性善恶的，只能取决于后天的修养。扬雄认为主体的自觉在道德修养中起着决定性的作用，强调立志学习是向善成为君子的必由之路。从而发展了儒家的人性论思想，这具有创新性，也构成了《法言》伦理思想的基础。

其次，该文认为，在个体伦理思想方面，扬雄提出了“强学力行”的修身观，要求君子努力学习“圣人”之道，加强自我修养，确保一直向善，丰富了人性论思想。扬雄提出了“明哲保身”的处世观、主张知识分子在禁网森严的封建专制时代，要选择通达有智慧的方法，保身全生。

最后，该文认为，在社会政治伦理思想方面，扬雄提出了“导之以仁”的德治思想，认为治国只要用仁义、廉洁、正道、礼仪教化民众，民众就会多美德能礼让。扬雄提出了“莫尚于中和”的政治观，主张中和，反对武力扩张，主张以德服天下。扬雄劝谏统治者要树立“审其思教”的民本思想，体察百姓忧苦。扬雄提出了“与众弃之”的缓刑思想，主张缓刑，先教后杀，推崇教化，以减轻民众痛苦。

《法言》是扬雄模仿《论语》而创作的一部语录体哲学著作，它力图运用正统的儒学观点去批驳诸子之说、以及违反“圣人”之教的一切言行，解时惑，答人疑，以澄清当时人们对儒学认识的迷误，来维护儒学的伦理道德价值标准。

扬雄的《法言》，是其一生学术成就的总结。作为全书核心的伦理思想，是儒家伦理思想经周秦汉以来长期演变发展的重要成果，具有承前启后的独特历史意义。《法言》扬孟抑荀的倾向，对儒家伦理思想的发展影响深远，是中国传统伦理思想史上的关键环。

研究《法言》伦理思想，对于了解西汉后期伦理思想状况，对于了解儒家伦理思想演变情况，对于研究中国传统伦理思想具有重要历史意义。

扬雄在主流儒学已经官方化、僵化的西汉后期，能够不随波逐流，而是在前人学说著作的基础上，独立思考并提出见解。他重视理智、反对迷信的倾向，直接影响到东汉桓谭等人。他抬高孟子地位，进一步强化儒家传统中的政治道德化思想，也对后世以韩愈为代表的思想家产生深远影响。

《法言》的伦理思想内容极为丰富，它关于“强学力行”的修身观、“明哲保身”的处世观、“宁亲”“宁神”的孝道观等个体伦理思想，以及“导之以仁”的德治思想、“莫尚于中和”的政治观、“审其思教”的民本主张、“与众弃之”的缓刑思想等社会伦理思想，对于构建社会主义伦理思想体系，建设社会主义和谐社会，具有较重要的参考意义。

《**〈春秋繁露〉与〈法言〉的比较研究——兼论西汉中后期学术思想的发展走向**》，王瑞卿著，2012 年山东师范大学硕士学位论文。指导老师：王克奇，山东师范大学教授，硕士生导师。

该文正文分为四部分。

第一部分，《春秋繁露》与《法言》成书背景比较研究。董仲舒和扬雄是影响儒学和汉代思想发展的重要人物，因而二人的代表作《春秋繁露》和《法言》也便成为影响汉代儒学和思想文化发展的重要著作。由于董仲舒与扬雄所生活的社会环境不同以及二人生活经历的差异，故而造成了《春秋繁露》与《法言》两部著作成书背景的迥异。该文在这一部分主要探讨《春秋繁露》与《法言》成书背景的差异，旨在为后人研究二人主要思想主张的差别打下一个基础。

第二部分，《春秋繁露》与《法言》学术思想比较研究。就《春秋繁露》与《法言》的内容而言，要确切地划分它们之中的学术与政治思想是有难度的，因此，该文就自身对这两部著作的认识，将它们分成学术思想与政治思想两部分进行比较。由于这两本书当中涵盖的内容较多，涉及的范围较广，并且目前已有许多专家和学者做了较为深入的研究，因此，对于其学术思想，该文只是从中选择几个方面进行简要论述，重点在于对两部著作进行比较研究。

第三部分，《春秋繁露》与《法言》不仅在学术思想上存在着差异，就其政治思想而言，也有着许多不同，该部分主要是从政治思想的角度，探讨两部著作存在的差异。

第四部分，该文由以上三部分的论述指出，成书背景的不同造就了各具特色的学术思想与政治思想，而学术与政治本是各自独立的思想体系，却在董仲舒的《春秋繁露》开创新儒学后结合得过于密切，甚至使学术沦为为政治服务的工具，严重危害了学术作为独立思想体系的地位，这时便出现了希望通过自己的身体力行纠正儒学在发展过程出现偏向的扬雄及其《法言》。由董仲舒的《春秋繁露》到扬雄的《法言》，之所以存在着种种差异，最根本的原因还在于社会需求的变化，正是这种变化，恰恰反映出学术思想在汉代的发展演变趋势：由政治功利化向学术本位的回归。

目前学术界对于西汉中后期儒学发展走向问题的研究较为薄弱，更没有人以《春秋繁露》与《法言》的比较研究作为视角，展示这一阶段儒学的发展。该文通过这一角度进行探讨，旨在通过对这两部著作的研究，揭示该时期儒学的基本面貌和发展的走向，以期透过这一研究更好地了解西汉新儒学向谶纬之学以及东汉末年玄学的演变，归纳出带有规律性的东西。近年来兴起“儒学热”，反映了对现代社会前途的焦虑及对儒家传统文化的再认识。《春秋繁露》与《法言》的思想不仅对现代政治有所裨益，其中还有提倡社会和谐、身心和谐、人际和谐以及人与自然和谐等思想，因此对《春秋繁露》与《法言》的研究，对于了解儒家文化的精华、建立和谐的社会具有重要的现实意义与作用。

《扬雄思想三论》，连洁雨著，河北大学2015年文学硕士学位论文。指导老师：李金善，河北大学教授，博士生导师。

该文从“以智远祸”“顺世思想”“文章成名”三个部分，揭示扬雄处世哲学和价值观中富于个人色彩的关注现实、汲汲世用的方面，而这正是学者扬雄复杂矛盾人生中永恒不变的特质。

第一部分，“以智远祸”。该文指出，《太玄》的写作是扬雄对“以智远祸”的践行。《太玄》是扬雄依仿《周易》体例写成的一部重要思想著作，它的出现是扬雄在周、楚、蜀文化浸润中所形成的文化承当意识，西汉末年危乱的客观政治局势以及皋陶、箕子等先贤事迹对扬雄所起的借鉴作用，这三个方面共同作用的结果。

第二部分，“顺世思想”。该文认为，顺世思想是扬雄一生重视修习、顺应时势的根本原因。《剧秦美新》是一篇备受争议的作品，该文跳脱出此前研究围绕道德层面的批评和维护，结合扬雄晚年经历和当时的社会背景，解析这篇作品的思想性，认为其是扬雄晚年顺世思想的重要载体。

第三部分，“文章成名”。该文认为，扬雄融合儒、道、易三家对“名”的论述，形成追寻“德名”的价值取向，并将之纳入文章创作的根本理念中。这体现在他注重汲取经典之精义，喻于世用，表现人文关怀，在模拟文风中独树一帜。此外，扬雄的文学作品于思想关怀、艺术风格、选材行文上，均有其深刻、现实的独特之处。扬雄文名的树立还同他对真、善、美的执着追求，对前代优秀文化成果的学习以及对现实生活的关注和热忱密不可分。

扬雄由于对“德名”的追求而自觉以“文章成名”为价值取向，在作品中阐扬前代圣贤所著经典之精义，同时融入对现实社会的思考与关怀。这种关注作品价值和承当的意识对于当代社会仍然具有积极的借鉴意义。扬雄在学术道路上有自己明确的追求，不随波逐流，于治经学独有心得。他曾说：“观书者譬诸观山及水，升东岳而知众山之逦迤也，况介丘乎？浮沧海而知江河之恶沱也，况枯泽乎？舍舟航而济乎渎者，末矣；舍五经而济乎道者，末矣。”扬雄对于传统优秀文化有着一份与生俱来的特殊情感，这使得他于文化传承有一种责任感和使命感，成为他不懈创作的力量源泉。扬雄不是一个不问世事，沽名钓誉的隐者，扬雄的处世哲学虽然于道家多有所取，但他仍然保有对世道正直而良善的愿望和关怀。

《**扬雄新思想及其对陶渊明的影响研究**》，隋萍著，2017年山东大学硕士学位论文。指导老师：李剑锋，山东大学教授，博士生导师。

该文绪论部分主要探讨本题的选题背景、意义、研究现状以及创新点和开拓空间。第一章介绍扬雄的生平和著述情况。首先，该文对扬雄怀才不遇的一生做了简要介绍，突出了他淡泊名利、专心治学的哲学家精神。其次，该文对扬雄的治学领域、治学方法和重点著作进行了考察。扬雄治学的重点并不在于辞赋和语言领域，而是在政治和哲学领域，扬雄的治学方法也和当时独尊儒术、皓首穷经的儒生不同，而是“博览无所不见”，并能跳出章句之外，刻意领会其精义，并根据自己的观点进行取舍。《法言》和《太玄》是扬雄巧尽毕生心血精心撰写的两部巨著，集中体现了扬雄的政治和哲学观点。

第二章重点分析扬雄是如何与以董仲舒为代表的儒学家唱反调的。这主要表现在两个方面。首先，扬雄打破了“天命”“天意”加在人们身上的枷锁，强调人的主观能动性，否定董仲舒将君权绝对化、神圣化的天人合一、君权神授的学说，起到了解放人性的作用。其次，扬雄鼓励士人追求自己独立的人格，否定董仲舒提出的“君为臣纲”，在仕与隐的问题上，扬雄提出了明哲保身的主张，反对愚昧地效忠君主。从西汉到魏晋，士人能够从忠心耿耿地维护大一统政权的心态中解脱出来，走向自我，扬雄是开了风气的。

第三章重点探讨扬雄对人生价值的探索。该文指出，扬雄对人生价值的探索共分三个方面，首先是对生死的看法，扬雄认为生死有其固定规律，修仙和鬼神不能延续生命，所以应该贵己重身，不要过多执着于青史留名。其次，扬雄注重自身学养的提高和修身向善，反对那种因为人生苦短就一味寻欢作乐的态度，并为后世树立了典范。最后，扬雄认为，应该培养自己的兴趣爱好，他看淡物质享受带来的低层愉悦感，重视精神的愉悦。

第四章重点探讨陶渊明对扬雄思想的认知和接受。该文指出，陶渊明直接接受了扬雄的政治哲学思想，也接受了扬雄的人生价值观念。这一点，该文主要分四节论述。第一节重点探讨陶渊明接受扬雄的可能性，一方面，陶渊明的诗文有许多直接化用了扬雄的文章，另一方面，陶渊明受到了时人对扬雄评价态度的影响。第二节重点探索陶渊明在生死观上如何接受了扬雄的影响，指出面对生死，陶渊明接受了扬雄认为生命运动自有其规律的主张，应该在修身向善的同时委运任化，顺应自然，而且他对死亡的理解比扬雄理解得更为透彻。第三节重点探讨陶渊明在仕隐观方面是如何受扬雄影响的。决定陶渊明出仕与否的关键有两点，一是扬雄所说的“时”的问题，即得其时则仕，不得其时则隐。二是对田园生活的热爱，即扬雄所向往的冲破束缚、自由自在的生活。

第四节重点分析扬雄重视精神世界的满足的观点如何影响了陶渊明苦中作乐，在躬耕陇亩中体味到劳动的快乐。

该文认为，在思想意识方面，扬雄是对陶渊明影响极为深远的人，鉴于目前学术界对扬雄哲学思想的研究比较薄弱，文章的重点是通过《太玄》《法言》两部著作，研究扬雄的政治、哲学思想，研究它对以董仲舒为代表的汉代新儒学的悖逆，进而探索扬雄对陶渊明的直接影响。研究扬雄思想对后世学术和学者的影响，肯定扬雄思想在中国学术史上的重要地位和深刻意义，对于扬雄研究具有很高价值。关于扬雄思想对陶渊明的影响，该文进行了深入地分析和探讨，不仅丰富和拓展了相关领域的研究内容，也为其他学者的研究提供了参考。

第三节　期刊论文

《扬雄思想平议》，吴则虞著，《哲学研究》1957年6期。

吴则虞（1913—1977），著名文献学家，词学家。

论文总共分为四个部分。第一部分，探讨了扬雄的出身和部分人生经历，并结合史料，分析了不同时期的经历对扬雄的创作思想、爱憎情感的影响。根据《汉书》和扬雄有关作品的记载和比对，该文总结得出扬雄出身没落的中小地主，这决定了扬雄日后始终保持着同情人民或接近人民的态度。西汉后期，由于统治集团对农民工奴进行残酷的剥削，社会矛盾日益尖锐，作为没落的中小地主出身的扬雄，对统治集团的憎恶与反抗，也表现在他的作品中，例如，“反离骚”影射了京兆尹王章被下狱而死，“甘泉赋”和“河东赋”规劝汉成帝爱惜民力，“羽猎赋”提出“养民”和“扰民”两个问题……吴则虞先生从扬雄委婉隐晦的词句中，细致入微地找出他关怀人民的蛛丝马迹，并总结出扬雄的真正目的是反对剥削人民、残杀异己的统治集团，可见，该文并没有人云亦云地认为扬雄投靠了外戚势力，而是通过严谨的考据，得出更加合理的结论，体现了严谨的治学精神。

第二部分，从"太玄"之所以艰深晦涩入手，分析扬雄决定使用这种体裁和风格的原因，是由于他所处时代的政治背景所决定。当时外戚集团屡次制造残杀异己的大屠杀案，扬雄身边自然笼罩着阴暗恐怖的氛围，所以，面对世人的疑惑和询问，扬雄只是提出"贵知我者希"和"知音者之在后"的愿望，并未给当时疑惑的世人更明确的解答。这"知音在后"的愿望，虽然在一千多年后，被宋代的曾巩、清代的陈本礼等人实现，论断扬雄的《太玄》是"刺莽而作"的著作。但该文并未满足于前人的解答，又根据历史材料考订扬雄写书的年岁，并依据书里所影射的对象、所谴责的内容、所涉及的问题，分析得出太玄的锋芒，不仅是指斥王氏集团，更主要的是丁、傅、董贤等势力。从《太玄》中的词句中，该文逐一分析、探讨，更体现出实事求是的作风。而对《法言》的解读，该文不仅以旁观者的角度，实事求是地进行分析，也试着站在扬雄的艰难立场上，理解扬雄的情感和思想。该文发现，《法言》中，有若干地方是对王莽的诅咒和谴责，也是倾诉自己哀痛的委婉之语。《法言》是西汉王朝的挽歌，也是他一部沉痛的忏悔录。

第三部分是全文的重点，也是精华所在，是该文生针对唐宋以来若干学者，从政治上和哲学思想上对扬雄的否定，进行的反驳。对扬雄人格的否定，认为他是"变节文人"的典型代表，前几部分已经进行论述，而关于扬雄在哲学思想上是否有成就，该文首先从无神论谈起。通过对今文家和统治阶级，利用迷信思想欺骗和愚弄人民的手段进行揭露，以及列举详尽的史料进行分析，揭示了扬雄的反迷信思想。该文进而分析得出扬雄对于天道自然观的论证，继承了古代“天命棐忱”吉凶在人不在天的论点，否定了统治阶级“天命”“神权”的谰言。又指出扬雄初步阐述了宇宙万物发生发展的客观规律，批判了董仲舒以来“五德终始”和方士家“长生久视”的邪说。但该文并未因此就断言扬雄是无神论者，该文经过探索，发现扬雄在有些场合，也会有意无意地宣传“天道”“鬼神”和“享祀”等问题，甚至在扬雄的作品里，也没有清除封建神学的色彩，所以，该文指出，扬雄思想里虽有了一些唯物主义的因素，而不是彻底的真正的无神论者。

其次，谈到太玄的体系问题，扬雄改变过去“由天道下推人事”的次序，提出“由人事上推天道”，以人事为基础以上应天道。太玄虽是一部易“稽览图”的再创作，以“京房卦气”“洪范五行”为骨干的卜筮之书，但扬雄不谈灾祥，不信妖妄，建立了完整的“以人占天”的新体系。该文经过仔细考据，明确指出，不管是“以天占人”或是“以人占天”，同样是落到“天人合一”的窠臼之中。毕竟，扬雄认为天（玄）是世界的某种作为万物之基础的根源，万物之生，是这个东西在冥冥中支配着。

再谈到社会发展变和不变的问题，该文也辩证地看待扬雄的思想。扬雄虽然主张变，但他关于变的看法，是和“不变”结合在一起。是在“袭”和“因”的基础上进行某些改良，而不是破除旧的揭开新的；是允许在局部方面，适当地予以变通损益，而不主张进行根本性的推翻变革。对扬雄思想自身的矛盾性，吴先生也是直言不讳：扬雄在政治上，虽是也赞成“限田”，赞成“免人役”，但在另一方面，他又极端的主张保守，主张要“合乎先王之法”和“圣人之言”。所以，该文指出应该承认扬雄的思想里的历史进化观，而在他的周围，又堆积了许多封建糟粕。对这一思想的根源，该文认为，除了受着正统的儒家思想的影响之外，和扬雄的阶级本能以及长时间脱离人民过着“仕宦”的生活，过分强调个人和知识分子在历史上的作用都是有关联的，所以导致扬雄对一些问题产生的错误论断。

最后，谈到扬雄有关人性论的问题，该文通过与孟子、荀子、世子、告子的人性论逐一比较和分析，指出扬雄认为性的形成，不是先天的，不是“与生俱来”的，与孟子、荀子、世子等先天决定论者毫无共同之处。扬雄和告子都认为，人的本性无分为善恶，但告子没有明确解释“决”为何物，而扬雄提出了后天的“修”和“气”的问题，比告子更进一步。

该文在严谨解读扬雄作品时，也明确指出了扬雄与孟子、荀子的分歧：孟子的“学”，为了保持与生俱来“赤子之心”的善性。荀子的“学”是为了“化性起伪”纠正与生俱来的恶性。“学”仅是起着辅助或纠正的作用，而不是形成或决定人性善与恶的关键。而扬雄把这个“学”看成为“适善恶”的“篇”（气），肯定它是所以使人为善、所以使人为恶的物质力量，是人性善恶分途的枢纽。随后，该文指出，虽然扬雄认为，“气”能决定人性的善恶，但扬雄没有深入解答与之相关的其他问题，最后竟又回到正统儒家的说教之中，回到神秘主义和神学之中。

该文引用马克思《费尔巴哈论纲》中的一段批评，作为对扬雄的人性论作最后的评定。而该文的评价，也十分准确：扬雄的人性论，是古代到中世纪过渡时期思想界光辉的新标志。在扬雄思想里只有人性论的问题更接近于唯物主义，可惜被后来的一些人把他曲解了。

第四部分是一些综合性的说明，对论文内容进行了概括和补充。

吴则虞先生的《扬雄思想评议》，对扬雄所处时代背景进行了考察，分析了特殊的人生经历和社会政治环境对扬雄思想的重要影响，进而对扬雄做出更加合理、公正的评价；阐述了扬雄的哲学思想，并指出扬雄思想中所包含的唯物主义成分，肯定了扬雄在这方面做出的贡献；分析了扬雄思想的学术渊源以及对后世的影响，指出应当重视扬雄思想的重要价值；指出了扬雄著作中保存的古代的典籍内容，认为扬雄思想和著作中还有很多值得开发和研究的内容，从文献学的角度，肯定了其重要价值。

该文作为1949年以来第一篇对扬雄思想进行全面、系统论述的文章，其重要意义不仅体现在对扬雄思想所做的评议，更体现在对后世学者进行扬雄研究的启发上。文中提出了不少有价值的观点，但篇幅所限，未能详细展开论述，但在后世学者对扬雄的研究中，不少学者对本文中提到的问题和方面，进行了更加细致和严谨的探讨，进而推动了扬雄研究的发展和深入。相信在今后的扬雄研究中，会有更多重要成果得以问世。

《跋扬雄〈法言〉卷十、卷十一》，白寿彝著，《北京师范大学学报（社会科学版）》1963年第3期。

白寿彝（1909—2000），回族，河南开封人，著名历史学家，教育家，《光明日报》创办者之一。

该文指明扬雄的历史观点属于正宗学者，对《法言》卷十、卷十一中的“议论”所进行的分析，也一分为二地加以解读。“这两卷中的议论，如以六国之亡归之于时激（时事之相激）、地保（地势险要之保卫）和人事的具备，论秦汉兴亡由于天（历史条件）人（人谋）的具备，论李斯之非忠，都跟太史公的论断相似。

然称赞石庆，反对游侠，反对陈胜吴广，这都是跟太史公对立的，表达了正宗学者的立场。”通过对《法言》卷十、卷十一的“议论”进行分析，并结合扬雄与司马迁立场的异同进行比较，客观阐明了扬雄的立场属于正宗学者的观点。

对于扬雄是否继司马迁续撰《史记》的分析，结合《史通》《古今正史》和《汉书》，就《汉书》对《法言》的引用文字数量进行仔细比对，不仅没有盲从《史通·史官设置》和《古今正史》“言扬雄继太史公续撰《史记》”的说法，也从引用文字数量的角度，进行分析和探讨，体现了该文实事求是的研究态度和严谨求实的学术精神。

该文通过《汉书》对《法言》的引用文字数量进行比对，却没有明确给出自己的结论，对于扬雄是否继司马迁续撰《史记》的说法也不置可否。“多闻阙疑，慎言其余，则寡尤。多见阙殆，慎行其余，则寡悔。”（《论语·为政》）这篇札记把问题提出来而不急于下结论，有几分材料说几分话，同样也是治学严谨的表现。

这篇札记也存在不足之处。文章本身的篇幅不大，无论是对扬雄立场的分析，还是对扬雄是否继司马迁续撰《史记》等问题的分析和探讨，都没有进行更加深入的研究，更像是把自己在史学研究过程中的心得和感悟进行简单的记录。当然，这也可能是白寿彝先生写这篇札记的初衷，在张剑平《略论白寿彝先生对〈史记〉的研究》中，曾提到“《史记》要求以‘通古今之变’的态度去看历史，这是跟正宗儒学对立的又一个方面，是跟后者所倡言‘天不变，道亦不变’‘古之天下亦金之天下’相对立的”①，白寿彝先生对司马迁的史学态度和史学立场是非常认同的，对司

① 张剑平：《略论白寿彝先生对〈史记〉的研究》，《回族研究》2002 年第 2 期。

马迁本人也很敬佩和认可。而白寿彝先生将正宗学者放在与司马迁相对立的行列中，可见，在他看来，正宗学者是属于观念保守、不知变通的学者。白寿彝先生又将扬雄列为“正宗学者”之列，说明他没有继续研究扬雄，可能因为扬雄的立场和观点与白寿彝先生本人的立场和观点不同。何况，1949 年至“文革”前，关于扬雄研究的学术成果并不多，也少有学者对此进行深入的探讨和分析，在学术界没有引起足够的重视，更多的是由所处历史条件的限制。

总体来说，作为新中国早期少有的扬雄研究的文章，白寿彝先生的一些富有创见的分析和解读，已经为当时和后世的学者提供了客观和新颖的研究角度和思路。白寿彝先生严谨扎实的学风，也为当时和后世学者做出了很好的榜样。这篇文章作为一篇学术札记，对白寿彝先生在史学研究的过程中，所获得的感悟和心得进行了记录，尽管也存在一些不足之处，但已经算是当时难得的作品，期待后世学者能从中获取有价值的角度和灵感，对扬雄进行更加深入的研究。

《**〈太玄〉学说初探**》，郑文著，《西北师大学报（社会科学版）》1979 年第 4 期。

郑文，西北师范大学教授。

论文大致分为三个部分，从《太玄》创作的现实意义、《太玄》的哲学体系、《太玄》所包含的唯物主义思想及唯心主义思想四个方面，对扬雄《太玄》学说进行了初步探索。第一部分从扬雄创作《解嘲》《解难》的缘由入手，联系当时的政治、社会背景，指出《太玄》的创作与社会现实密切联系。第二部分认为，《太玄》事实上是唯心与唯物两者结合起来的二元论，《太玄》是依据刘歆《三统历》建立其哲学体系，该文还解读了“玄”的概念，“玄”即为世界的物质根本；玄也是天，是自然而然的自然。第三部分一方面分析了扬雄思想中的唯物主义成分，例如扬雄对“浑天说”的认同，指出天不以人的意志为转移，处在永恒运动之中。另一方面，该文对扬雄思想中唯心主义的成分，也分析并指出了其局限性。例如，把世界上的事物都归准于历法，自不免凭主规的臆想并失之于简单与机械；只见事物由对立的转化而统一，而不见事物由统一而生长出新的对立，因此不可避免地把矛盾的转化局限于循环往复中。

该文注重对文献史料的引用与解读，不仅是《汉书》《太玄》等与扬雄相关的史书与著作，还包括西方哲学家的著作，例如《费尔巴哈与德国古典哲学的终结》等。论文的最大特色，当属对“玄”这一概念的解读与阐述，不仅联系当时的天文学与历法知识，还对《老子》和《周易》进行深入的研读，指出《太玄》的哲学思想包含唯物主义的成分。

《太玄》的学说，不仅有唯物主义的成分，也有唯心主义的内容，因此，郑文先生认为它是二元论的哲学思想。尽管将扬雄思想列入二元论的范畴，有待商榷，但给今后的《太玄》及扬雄研究，提供了重要的参考和借鉴价值。把《太玄》学说的研究继续推进，将是当代学者的重要使命。

《**太玄创作年代考**》，束景南著，《历史研究》1981 年第 5 期。

束景南，浙江大学教授，博士生导师。

扬雄《太玄》的成书年代，“自来都据《汉书》本传，认为于哀帝年间开始写作，成于何时，则皆莫能明，说各有异。自朱人开始提出《太玄》为‘刺莽之作’，《太玄》的成书年代便越来越往后推，而与好多重要问题牵缠到一起……扬雄与王莽的关系自来聚讼纷纭，而今人对《太玄》思想体系和扬雄哲学思想的研究和结论，都建立在这个对《太玄》成书年代的错误判断之上。因此考定《太玄》确切的写作年代，对理解《太玄》一书的内容，乃至正确认识扬雄其人，给扬雄以公允评价，都有重要意义，不可不辨清楚。”束景南先生首先罗列了众多学者对扬雄与王莽关系的看法和见解，对其“聚讼纷纭”的原因进行分析，论证了《太玄》创作年代考证的重要性。

该文驳斥了“《太玄》始作于哀帝年间，完成于王莽建新之后，是‘疾莽’‘刺莽’之作”的说法，认为《太玄》应是作于成帝末年，并引用《汉书·扬雄传》《解嘲》等著作的内容，不仅从史料中的用词展开分析，还注重从作者自身心迹和言论出发，进行论证，体现了严谨扎实的学风。

“哀帝时扬雄《太玄》已有经五千文（与今《太玄》同），说十余万言，则其写作当在成帝末年。”该文认同此观点，引用刘向《别录》，桓谭《新论》《艺文志》等著作，论证“扬雄作成《太玄》在刘向死前，即成帝末年”，而且与上文论证哀帝时扬雄“方草创《太玄》”，已有经五千文、说十余万言正合。

从史书中，对扬雄之子扬乌的记载，以及扬雄本人作品中的言论，特别是刘向《别传》详记扬乌与《玄》之事，可以证明三点：(1) 扬乌死于成帝年间，早于刘向，(2) 刘向生前熟知扬雄作《太玄》，(3) 扬雄在成帝年间已作《太玄》。此与萧该引《别录》所载《太玄》十二经目正可互相印证。该文经过严谨而细致地考证，已经推测出扬雄完成《太玄》的大致年代。

根据以上所考，再参照扬雄自叙思想的发展变化，便可以进一步推定出扬雄在成帝年间作《太玄》的具体时间。扬雄年轻居蜀时期，他的个人经历和严君平的影响，已经逐渐酝酿出“太玄”思想。扬雄自蜀来京师后，他的“太玄”思想日渐成熟，《长杨赋》有云，“且人君以玄默为神，淡泊为德”。这里第一次出现了“玄”（玄默），值得注意，标志他“玄”的最高哲学范畴的形成，是他思想上的一个飞跃。元延三年以后，据《扬雄传》可知，他由辞赋创作开始转到学术研究，大潭思而作《太玄》。“考扬雄凡极丽靡之辞的讽劝帝王之赋如《甘泉赎》《河东赎》《羽猎斌》《长杨赋》等，均作于元延三年之前，元延三年之后，绝不见其写过这类讽劝帝王之欺，这个事实正好表明，他在元延三年之后已主要在大谭思潜心撰写《太玄》了（当然不排斥他结合作《太玄》而写一些抒发个人心志情性的赋，但不是献给皇帝看的讽劝帝王之赋）。”通过以上分析，该文确定扬雄作《太玄》的时间，是在元延四年到绥和二年的三年中间。

虽然已推测出扬雄作《太玄》的具体时间，但该文又针对“《汉书》之《扬雄传》《艺文志》与刘向《别录》、桓谭《新论》记载《太玄》篇数和字数不同，历来不得其详”的问题，进行深入论证。对篇数和字数的考证和研究，需要联系不同作者和著作的所处年代和背景，因此颇为繁琐，需要研究者有极大的耐心和足够的细致。该文最后分析得出，“班固时《太玄》还不为世所称，但扬雄序定的十九篇具在未佚。直到东汉后期，十九篇本的《太玄》才开始为人注意，故宋衷、陆绩等专为十一篇本作注，另有将《太玄》经、章句集为一书的，这就是阮孝绪《七录》所载的‘扬子太玄经九卷，扬雄自作章句’。十一篇传的《太玄》序定本保存下来（除章句），而最初流行的十二篇传的《太玄》初创本遂不见于后世。明于此，史籍记载《太玄》篇数各异便迎刃而解。《太玄》篇数不同的两种本子的存在，更有力证明了扬雄在成帝末年作《太玄》的事实。”

该文的贡献在于，不仅论证了《太玄》作于成帝元延四年到绥和二年中间，章句作于哀帝年间，也进一步证明了“扬雄《太玄》及章句虽多有世路险恶、祸福吉凶难测之言，却绝不可能是专为反对王氏集团、影射疾刺王莽的微言大义之作”。其一，文中对以上问题的考证与论述，对后世学者进行扬雄研究有着重要参考价值；其二，该文作者严谨、细致的研究态度和治学精神，也为其他学者做出了榜样。

《**论扬雄的教育思想**》，谭佛佑著，《贵州师范学院学报（社会科学版）》1987 年第 4 期。

谭佛佑，贵州师范学院教授。

论文分为四个部分，分别从教育的作用、教育目的和培养目标、教育内容、教学原则和治学方法四个方面，比较完整且准确地解读了扬雄的教育思想。第一部分，扬雄论教育的作用。首先，该文从扬雄的人性论入手，“人之性也，善恶混”，阐述扬雄重视后天教育，关注如何改造人性使之去恶从善，提出“修性”“学正”“习是”的教育观点。其次，该文指出，扬雄还认识到“学”的重要作用，即受教育者乐于接受教育，努力认真从学。再次，该文认为扬雄认识到教育从培养人出发，与社会政治经济无不有密切的联系，而且对其产生着巨大的作用，进而提出“立政鼓众，动化天下”。第二部分，扬雄论教育目的和培养目标。这一部分从阐述扬雄所处的时代背景及其个人经历开始，进而提出扬雄强调对人的培养，即“学者，所以求为君子也”。对于培养君子，扬雄认为重要的在于懂得和实践“道”，即“大人之学也，为道”。君子如何去适正道扬雄提出要“取四重，去四轻。”就是“重言、重行、重貌、重好”，因为“言重则有法，行重则有德，貌重则有威，好重则有观”。反之“言轻则招优，行轻则招辜，貌轻则招辱，好轻则招淫”。第三部分，扬雄论教育内容。这一部分联系扬雄所处时代道德衰微的现实，指出扬雄强调以仁、义、礼、智等为主的儒家传统的道德教育，并就如何完成仁义等道德修养，提出一些符合道德教育规律的原则和方法。第四部分，扬雄论教学原则和治学方法。这一部分总结了不少有科学价值的教学原则和治学方法，如：学思结合、习行为上、言必有验、广博简约、新故相代、循序渐进、潜心专一。

论文的最大特色，在于对扬雄教育方法和经验进行了精辟的提炼和归纳。一方面，该文立足于今天的教育实践，采用实事求是、史论结合的方法，从史实出发，详细地占有史料，加以去粗存精、去伪存真，对扬雄不同方面的教育思想进行解读和总结。另一方面，该文结合现代教育理论的发展与马克思主义理论，从丰富的史实中揭示扬雄的教育理论，做到理论和史料的统一。全文连贯，条理清晰，便于读者理解扬雄的教育思想，窥见扬雄教育思想的全貌。

关于扬雄的教育思想，不仅继承了孔孟等教育家的宝贵思想和教学方法，也启发了后世教育者不断完善和发展我国的教育理论，谭佛佑先生对扬雄教育思想的重视和解读，对我们当世学者来说，有良好的借鉴和参考价值。追溯扬雄教育理论的思想渊源，论述其形成过程与发展脉络，考察其历史影响，最重要的是，立足当代的教育现状，从今天的视角审视扬雄教育思想的内涵和价值，将是当代学者研究扬雄教育思想的主要方向和重要责任。

《〈太玄〉与〈周易〉之比较研究——兼论扬雄在中国哲学史上的地位与作用》，韩敬著，《思想战线》1987年第5期。

韩敬，云南省社会科学院研究员。

该文首先从扬雄所处的时代背景和学术风气展开分析，也就是西汉中叶到末期，在一百余年间，知识分子都钻到极其浩瀚烦琐的儒家经典的章句训解中去。他们不想也不会著书立说，发表自己的思想了。绝大多数人往往也是一辈子抱住一部经典，还慨叹"皓首不能穷经"。当时学术思想界空气之沉闷，于此可见一斑。扬雄处于儒家经典绝对统治的环境下，虽然他没有也不可能摆脱儒家思想的影响，但他在学术上，却不是一个墨守传统、甘于寂寞的人，而是一个有所作为、有所成就的人。但自理学形成之后，由于在政治上和学术上都强调正统，扬雄明显地受到排斥和压制，于是几百年来一直被冷落。甚至直到今天，扬雄在学术思想史上的地位也还没有得到认真的研究和准确的评价。

关于《太玄》与《周易》的比较，该文首先从两者形成的历史条件进行分析。"《周易》是从占筮之书经过逐渐发展到具有了某种哲学意义，扬雄的《太玄》则是借用占筮的形式来表现他的哲学思想。"因此，两本书在形式与内容上有了许多不同。"比如《周易》认为，事物的发展过程是按一分为二的格式进行的。扬雄则认为，事物的发展过程是按一分为三的格式进行的。"所以，《易经》的卦画表现了二进制数0至63这64个数字，但它本身的排列都是杂乱的。它的任何一种排列方式都没有按次序表现出二进制数从0到63（或从63到0）的数字排列。《太玄》则不然。它的八十一首排列整齐，统一按照三进制数从0到81的次序排列。该文总结道："《太玄》和《周易》二书产生的情况以及它们的性质是截然不同的。"

其次，对《太玄》模拟《周易》而作，进行了分析。该文指出"《太玄》模拟《周易》，并不仅是模拟《周易》本身，而且受到了当时的《易》学，特别是《易纬》的很大影响。"西汉时期学术思想的一个重要特点是它的综合趋向。它表面上排斥诸子百家，唯我独尊，实际上却吸收了其他学派、特别是法家和阴阳五行家的许多思想，形成了"王霸道杂之"而又带有浓厚的神秘主义色彩的新儒学。因此，该文又说："《太玄》的思想来源不仅有《周易》以及当时的《易》学，它还受到《老子》的很大影响。它的最高范畴和中心概念玄，就是从《老子》中吸取过来的。"正因为《老子》的影响，使《太玄》和《周易》在思想内容上，特别是在世界模式的构造和宇宙发生论的内涵方面，显露出巨大的差异。以上分析，逻辑清晰，层次分明，可见韩敬先生对扬雄、《周易》的哲学思想，甚至老子的哲学思想，都有相当深入的研究。

对于《太玄》和《周易》世界模式的不同，该文也做了阐述和解读。首先，《易传》把天地看成是万物之所生的根源，在此基础上，将八卦和时间、空间联系起来，构筑了它的世界模式。而这种模式，相对来说，还是十分简单和粗糙的。比较而言，《太玄》的世界模式就成熟而复杂多了，扬雄认为玄是宇宙中最根本最原始的东西。玄首先发出阴阳二气，通过阴阳二气的运动才形成天地。世界上的一切事物都是由玄所产生，并且遵循玄而运动的。此外，扬雄还把他的这个世界模式和当时社会上流行的五行学说联系起来。他特别注重五行学说中的方位观念，把时间上的变化与空间上的转移结合起来，从而构成一个包含时间和空间，而万事万物蕴涵生息于其间的宇宙框架。尽管扬雄《太玄》的世界模式更加成熟和复杂，也并非毫无缺陷。韩敬先生指出，他就把一至九这几个数字与五行、方位、四季、时日、声律、颜色、气味、形状，以至人的内脏、性情、外貌、疾病，以及自然现象、社会生产活动等，全都配合起来。他这样做，借鉴了《周易·说卦》《吕氏春秋》十二纪和《礼记·月令》，并将它发展得更加繁杂琐碎，而且还把那些书中原来包含的一些自然知识和生产经验删掉了。这就使他的这种编排更加丧失了有价值的内容，完全成为一种空洞而又神秘的东西。这是扬雄的世界模式中比较明显的糟粕部分。对于扬雄的思想，该文进行一分为二的探讨，既指出它比《周易》有哪些进步之处，对其糟粕部分也直言不讳，体现了实事求是的态度。

此外，该文从本体论的角度出发，比较两者的差异。《周易》缺乏在较高发展阶段上的哲学所具有的那种对万物万象之本体的探讨。虽然《易·系辞》中有"是故形而上者谓之道，形而下者渭之器"的说法，可以说是表现了本体与万物万象之关系的思想，但并不是明确地意识到这个问题并给以论述，而是在解释上文关于乾坤与易的关系时附带地接触到这个问题。对这一现象的原因，该文认为，"正因为作者对此还没有明确的意识，所以虽然接触到了这个问题，却并没有做进一步的论述"。而《太玄》则不同，"《太玄》对世界根源的探讨，不仅没有停止在天地上，而是追寻包括天地在内的整个宇宙的发源，而且也没有停留在宇宙发生论中对宇宙的初始的探讨，而是进一步对哲学本体论中万物万象之本体进行了探讨。作为《太玄》哲学体系中的最高范畴的'玄'，就是既具有宇宙发生论中万物初始的意义，又具有哲学本体论中万物本体的意义的这样一个东西。"但扬雄认为，"宇宙中的万物万象皆由玄统辖，它们的隐显存亡皆由玄决定。天下所有的事物和现象都不过是玄的作用在某一方面、某一部分或某一阶段的表现罢了。玄有这样大的作用，却是看不见、摸不着、不可捉摸、不可认识，也不知其所以然的东西。”这就陷入了“不可知论”当中，而且“玄”也是唯心主义的精神性的本体，这和当时中国的哲学还处在比较低级的发展阶段，因此扬雄的哲学思想也是不成熟不彻底的。

最后，关于扬雄在中国哲学史上的地位和作用，该文认为，“扬雄的玄，把《周易》与《老子》联系了起来。它既具有作为古代哲学在其较低发展阶段上的特征的宇宙发生论中宇宙初始的意义，又具有作为古代哲学在其较高发展阶段上的特征的哲学本体论中万物本体的意义。从这个意义上讲，扬雄的《太玄》正是从两汉哲学向魏晋玄学转变的一个中间环节。在这一点上，整个东汉哲学，甚至包括王充在内，都没有达到如此水平，都没有起到这个作用”。

比较《太玄》与《周易》，是学者进行扬雄研究的重要方面。该文对两者哲学思想的解读和分析，都做了大量细致而深入的工作，论文逻辑清晰，层次分明，所提观点的论证和史料的引用也体现了实事求是的态度。该文的贡献在于，从考察《太玄》与《周易》的创作背景入手，从内容与形式两个方面，对两者的异同进行比较研究。无论是对两者世界图式的阐述，还是对“玄”这一概念的解读，都提出了极具价值的观点，为后世学者的研究，提供了重要的参考价值。关于《太玄》的学术渊源，该文也进行了一定程度的探讨，但并未做专门的论述，阐述较为简略。此外，该文对扬雄的哲学史地位进行了较为合理的评价，指出其在两汉哲学向魏晋玄学转变中起到的中间环节作用，但扬雄的哲学史地位不仅体现在这一个方面，对后世学者，如桓谭、王充、张衡、王涯、司马光等人都有重要影响，对后世学术的发展，也有着不可磨灭的重要意义。总的来说，该文在《周易》与《太玄》的比较研究方面，提出了不少有价值的见解，对后世学者的研究，起到了重要的参考作用。

《〈**太玄**〉**与西汉天文历法**》，黄开国著，《江淮论坛》1990 年第 2 期。

黄开国，四川师范大学教授，博士生导师。

该文对《太玄》与西汉天文历法的联系，进行了初步探讨。该文从天文学的发展入手，分析历法对人类安排生产的意义，以及天文学理论的指导对历法制定的作用，指出天文学与历法存在着密不可分的联系。该文阐述了西汉两种不同的天文学理论，即盖天说与浑天说。该文分析了浑天说与盖天说两种理论的起源、发展与差异，指出盖天说不能准确地说明太阳在天球上的视运动，相应地就不能为制订精确的历法提供理论的依据，而浑天说比较接近天象变化的视运动，较能满足于制定精确历法的需要，因此，浑天说逐渐取代了盖天说，成为观察天象、制定历法的主要理论根据。该文又论述了《太初历》的内容，指出其历法的制定、天文数据及运算推步方法，在当时都是相当科学的，并建立了后世历法的范例，因此，这部历法施行达 183 年之久，成为我国古代著名的四家历的第一家。该文认为，《太玄》更多的吸收了《太初历》的历法成果。从某种意义上说，《太玄》就是一部与《太初历》相应的历法，但《太玄》81 首的体系又不是对浑天说、《太初历》的简单重复，而是利用其成就建立起来的一个哲学体系，这个哲学体系的最大特点就在于，它是依据天文历法的科学成就，来对世界的构成及其发展的一般原则做出哲学论证的。在阐明《太玄》哲学体系科学性和合理性的同时，该文也指出了其不合理之处。例如，将浑天说与《太初历》中带有“终而复始”循环性质的观念，不恰当地上升为整个世界的一般发展法则等一类理论失误。

该文的贡献在于：一、从《太玄》与自然科学相结合的角度，对《太玄》进行了独辟蹊径的解读和探讨。扬雄结合西汉先进的天文学成就，构造了《太玄》哲学体系，使《太玄》一书在中国哲学史上有着极为独特的意义和价值。二、对西汉天文历法的成就进行了一番梳理，尤其是对盖天说和浑天说的发展进行了详细的探讨，为今后学者的研究提供了重要的参考价值。三、对于扬雄《太玄》一书中的思想糟粕，也予以指出，但该文认为，相比于这些错误，《太玄》的重要价值更值得后世学者重视。

《**〈太玄〉“罔直蒙酋冥”的易学史意义**》，郑万耕著，《孔子研究》1991 年第 3 期。

郑万耕，北京师范大学教授，博士生导师。

论文主要分为三部分。第一部分简单介绍了扬雄及其《太玄》，认为《太玄》是扬雄模仿《周易》而创作的一部含有深刻内容的学术著作。第二部分阐述扬雄模仿“元、亨、利、贞”四德，提出了“罔、直、蒙、酋、冥”的观念，并与四方四时加以配合，用来说明事物从无形到有形，从发生到消灭的无穷发展过程。在这个循环往复、永无休止的变化过程中，既有时间的推移，又有空间的转换，而且还有新故更代、推陈致新的质的变化。在中国思想史上，这是一种新的突破和发展，含有深刻的辩证思维。第三部分详细阐述了《太玄》“罔直蒙酋冥”的易学史意义。尽管“罔直蒙酋冥”这五个生词是扬雄仿《周易》“元亨利贞”硬造而成，因此没有被广为接受和流传，但一定程度上表现了扬雄标新立异，敢于创新的精神，就其对“元亨利贞”四德的理解说，第一次以其配春夏秋冬四时，说明万物生长成藏的过程，开始突破了道德的领域，具有世界观的意义，后世学者吸收了其思想精华，所以扬雄“罔直蒙酋冥”的创新对易学史的发展有重要意义。

论文的贡献，在于以《太玄》中的《玄文》篇对《周易·文言》的模拟和创新为例，从一个细致入微又罕为人知的角度，即扬雄仿《周易》“元亨利贞”作“罔直蒙酋冥”，阐述了扬雄《太玄》对后世易学史发展的意义。例如朱熹对“元亨利贞”的解释：“元亨利贞，譬诸谷可见。谷之生，萌芽是元，苗是亨，穟是利，成实是贞。谷之实，又复能生，循环无穷。”是对扬雄以“罔、直、蒙、酋、冥”配四方四时，说明“出冥入冥，新故更代”，万物自始至终循环往复的发展过程思想的继承和发挥。

《太玄》作为中国哲学史上一部重要的哲学著作，对后世哲学思想的发展极为深远。对《太玄》的研究，从无论是从宏观角度的把握，还是从细节上的分析和解读，都具有重要的研究价值。郑万耕先生对《玄文》篇的深入探讨，也为其他学者提供了新的角度和思路，相信今后的学者会有更多细致、深刻的研究成果。

《**〈太玄经〉与〈易经〉的比较——论“数”与“变化”**》，陈福滨著，《哲学与文化》廿一卷第8期，1994年8月。

陈福滨，台湾辅仁大学哲学系所教授，系主任、所长。

第一部分，《太玄经》与《易经》中的“数”。这一部分阐述《周易》的数以天数地数为基本，基本数为一和二；扬雄《太玄》的数以三为基本，然后再配之以四；《太玄》的内容构成一个以“三”“四”“九”为基数的体系，这个结构体系包括了三方、九州、二十七部、八十一家，每家一首，每首四重；亦即《周易》是以二分的方式，“易有太极，是生两仪，两仪生四象，四象生八卦”发展的。此二者，虽有“三进制”与“二进制”之别，然就数理逻辑性而言，其所建构的世界图式均具丰富之内涵。

第二部分，《太玄经》与《易经》中的“变化”。这一部分认为，《太玄》中有关于“变”与“反”的学说，“变”是现象的推移，“反”是对立的转化；《太玄》承继了《周易》《老子》中的辩证法之观念，在某些方面有所发挥。从自然界到人，一切事物无不处于变动之中；《易传》不仅注重变易，同时也非常强调变革；《太玄》把握了这样的思想，进一步也说明事物在变化的过程中有继承，也有变革。《太玄》以三段扩之为九段，作为人事变化的思想，肯定了新生事物能壮大发展，而旧有事物将衰败以至于消灭，实具辩证之意义。

该文认为，《太玄经》不仅模仿《周易》的形式、体例，同时也吸收了《周易》中一系列的概念、范畴、命题和学说，建构了自己的哲学体系，进一步阐发了《周易》的辩证思想，就整个辩证系统之观点而言，《太玄》仍具其价值。

《**〈太玄〉·黄老·蜀学**》，魏启鹏著，《四川大学学报（哲学社会科学版）》1996 年第 2 期。

魏启鹏，四川师范大学教授。

论文分为三部分。第一部分，《太玄》的黄老学术渊源。《太玄》包罗万象的世界图式，吸取了当时自然科学，尤其是天文历法的重要成果；也吸取和改造了孟喜等人及《易纬》的卦气说，《太玄》图式的八十一首分配于一年四时之中，表述了阴阳二气消长及万物盛衰的周环运行过程。如果从整个汉代学术史考察，《太玄》世界图式的渊源仍来自黄老之学。黄老之学的哲学思想和治国理论，从来重视将天地万物作为一个有系统的整体。第二部分，

“为玄为默，与道同极”。该文指出，“知玄知默”是扬雄思想的一个重要观念。“玄默”可以达到包含世界万物，变化无穷，其神奥幽远，以致博学之士试图将“玄默”作为思考深究的对象，却不知头绪，无比困难。“知玄知默，守道之极”，体现着严遵、扬雄师生“皓然沉冥”“不作苟见，不治苟得，久幽而不改其操”的思辨风格和学术品位，给魏晋玄学、道家易学留下了深远的影响。第三部分，“玄”与“太和”。扬雄哲学体系的核心是“玄”，不少现代学者都认为“玄”的范畴来自《老子》第一章，强调“玄”是天地万物的根本，在《太玄》中有至高无上的地位，相当于道家所说的“道”。或认为《太玄》中之“玄”与“太极”“道”都无大区别，“玄”即“道”与“太极”之合成。该文从五个方面，联系比较严遵的宇宙生成论和本体论，更贴切地理解扬雄的“太玄”范畴，这里不一一列举。

该文认为，从严遵到扬雄，汉代道家哲学对宇宙的来源和本体的认识更深化更系统了。严遵强调“道体虚无”，“道以虚之虚，故能生一”，扬雄承继严遵，赋予“玄”更丰富的本体论内含，在幽深渺冥中支配万有，“少则治众，无则治有”（《太玄·莹》），实际上为以“有无”作辩论的中心课题，以探究世界本体为其哲学基本内容的魏晋玄学，作了较充分的思想准备。《太玄》是汉武以后黄老之学以非官方显学的地位结出的思辨硕果，其承前启后的作用，是不可磨灭的。

《扬雄〈法言〉中的易学思想》，李英华著，《周易研究》1996年第4期。

李英华，海南大学教授。

论文分为三部分。第一部分，讨论扬雄对《周易》原著的看法和评价。该文阐述，在《法言》里，关于扬雄对《周易》原著的看法和评价，可以从如下三个方面来理解和认识：第一，从易学史的角度来看，扬雄认为《易经》原本只有八个卦，后来由文王重卦才演变为六十四卦。第二，扬雄认为《周易》是一部阐发天道的哲学著作，而且是所有阐发天道的著作中最好的一部。第三，扬雄的“经可损益”观点深刻地反映了《周易》“唯变所适”的精神。第二部分，分析扬雄对汉代学者注解、研究《周易》即对汉代易学的看法和评论，以及扬雄对其本人《太玄》一书所做的评论。关于汉代易学，若从学风角度来说，可分为三种倾向：孟京易学派重卦气、讲灾异，属今文经学系统；费氏易学以《易传》解经，注重义理，属古文经学系统；扬雄及其先师严君平的易学自成一派，以道家黄老之学解释《周易》，讲阴阳变异。如果说古文经学系统中的汉易过于拘泥守旧，那么，今文经学系统中的易纬则过于怪诞迂阔，对此，扬雄都表示了不同程度的不满和批评。因而，扬雄不得不独辟蹊径，独创《太玄》。这就是扬雄关于汉代易学的基本思想。第三部分，探讨扬雄《法言》中能够体现《周易》哲理的思想观点，即与《周易》哲理相关的思想观点。《法言》里面有很多思想观点是与《周易》哲理相关的。该文列举了多处例证，阐述《法言》与《周易》的联系，进而指出，扬雄分别用“潜”“存神索至”以及“照之四方”来揭示《周易》的思维方式的特色。

《扬雄〈法言〉的文化守成主义》，杨海文著，《学术研究》1997 年第 9 期。

杨海文，中山大学教授，博士生导师。

论文分为两部分。第一部分阐述了文化守成主义的内涵：不是一种学派，也不是一种思潮，而是始终贯穿于人类精神文化之旅的一种整合机制，一言以蔽之，即“继承与创新的辩证互动”。该文认为，扬雄深知此理，希望以“折诸圣”裁决法来消解“众言淆乱”，即“在则人，亡则书，其统一也”。首先是“在则人”，它包含两种情形：一是圣人可以不凭据任何文本、而直接通过言说方式来表达思想真理性；二是圣人是在解读特定文本之后才言说的。其次是“亡则书”，圣人的言说是如何转化为书写的？圣人手书、他人述录是可资考虑的两种情形，但扬雄则以一种比较高明的方式将两者结合起来，即后出的圣人可以对前出的圣人之言说进行述录。但要真正地标举言说与书写的意义本体，还必须进行文化守成主义的“儒学史建构”，使语言学层面上的意义本体在思想史的坐标中找到它的对应物。第二部分，儒学史建构：凸显孟子与孔子的一致。扬雄不仅深入研究孔孟之道，对先秦诸子的学说也认真探讨。扬雄力图复兴正统儒学的孔孟之道是和“折诸圣”裁决法的意义本体若合符节的，目的在于通过“继承与创新辩证互动”的文化守成主义，使孔孟儒学冲破谶纬神学、诸子异端的双重扼制而顺利发展。

论文的最大贡献在于对扬雄的文化守成主义进行了深入的探讨和严谨的论述，该文认为，文化守成主义不是一种学派，也不是一种思潮，而是始终贯穿于人类精神文化之旅的一种整合机制，这种整合机制一言以蔽之即“继承与创新的辩证互动”。该文指出，扬雄《法言》的文化守成主义由语言学策略、儒学史建构两部分组成。前者实际上是一种“文本解读方法”，要求被“众言淆乱”的语言魔障所困惑的人们，真正地把握蕴涵于言说与书写之中的意义本体，这一意义本体亦即圣人之道。后者实际上是一种“学派分疏意识”，要求被“杨墨塞路”的思想乱局所干扰的人们，明智地洞察贯穿于孔子与孟子之间的思想真理性，这一思想真理性亦即孔孟之道。

《扬雄的性“善恶混”论实际是荀况的性恶论》，郑文著，《西北师大学报（社会科学版）》1997 年 4 期。

郑文，西北师范大学中文系教授。

论文对李轨、吴祕、宋咸、司马光四人对扬雄的注解，进行了严谨而细致的研读，该文认为，《法言》其他有关论性之处看来，子云对人性的观点，颇近于荀子，而非调和孟、荀之观点。

扬雄认为，人之初生，迷蒙无知，嬉笑怒骂，恣情任意。虽然耳能听，目能视，由于智慧未开，不识不知，故须用道理教育，启发认识，才可以培养成材。这和荀子“人之性恶，其善者伪也”的立论，岂非一致？

该文因此指出，扬雄的人性论，虽然标的是“善恶混”，实际是性恶论。而扬雄之所以阐述人性论，是为了强调教育的必要性。关于扬雄为什么不直言“性恶论”，而持“善恶混”观点？该文分析了“混”的含义，“善恶混”者，犹言善恶混同而不可分、不可知之谓，非善恶相半、善多恶少或善少恶多之谓；亦即善恶融而为一，既有为善之可能，也有为恶之可能，故曰：“修其善，则为善人；修其恶，则为恶人。”不过，就人之官能而言，则未具道德属性，故所举九例，同于性恶之说；而就生理机能之可塑造而言，则谓其可成为合于道德属性之善。到最后，人向善向恶，还是由后天教育和个人主观决定。

关于扬雄“善恶混”的人性论，一直是学术界不断探讨的问题，该文认为，扬雄“善恶混”实际是荀子性恶论的继承，即善恶混而不可分，既有为善之可能，也有为恶之可能。论文的贡献不在于给出一个斩钉截铁的结论，而是提供了一种新的视角和观点，为当代学者的研究提供了参考价值，相信今后的学者会在这个领域有新的突破。

《**扬雄与道家思想**》，清宫刚著，《河北大学学报（哲学社会科学版）》1997 年 12 月第 4 期。

清宫刚，日本学者。

论文分为四部分。第一部分分析了作为文学家的扬雄从辞人之赋到贤人失志之赋的转变。扬雄始作辞人之赋是源于对司马相如的仰慕，后来反思辞赋讽谏是否能达到改善政治的目的，由此转向贤人失志之赋。第二部分分析了作为思想家的扬雄，其著述目的在于抑制诸子的思想，而宣扬孔孟的儒家的仁义之道，而《太玄》是据《老子》道而形成的“玄”的体系，实际上是道和玄两者的统一，体现了扬雄对道家思想的吸收。最后两部分，对扬雄由积极入世，到追求超凡脱俗，再到因顺明哲的处世观，做了具体分析评价，展示了扬雄思想的丰富性和复杂性。

论文的最大贡献在于从作为赋者的扬雄和学者的扬雄两个角度入手，分析了扬雄对道家思想的吸收。结合扬雄的生平经历，作者指出，虽然扬雄的生活态度倾向于明哲保身，但身处险境时，其超凡脱俗的道家世界的崩溃也不是不可思议的。因为对他来说，超凡脱俗的道家世界最终不过是一个士人在遭受社会的挫折形成的观念性的东西。

儒道融合是扬雄思想的一个重要特征，扬雄“宗经”“明圣”，对儒家思想最为推崇，但他也博极群书，对道家思想也进行了深入的研究。但扬雄所处的时代背景，以及个人性格因素，导致他的思想内容丰富而又复杂，也包含了不少矛盾之处。该文作者虽是日本学者，但论文中有不少观点和论述有很高的参考价值，期待今后学者对扬雄的道家思想进行更加深入的研究。

《**扬雄的史学思想**》，郑万耕著，《史学史研究》1998年第2期。

郑万耕，北京师范大学教授，博士生导师。

论文分为三部分。第一部分，历史观和史学观。扬雄认为，社会历史的发展难以预料，但整体上是一种进步性的过程，这与他推崇阴阳变易的辩证思维是分不开的。同时，他认为，社会历史的发展总是有因有革，有因袭有扬弃。凡是符合时代要求的东西，就要继承保留下来，不能盲目抛弃；反之，凡是不再符合时代需要的过时的东西，就要坚决加以改革，不能固守陈规。而立事、品藻、实录则是扬雄认为写作史书的三个方面。第二部分，对诸子学说的评论。扬雄推尊孔孟而小诸子，以五经为一切是非的标准，是顺着汉代推明孔氏，罢黜百家，立五经博士的学术大势而来，但又与董仲舒为代表的官方学术不同。他批判了由董仲舒引发的环绕五经的怪迂之说，主张五经可以损益，更不独尊儒术。第三部分，对历史人物的评价。在评价历史人物方面，扬氏也以儒家的道德规范为标准，又辅之以道家思想为尺度。他以为太史公对历史人物的评价，“不与圣人同是非，颇谬于经”，所以他要补正《史记》的缺失。

论文的最大贡献在于指出在扬雄看来，社会历史的发展是一个前进性和曲折性相统一的过程，总是有继承有变革，有因袭有扬弃，并从哲学的高度作了深刻论证。扬雄提出了“立事”“品藻”“实录”等史书写作的体例和原则，但并不排斥对史事和历史人物进行褒贬，做出公正的评论。他以儒家观念为标准，又辅之以道家思想，对诸多历史人物作了简明概括的评价，对班固父子作《汉书》产生了重要影响。

《**“动化天下，莫尚于中和”——论扬雄的中和哲学**》，董根洪著，《社会科学研究》1999年第6期。

董根洪，中共浙江省委党校教授。

论文分为三部分。第一部分指出，扬雄政论性的《法言》一书，仿《论语》而成，而其理论基础便是中和思想。第二部分认为，扬雄的《太玄》从宇宙论的高度揭示了中和之道的客观普遍性。“太玄”哲学体系本质上是中和哲学体系，从中和哲学角度看，《太玄》便是《法言》的理论基础。第三部分，扬雄的中和哲学在“圣人之于天下，耻一物之不知”的理智论原则下，使其中和论具有理性主义的性质，在致中和、按中和之道办事的过程中，他重视理性因素的作用，这也包含了扬雄欲消除董仲舒的非理性的神学论色彩的努力。

论文的最大贡献在于详细分析和阐述了扬雄所提出的具有创新特色的中和哲学新体系，其仿《论语》而成的《法言》提出了儒家理想的政治——中和政治；其仿《周易》而成的《太玄》一书则发展儒家中和哲学建立了阴阳中和哲学，其最高的太玄之道即是中和之道，而这一太玄化的中和之道构成天道、地道、人道的核心内容。扬雄的中和哲学是董仲舒中和哲学到王充中和哲学的中介，是儒家中和哲学的重要形态，对当今学者的研究提供了新的视角和重要参考价值。

《**略论扬雄对汉代易学发展的贡献**》，张涛著，《河南大学学报（社会科学版）》2000年第1期。

张涛，北京师范大学教授，博士生导师。

论文分为三部分。第一部分阐述了《太玄》虽是模拟之作，但接受了《周易》及道家思想的影响，同时也吸收了不少天文、历法方面的知识，有着广泛、深刻而又独具特色的思想内容和理论体系。第二部分，扬雄对《周易》主旨及《老子》思想的继承和发挥，还表现在他提出了一系列富有辩证思想的理论主张。扬雄认为，宇宙间一切事物都是对立统一的，处于永恒的变化发展之中。该文还特别指出，扬雄提出关于事物变化、发展的九段说，认为任何事物的变化、发展都可以分为九个阶段，以及扬雄强调因革相成，认为事物的发展既有继承，又有创新。第三部分，扬雄虽然也讲对立互转，主张进行必要的、适时的改革和创新，但在涉及等级制度和纲常礼教时，他又走向近乎相反的方向。在建构思想理论体系的过程中，扬雄深受《易传》包容性、超越性思想风格的影响，表现出对诸子百家特别是道家之说兼收并蓄、综合融会的倾向。有趣的是，他在表面上摆出的却是孔门卫道士的姿态。

该文对扬雄思想的阐述，很多地方都涉及学术界扬雄研究的重要领域，例如，对“玄”这一概念的研读、辩证法思想等。通过严谨的分析和论证，丰富了学术界关于“玄”的探讨，阐述扬雄所提出的一系列富蕴辩证思想的理论主张，特别是推出了关于事物变化、发展的九段说，指出扬雄的易学思想体系是对《易传》及西汉易学成果的继承和发展，也是西汉末年社会政治思潮在易学领域的深刻反映，树立了以道家黄老之说解《易》的典范，并对后来以王弼为代表的玄学派易学多有启发和影响。

《〈**太玄〉对“易”“老”的会通与重构**》，周立升著，《孔子研究》2001 年第 2 期。

周立升，山东大学教授。

论文分为五部分。第一部分阐述了《太玄》思想中“玄”的含义。该文首先指出，“玄”这一概念，并非扬雄原创，而是对老子思想的继承。玄与道是二而一的，故扬雄视“玄”为宇宙的本体、万物的本根。其次，“玄”的功能极大，无为而无不为。再次，扬雄还从“上下纤广”四个角度说明玄在空间上的无限性。此外，扬雄看来，一分为三是事物发展的规则，故云“玄有二道：一以三起，一以三生”。三三而九，九则是一个过程的极点，故云“极为九营”即以九为极限。最后，用“罔直蒙酋冥”与方位、四时相配合，以说明事物发展的全过程。第二部分，扬雄亦把他的宇宙图式与当时流行的五行学说联系起来，建构了《太玄》的外在形式体系，目的是突出“五行相参生和”亦即玄道与五行的阴阳之纪，一种物象与数、理的关系。第三部分阐述了扬雄对浑天说、《三统历》、卦气说等自然科学知识、天文历法成就和其他哲学思想的借鉴和吸收。第四部分，该文分析了扬雄对老子的天道观和辩证法思想的吸收。第五部分，通过对全文总结卦辞深层结构的探讨过程，进行精辟的总结。

论文的最大贡献在于阐述了《太玄》对“易”“老”的会通与重构，指出《周易》以二分法把阴阳视为两体，故而两体的“中和”“中介”不易透显。《太玄》则不同，它以三分法代替了《周易》的二分法，凸显了贯通阴阳而兼体的“和”的作用。扬雄一方面希冀以《太玄》取代汉代经学而又未能予以取代，另一方面他想超越烦琐的象数之学向思辨哲学迈进而又未能达到魏晋玄学的高度，从而成为两汉哲学向魏晋玄学转化过程中极为重要的中间环节。

《〈**太玄**〉**赞辞所倡明君、贤臣思想述评**》，刘保贞著，《齐鲁学刊》2001年第2期。

刘保贞，山东大学教授。

论文分为三部分，对扬雄的明君、贤臣思想进行了述评。第一部分，明君是一国兴旺、人民安乐的根本。君主的有道或无道，直接关系着国家的兴衰，关系着人民的安宁，这已被历代王朝的兴亡更替所证明。第二部分，贤臣必待明君而后出。这一部分的重点，仍是明君如何招揽、礼遇、善待贤臣，一个君主，不仅要能识贤，关键还要能养贤，要舍得给贤能以高官厚禄，贤能才能真为我所用。同时，扬雄也对贤臣君子的作用作出阐释，即辅助君主治理国家，为君主排忧解难，而且，关键时候还要有“鞠躬尽瘁，死而后已”的决心。第三部分，明君能从谏如流。从君道、臣道两个角度，分析和阐述了明君纳谏，贤臣敢谏相辅相成的关系和对治国安邦的重要意义。

论文的最大贡献在于：通过对《太玄》赞辞的考察与解读，阐述扬雄的明君、贤臣思想：有道明君是一国兴旺、人民安乐的根本；贤臣必待明君而后出；明君能从谏如流。该文认为扬雄继承孔孟、糅合老庄，其思想反映了他对西汉末年君昏臣奸的政治局面的不满，这在当时是难能可贵的。

《**西道孔子扬雄的大一统观与儒风在巴蜀的流布**》，谭继和著，《中华文化论坛》2001年第1期。

谭继和，四川省社会科学院研究员。

论文分为三部分，以扬雄为例，研究巴蜀文化对儒学大一统思想的承袭、改造和发展及这种思想在巴蜀的传播。第一部分考察了巴蜀文化悠久而独立的始源。秦灭蜀以前，巴蜀文化主要是独立发展，三星堆青铜文明是巴蜀文化独特个性的证明。公元前316年起，巴蜀区域加入中原的进程急剧加快。对巴蜀而言，这一进程大体可分为秦国到秦朝和西汉初到武帝时期两个阶段。它的主要特征不但在于以巴蜀作为统一全国的基地，以政治和军事手段完成全国的统一，而更为主要的是在于巴蜀文化对于中原文化统一的逐步认同和融汇这一更为深层次的文化因素。文翁兴学是巴蜀文化改变面貌的关键，也是蜀人以自己独特的文化思维方式接受和融并中原先进文化，热诚主动融入中原主流文化的证明。它确实起到了巴蜀“稷下学”的作用，使巴蜀学术和文化都发生了深刻的变化。变化之一是出现了巴蜀学习和接受中原大一统文化的先进人物。变化之二是多元一体的中华民族文化共同体中，开启了蜀学两千年来重文学、重今文经学的传统。从上述两方面的变化，阐述了作为中华地域文化圈之一，巴蜀文化圈是通过怎样的交流、融汇的进程而并入到中华大一统文化之中去的。第二部分指出，扬雄对于孔子与儒家六经的刻意模仿并加以出新，恰恰体现了他对孔子大一统思想的继承和阐扬的自觉性。他是汉代大一统的“圣之时者也”的孔子的化身，也是汉朝大一统强盛时代作为历史背景的大一统文化思潮的产物。第三部分认为，扬雄草拟《太玄》撰著《法言》，是儒家大一统思想承袭和弘扬的集大成者。他在汉代思想文化上的贡献，是为汉代大一统事业提供了最宝贵的精神养料和思想武器。

论文注意文献史料的搜集整理和使用。论文既引述了《法言》《太玄》等关于扬雄思想的著作，也广泛涉猎了《汉书》《华阳国志》等史学文献资料，以翔实的史料和具有说服力的论证，对

"今古转型"中扬雄的解经观念进行了解读。

论文的最大贡献在于通过对扬雄的大一统观及其哲学基础以及儒风在巴蜀的流布的研究，阐述巴蜀文化在秦汉时期融入中华大一统文化的同一性进程和差异性进程，说明不同地域文化以"和而不同"的方式在统一体中的交流融汇是中华民族多元一体文化共同体的主要特征。该文认为扬雄是孔子思想在汉代传承的集大成者。扬雄以中和精神为内核的关于"三"的创见，是大一统思想的哲学基础，是汉文化统一进程在思维方式变革上的集中反映。它对巴蜀儒风的流布产生了深远的影响，使巴蜀成为"其学比于齐鲁"的一个全国性文化重心。

《**论〈太玄〉对〈周易〉的模仿与改造**》，刘保贞著，《周易研究》2001年第1期。

刘保贞，山东大学教授。

论文分为四部分。第一部分分析了《太玄》在形式上对《周易》的模仿与改造。《周易》分经、传两部分，经分六十四卦，每卦由卦画和卦爻辞组成；传包括《象》《文言》《系辞》等几部分。《太玄》也分经、传，经分八十一首，每首由卦画和赞辞组成；传包括《首》《测》《文》等几部分。在遣词造句方面，《太玄》与《周易》也存在诸多相似之处。例如，《乾·文言》在论述完"元亨利贞"四德后，又对乾之爻辞进行论述。《太玄·文》在论述"罔直蒙酋冥"五德后，也对《中》首之赞辞进行一一论述。作者也对两书的不同之处进行了阐述，并指出这种不同是由于二者内在体系的不同导致。

第二部分阐述了《太玄》在内在体系上对《周易》的模仿与改造。该文指出，《太玄》所仿照的孟、京易学，其实质是一种天人之学，它的中心内容是讲在卦爻所当时日内，阴阳二气如何变化，人们应效法这种变化如何行事。而《太玄》与孟、京卦气说的最大区别在于：孟、京卦气说采用的是四时、八节、二十四气系统，六十四卦与三百六十五又四分之一日之间有一一对应关系。而《太玄》采用扬雄独创的“三、九”系统，即将一年首先分为三部分：天玄、地玄、人玄；每玄又分三部分，称为“天三玄”，共“九天”：“中羡从、更晬廓、减沈成”，用以描述一年内阴、阳二气相互消长的九个阶段。

第三部分，赞辞对《周易》卦爻辞的模仿与改造。《太玄》赞辞虽是模仿《周易》卦爻辞而作，却比《周易》更有条理，更有规律可循。在阐释道理的具体方法上，《太玄》和孟、京易学以卦爻辞比附灾异的方法不同，它是直接承继《易传》，但比《易传》又前进一步：《易传》说理，多是就卦爻辞的某句、某字，作牵强附会的发挥。《太玄》的赞辞不是这样，它是用生动形象的比喻来直接说明事理，如在《坚》辞六中，扬雄以蜂房之蒂喻天子之德，以蜂房喻全国的民众，非常生动形象。通观全书，我们可以发现，《太玄》赞辞中汇聚着扬雄所领会的诸子百家的精华，反映的是扬雄对当时社会人生的独特看法。

第四部分，《太玄》对《周易》筮法上的模仿与改造。《太玄》和《周易》的筮法路数基本一致，但该文认为，《太玄》的筮法更加浅易，作者提出，这一段是扬雄为了模仿而模仿，并没有什么实际功用。

论文注意文献史料的搜集整理和使用。论文既引述了《太玄校释》等解读扬雄思想的著作，也广泛涉猎了《汉书》《后汉书》等史学文献资料，对《春秋繁露义证》《淮南子》等参考资料也进行了引用，以翔实的史料和具有说服力的论证，分析《太玄》对

《周易》的模仿与改造。

论文的最大贡献在于：指出《太玄》在内容和形式上对《周易》的模仿和改造，并分析了《太玄》的独创性在于：体例上采用"三、九"系统；赞辞以生动形象的比喻直接说明事理；（太玄数）所说的筮法仅是扬雄的一个小把戏，没什么实际用途，而他又把五刑、律吕、月令等方面的内容引人《太玄》，以使其也具有"以卜筮者尚其占"的功用，为当今学者对扬雄的研究提供了重要的参考价值。

《**严遵、扬雄的道家思想**》，王萍著，《山东大学学报（哲学社会科学版）》2001 年第 1 期。

王萍，《山东大学学报（哲学社会科学版）》编辑部编审。

论文分为三部分。第一部分阐述了西汉时期的学术背景，汉武帝罢黜百家，独尊儒术，但此后处于在野地位的道家思想依然以支流或暗流的形式在社会上广泛流传。道家学说处柔守雌、超然物外的思想倾向，也往往成为失意士人心理上的慰藉和精神上的依托，引起他们的共鸣。另外，随着社会政治危机的不断加深，许多士人将目光转向诸子之学，其中相当一批士人追慕、向往汉初的黄老无为之治，试图搬出道家学说作为救世良方。第二部分简要介绍了严遵的生平和阐述了他的道家思想。该文认为，严遵之说是汉代道家思潮转变为魏晋玄学的重要中间环节，是从宇宙生成论到本体论的中介。严遵继承《老子》的思想，在其理论学说中有着丰富的辩证法思想。此外，与老子的"君人南面之术"一样，严遵是要为统治者提供更有效的治国御民之术，但又继承了道家反对宗法礼制的传统。第三部分阐述了扬雄的道家思想。扬雄撰《太玄》等，将源于老子之道的玄作为最高范畴，并在构筑宇宙生成图式、探索事物发展规律时，对道家思想多有融摄和发展。

论文的最大贡献在于：联系汉武帝“独尊儒术”之后，处于在野地位的道家思想依然以支流或暗流的形式在社会上广泛流传的学术背景，以及道家学说处柔守雌、超然物外的思想倾向，阐述严遵对《老子》学说的发挥与继承，以及扬雄在构建宇宙生成图式，撰写《太玄》的过程中，对道家思想的融摄与发展，为当今学者对扬雄的研究提供了重要的参考价值。

《**论扬雄对先秦儒学的继承与发展**》，边家珍著，《河南大学学报》2002 年第 42 卷第 3 期。

边家珍，山东大学教授，博士生导师。

论文分为三部分。第一部分阐述了扬雄对先秦儒学的自觉继承与维护。扬雄自比以“正人心，息邪说”为使命的孟子，从学理上树立以孔、孟为代表的先秦儒学为学术正宗的观念，张扬人本主义理念。该文进而指出，对神学经学以阴阳灾异说附会五经，扬雄表示了极大的不满，他力图把阴阳灾异之说与正统的儒学区别开来。此外，基于神学无力解决种种社会危机，道、法诸家思想抬头的现实，从维护孔、孟之道出发，扬雄对异于儒家的其他先秦诸子进行了严厉的批评。第二部分指出，扬雄以儒学为宗，但又善于借鉴、吸收其他诸子，来丰富儒家思想。首先，改造老子“道德”概念，赋予儒学含义。其次，辩证地汲取老子“无为”的政治观。最后，汲取墨家“兼爱”思想，改铸儒家“仁”的内涵。第三部分认为，扬雄抛弃那些神秘性的神威恐吓与崇信，致力于自我进德修身这一儒家基本命题的张扬，因而崇孟抑荀，在儒学的指向上突出“内圣”。所以，扬雄特别倡导士人的自我学习与修养。首先，为唤起个体的自修的自觉，扬雄先从人性论的认识上入手，提出其“善恶混”说。其次，扬雄认为个体自修的目的，在于道德上的完满。再次，特标颜子之乐，为个体的进德修业树立榜样。最后，该文分析了认识扬雄继承和发展先秦儒学的几个方面：一、它体现了与时俱变的儒学发展规律。二、与西汉经今古文的斗争有密切联系。三、与扬雄“少而好学”，“博览无所不见”的深厚学术修养有关。

论文的最大贡献是联系西汉末年儒家经学面临的危机，指出扬雄自比于以“正人心，息邪说”为使命的孟子，从学理上树立以孔、孟为代表的先秦儒学为学术正宗的观念，张扬人本主义理念，目的在于扫除董仲舒以来的神学泛滥及道、法等学派思想的抬头；扬雄借鉴道、墨等诸子的思想，丰富和发展了先秦儒学的内涵；他在儒学指向上突出“内圣”，拓展了孔、孟重视个体人格的道德自律及自我完善的一面，有利于矫正汉代神学经学在促使士人人格自觉上的苍白乏力。

《扬雄对西汉新儒学的重构及其意义》，边家珍著，《东岳论丛》2002年第23卷第6期。

边家珍，山东大学教授，博士生导师。

论文分为三部分。第一部分从分析扬雄所处时代背景入手，阐述扬雄从学理上对古文经学进行批判。首先，扬雄对今文经学以阴阳灾异说附会五经表示了极大的不满，他力图把阴阳灾异之说与正统的儒学区别开来。其次，为进一步否定今文经学，扬雄还对所谓的五德终始、象龙求雨、星象占卜等迷信观念予以否定。再次，扬雄尖锐指出，今文经学儒生诱于利禄，把经义搞得十分繁琐，掩盖了儒学的真义。扬雄对今文经学的批判，客观上对古文经学的兴起做了一定的理论准备。第二部分分析扬雄融合《易》《老》，会通儒、道，开启魏晋玄学之门径。首先，扬雄拟《周易》作《太玄》，实际上是援老入易，进而展开自己对天、地、人的认识。其次，扬雄以儒释道，将道家的核心概念，赋予儒家思想的内涵。再次，从人生态度来看，扬雄既有儒家入世的积极追求，又有道家处乱世而避害的思想。第三部分分析扬雄对儒学的继承和发展，尤其是突出儒学的“内圣”指向，起到了从孟子到宋明理学之间桥梁式的先导作用。

论文的最大贡献在于：指出扬雄在西汉新儒学的重构中，从学理上批判了今文经学，客观上为古文经学的兴起做了一定的理论准备；他融合《易》《老》，会通儒、道，对于魏晋玄学具有开启门径的意义；他在儒学的指向上突出“内圣”的一面，可以说起到了从孟子到宋明理学之间桥梁式的先导作用。对于当代学者认识和理解扬雄在中国古代思想演变史上的地位，本文提供了重要的参考价值。

《**扬雄历史观再认识**》，张秋升著，《聊城大学学报（哲学社会科学版）》2002 年第 5 期。

张秋升，天津师范大学教授，博士生导师。

论文分为三部分，第一部分，关于人类社会的起源及其变化。这一部分首先阐述了扬雄关于人类社会起源的认识，扬雄指出了宇宙的初始状态，指明在人类社会之前还有一个宇宙自身运演的阶段，后来才有了人和帝王，有了人类社会，不是帝王或神创造了宇宙和人类，而是宇宙自身的运演才导致了人类的产生，有了生民。扬雄的观点与同时代《纬书》中所说的神创宇宙及人类的观点决然不同，这在神意史观弥漫整个社会的时代是难能可贵的。

此外，该文分析了扬雄因革论的内容，万物和国家都处在因革变化之中，而作为主体的人应该适时合理地对国家进行“因革”，使之持其既、保其均，这是天道的要求，是治理国家的法则和人事成败的关键。

第二部分，对孔、孟历史变化观的反思与超越。一方面，扬雄认同孔子的历史中贯穿着不变之道的观点，另一方面，他又认为道本身也是损益变化的，这就出现了矛盾。造成这一矛盾的主要原因是扬雄生活在西汉末年动荡不安的时代，因革变化是当时社会的突出现象，以因革变化的眼光看待一切，他冲破了许多以往的思想框框，但是，西汉末年，儒学已经稳固地占领了意识形态领域，牢固地支配着学者的思维，要冲破这一思想束缚，毕竟过于艰难。扬雄虽然认为历史是盛衰交替变化的，但他不是一个历史命定论者，未给定历史盛衰演变的周期，对孟子“五百年必有王者兴”的历史观的否定正反映了他的这一认识。

第三部分，多种因素共同决定历史变化的观点。该文认为，扬雄与前人不同的是，他不但指出历史的变动与多种因素相关，而且，第一次明确提出多种因素共同决定历史。该文先后分析了扬雄对秦史的探讨、对周秦楚汉的历史嬗变的探讨，指出在扬雄看来，历史的变动是由多种因素共同作用的结果。

该文从人类社会的起源及其变化、对孔孟历史变化观的反思与超越和多种因素共同决定历史变化等三个方面，详细阐述了扬雄的历史观，揭示了其历史观的时代和个体特征。其中，关于扬雄对人类社会起源的观点，学术界鲜有提及，材料和角度独辟蹊径，对今后的扬雄史学思想研究提供了一定程度的参考价值。

《**论〈法言〉的尊圣崇经与儒学批判**》，杨福泉著，《上海大学学报（社会科学版）》2003 年第 10 卷第 3 期。

杨福泉，绍兴文理学院教授。

论文分为四部分。第一部分指出，扬雄象《论语》而撰《法言》，正是从维护统治阶级根本利益的立场出发，依照圣人和《五》经的道德原则与是非标准，对西汉以来的今文经学、谶纬神学、《太史公书》以及先秦时期的诸子学说进行广泛而深入地批判并力图加以纠正。《法言》之法，即指符合圣人和《五经》的道德原则与是非标准。

第二部分指出，扬雄对圣人和《五经》极为推重尊崇。在他看来：圣人和《五经》是评判一切人世纷争、是非得失的根本原则和唯一标准。但儒学发展到西汉末年，儒家思想也不免分化甚至变质。西汉后期传授《五经》的儒师虽注重家法、严守师法，然其解经往往“务碎义逃难，便辞巧说，破坏形体”；而士人诵习经典也大都只为了功名利禄，故常常“安其所习，毁所不见，终以自蔽”（《汉书·艺文志》）。这就从根本上违背了儒家经典的真正内涵，丧失了孔学圣道的基本精神。

第三部分阐述了扬雄面对孔学圣道名存实亡的社会现实，而且弘扬孔孟之道所做的努力。他要廓清缠绕学界的迷雾，扫除堵塞圣道的乱障，还孔子以历史的本来面目，并使孔学的基本精神真正得以继承和弘扬。

第四部分指出，扬雄的尊圣崇经，不是保守倒退地简单复古，而是自觉奉行儒家经典的真正内涵，坚决捍卫孔孟之道的基本精神。

论文的最大贡献在于指出扬雄象《论语》而撰《法言》，与西汉后期的社会政治和学术风气密切相关，阐述了扬雄以当代孟子自居，对西汉以来的今文经学、谶纬神学、《太史公书》以及先秦时期的诸子学说，广泛而深入地进行批判并力图加以纠正。他还明确界定诸子为“其知异于孔子”者，并赋予儒以新的文化内涵。《法言》的尊圣崇经，不是保守倒退地简单复古，而是自觉奉行儒家经典的真正内涵，坚决捍卫孔孟之道的基本精神。

《儒家的知识论传统与扬雄的重智思想》，王青著，《阳明学刊》2004 年。

王青，南京师范大学文学院教授，博士生导师。

论文分为三部分。第一部分，在先秦诸派中，存在着重智与反智两条线索；而在儒家内部，则有重仁与重智之不同侧重，它们各自代表了孔子思想的一个侧面。该文重点指出了荀子对孔子心性之学的智性层面进行了弘扬，成为后世重智主义发展的不可缺少的环节，遏制了孟子单纯发展仁性理论的倾向，成为孔子之智性与宋明理学联系的桥梁。第二部分指出，扬雄将孔子心性之学中的智性层面发挥到了极致，由此建立起其知识论。第三部分指出，扬雄的知识论受荀子的影响最大，并且从他强调对事物本身的客观反映和重视征验的立场上，我们可以看出他的理性主义态度，这使得他在神学迷信盛行的西汉，在对神怪之事和长生成仙之说持有清醒的理智态度。

论文的最大贡献在于：分析了扬雄的知识论，指出扬雄在知识的对象、知识的价值、知识的来源、知识获取的可能性、知识的目的及其真理的标准等问题上，均有丰富独到的论述，是值得我们重视的思想资源，为当代学者的研究提供了新的视角和重要参考价值。

《**扬雄身心观述评**》，郑万耕著，《河北师范大学学报（哲学社会科学版）》2004 年第 27 卷第 3 期。

郑万耕，北京师范大学哲学系教授。

论文分为四部分。第一部分从汉代医学知识发展的背景入手，阐述扬雄对人体器官的认识，以及从整体的角度探讨各器官的作用，在不同类型的认识器官的区别及其相互作用等方面，取得了比较深入的认识，为后世理解这方面的问题奠定了良好基础。第二部分指出，扬雄身心观的重心是对心的思维活动的探讨，经常将心与思、神明、睿智联系在一起。第三部分阐述了扬雄“尚智”的思想。不仅对“智”的含义进行解读，也对如何“用智”进行了详细的论述。第四部分阐述了扬雄从人性的角度对人的意识活动进行的论述，并指出，扬氏探讨性情的目的，是要强调人的修习锻炼，以提升人的道德境界，改善身心功能，此即所谓“修其善则为善人，修其恶则为恶人”。

论文的最大贡献在于：阐述扬雄对身心问题的探讨，指出其身心观的重心，是对心的思维活动的探究。他常将心与思及神明、睿智联系在一起进行考察，并提出了“谋”与“辨”的概念，阐述人的抽象思维功能；他明确提出了“尚智”的命题，强调人的认知活动的巨大作用；他还评论了人的心灵方面的欲求，对人的意识的情志活动做了颇为深刻的揭示。

《**论扬雄“在夷貉则引之”的民族思想**》，郭君铭著，《中央民族大学学报（哲学社会科学版）》2005 年第 5 期。

郭君铭，中共河北省委教师。

论文分为三部分。第一部分指出，反对战争、拥护团结，是扬雄对待民族关系问题的基本立场，但他的民族思想并不仅限于此，扬雄民族思想的特质在于他提出的“在夷貉则引之”的文化引导思想。用先进的儒家文化教化周边民族地区的人民，引导他们进入讲究“礼义”的文明社会。这一思想，才是扬雄民族思想的特质所在。第二部分阐述扬雄为写作《方言》所付出的艰辛，扬雄视《方言》为自己一生的荣耀，是因为此书能帮助君王与远方的民族进行顺畅的交流，使中原的文化典籍能够在边远地区世代流传，边远地区人民的言论、事迹能够在汉朝的文献里得到记录。《方言》一书的写作贯穿了扬雄著述过程的始终。由此，我们不难推断，扬雄在构建自己理论体系的同时，已经考虑到了把自己的这一套理论加以广泛传播，《方言》的写作就是出于向周边民族地区进行文化传播的需要。第三部分指出，“在夷貉则引之”的民族思想，是儒家“华夷之辨”思想在新的历史条件下的发展。所谓“华夷之辨”，是春秋公羊学的一个重要民族思想，即不是以种族，而是以“礼义”文化作为辨识民族的标准。扬雄对儒学的发展，表现在他对缺乏“礼乐”文明的“夷貉”，表现出了宽容的态度，没有将他们“麾之”，而是要“引之”，这是扬雄民族思想的时代性和进步性所在。

扬雄重视民族问题，提出了“在夷貉则引之”的思想，主张向周边民族地区传播中原先进文化。他写作《方言》一书，就是出于向周边民族地区传播中原文化的需要。扬雄主张用儒家思想引导周边地区人民进入礼仪文明社会，这一思想是对儒家“大一统”思想和“华夷之辨”在其所处的历史条件下的继承和发展，在当今仍有借鉴意义。

《试论扬雄的忧患意识在儒学发展上的体现》，张晓明著，《求实》2005 年第 2 期。

张晓明，青岛大学副教授。

论文分为两部分。第一部分考察了“忧患”一词的概念起源和发展，并对忧患意识和具体内核进行了阐述。第二部分首先分析了扬雄所处的时代背景，并指出扬雄的忧患意识在儒学发展上的体现。主要是对儒学道统衰落的忧患，这种忧患意识主要体现在两个方面：其一，对西汉儒学现状表示了强烈的不满。其二，对先秦以来诸多前贤，尤其是诸子学说的批判。对西汉儒学的现状，扬雄主要从三个方面提出了批评。首先，对西汉经师师法传统以及由此形成的琐屑笺注，他表达了强烈的不满。其次，对学者为了官禄治经、治经为了“禄利之路”的学术庸俗化倾向，扬雄深恶痛绝。再次，对当时颇为流行的谶纬之学，扬雄也很反感。扬雄不仅对西汉俗儒的做法表示反对，而且在对先秦前贤的评论中也体现出其对孔门儒学道统日渐衰落的忧虑。一是对汉初以来屈原思想和人格的日渐高涨的褒扬倾向，扬雄产生了深切的忧虑。二是对西汉时期诸子思想昌行，扬雄也表现了深切的忧虑。对西汉俗儒和以屈原为代表学者的批评，是扬雄对西汉思想界儒学正宗思想衰落所体现的个体忧患意识的集中体现。

论文的最大贡献在于结合扬雄的生平经历，指出对西汉俗儒和以屈原为代表学者的批评，是扬雄对西汉思想界儒学正宗思想衰落，所体现的个体忧患意识的集中体现。该文从心理学的角度对扬雄思想展开解读，为当今学者对扬雄的研究提供了新的视角重要的参考价值。

《**扬雄人性论辨析**》，李沈阳著，《兰州学刊》2006 年第 8 期。

李沈阳，滨州学院教授。

论文分为四部分。第一部分从分析扬雄所构建的哲学体系入手，指出“玄”在扬雄思想中具有重要地位，是分析扬雄人性论的重要条件。该文从人与玄的关系、人与气的关系两个方面展开论述，指出扬雄虽持“善恶混”的人性论，但事实上有性善论的倾向。

第二部分，在扬雄关于人性的价值判断中，该文认为他更重视人性的“善恶混”，并把善恶之间的取向归结到人的思虑。在善恶之间的选择上，扬雄强调人性中向善的取向，并为此作出详细的论述。玄不仅是人内在的善质，而且是人向善的动力。善恶之间的转换，就在于人心的思虑向那个方向发展，而人心的思虑又与玄密切相关，最终，玄与心、善结合起来。

第三部分，扬雄认为人性中虽然具有向善的倾向，但这种倾向不会自然而然地体现出来，它需要个人采取一定的措施，以抑制人性中的恶性，发展善性。扬雄提出的措施有：一是选择良好的外在环境。二是反省自己。三是把心用于正途。四是通过学习来提高个人修养。

第四部分，扬雄人性论中能够独树一帜的地方，一是他以玄论性，玄不仅具有本体论的色彩，而且是纯善的；二是他提出人性善恶混的观点。这两个特点既与扬雄自身的条件有关，如他作为一个“知识型”的人，“默而好深湛之思”，受到道家中的隐者郑子真、严君平的影响，以及为官时目睹当时急剧的人事变迁，从而对政治较为疏离，有更多的时间用在精神思索上，也与汉代的社会思潮有关。

论文的最大贡献在于阐述了扬雄对于人性善恶的价值判断，该文认为，通过人与玄的关系看，扬雄具有性善论的倾向，但从人与气的关系看，他认为人性善恶混；扬雄重视人性的善恶混，论证人必须发展人性中的善，提出许多措施以实现这一点。该文肯定了扬雄的人性论与汉代社会思潮有着密切的联系，在中国人性论史上具有重要的地位。

《**扬雄尊孟思想浅论**》，丁光泮著，《西华师范大学学报（哲学社会科学版）》2006年第5期。

丁光泮，西华师范大学公共外语学院党总支书记。

论文分为三部分。

第一部分阐述了扬雄撰写《法言》的初衷就是辟异端，维护儒学传统，对于当时有离儒学正统的汉代学术，扬雄接续孟子再作批判，力图纠而返之正。对维护儒学的发展做出了一定的贡献。

第二部分指出，重仁厚义，从思想内涵上表彰继承孟子是扬雄尊孟思想的重要表现。在扬雄看来，孟子之学确为儒学正宗，他不但返博于约，得儒学之精义，而且能在现实生活中切实履行，精体实践。虽然在人性论上，孟子主张人性善，扬雄主张人性善恶混，二者有很大差异，但在实质上，扬雄同孟子一样，强调了善的内在性。扬雄认为经可损益，其人性说应当是对孟子说的一种修正。

第三部分指出，扬雄重视道统，抨击诸子，排斥荀子，而独尊孟子。他继承孟子学说又有所发挥，颇有追孟继孔的圣人气象，推动了学术的发展，在后世引起了极大的反响。

论文的最大贡献在于：指出扬雄维护儒学传统，从思想到言行，由表及里，全面推崇孟子，并加以精体实践，阐发弘扬，推动了学术的发展，在后世引起了极大的反响。作者肯定了扬雄的尊孟思想在孟学史上占据着重要的地位，对儒学的发展做出了突出的贡献，值得重视和更深入地研究。

《论扬雄〈法言〉对先秦儒学的回归》，于成宝著，《长春理工大学学报（社会科学版）》2007 年第 6 期。

于成宝，山东科技大学副教授。

论文分为三部分。第一部分首先分析扬雄所处时代背景，指出西汉末年儒学危机四伏，以及扬雄的对策：第一，以《法言》重新树立孔子儒学的权威地位，回击世人借助诸子之学对孔子儒学的怀疑、非议。这也是扬雄作《法言》的动机之一。第二，针对当时日益繁琐的章句经学，扬雄号召人们向着孔子的原始儒学回归，号召学者走简易经学之路。第二部分，鉴于今文经学极大地阻碍了经学的求真、变革与创新。针对这种以“师”“家”为第一权威的做法，扬雄直接抬出了圣人与之相对抗。扬雄作《法言》，其用心所在就是想把“传道”的使命肩负下去，通过对孔孟儒学的发扬，以匡正当时不良学术风气。第三部分指出，对五经元典的客观的解读上，扬雄对儒学学理进行了新的构建，首先表现在其以原始儒家的修身之学，来对抗今文经学的利禄之学。其次，以原始儒家的求真之学，来对抗今文经学的虚妄之学。总之，扬雄通过对孔子儒学精神的阐释与再创造，构建起适应社会发展、解决经学危机的“新”儒学。

从儒学的角度研究扬雄思想，不少学者曾有过深入阐述，该文联系扬雄所处的时代背景，即西汉末年儒学危机四伏的学术背景，阐述了扬雄构建起适应社会发展、解决经学危机的“新”儒学，对孔子儒学精神的阐释与再创造。

《扬雄智论发微》，侯文学著，《华夏文化论坛》2007 年第 1 期。

侯文学，吉林大学文学院教授，博士生导师。

论文分为四部分。第一部分指出在《法言》中，扬雄明确表示对智的崇尚。《问明》篇记载，有人问他，人最崇尚的是什么，他说“尚智。”汉人普遍以智配《易》，扬雄以增智之《易》为五经之首，是其将智置于仁义礼信之上的又一表现。第二部分认为扬雄所关注的天，是总括一切的规律、法则，即“道”（扬雄在《太玄》中又称之为“玄”），表现为一种客观规律性，人道只是其中的一个部分。扬雄作《太玄》的目的是“为仁义”，即为儒家的道德仁义寻找本体论依据，然其实际兴趣与努力已经越出了其主观目的。第三部分指出与孔子等重群体他人不同，扬雄的智论服务于自身。这也要从两个方面来理解。首先，扬雄的智论主要落实在自我感性生命的层面，以保身全命为价值底限，体现出对生命的珍爱。其次，在重生、爱身的基础上，扬雄对自我的人格尊严亦十分重视。第四部分探讨扬雄将“独智”规定为成圣的条件，“独智”二字凝聚着战国以来的思想学术成果，是扬雄学说汇纳百川的一个表征。该文主要从三个方面予以阐明。首先，其以“独”称“天（道）”，取资于战国以来的道家之学。其次，把“圣”与天道相连也是战国以来学术思想的主要特征。复次，“慎独”也是战国以来颇为流行的修养方法。扬雄在时代风气的影响下，肯定智，并赋予智以新的内涵，是在尚智征圣的旗帜下对传统儒家学说的重铸。

该文通过论证指出，扬雄智论，虽然主要是围绕儒家的道德问题来阐述，是对孔孟儒学的继承，但他赋予智的上述内涵，并将其地位升为五常之首，实是对先秦儒家群体意识的超越，客观上克服了早期儒家只探究人伦之道的狭隘视野。扬雄将智的地位凸显出来，在儒学发展史上，意义重大。可以说，从扬雄开始，儒家学者才赋予“智”以五常之首的地位，并循此作具体的论述工作。

《〈太玄〉的筮法和天道观略论》，王兆立、于成宝著，《周易研究》2009年第4期。

王兆立，山东科技大学教授。

论文分为三部分。第一部分，《太玄》对《周易》的模拟。作者从形式和内容两方面分析《太玄》对《周易》的模仿。从形式上看，《太玄》是对《周易》经传的模仿。具体说来，《周易》有“易”，《太玄》有“玄”；《周易》有六十四卦，各卦皆有卦形、卦辞，《太玄》有八十一首，各首皆有首形、首辞；《周易》一卦有六爻，各有爻辞，《太玄》一首有九赞，各有赞辞……从内容上看，首先，《太玄》的首名与《周易》的卦名有着一致的对应关系。其次，从《太玄》赞辞的撰系情况来看，虽然在个别语句或句式上有取自《周易》爻辞的地方，但总的来说，《太玄》的赞辞应当属于扬雄依据他所定条例的一次精雕细刻的再创造，《太玄》的赞辞较《周易》的爻辞而言，要严整得多。第二部分，《太玄》的新筮法。《太玄》筮法与《周易》“大衍筮法”相比较，可以看出《太玄》筮法的特色在于：第一，扬雄将首的阴阳属性、赞的昼夜属性、位的经纬属性，都做了预先的规定。第二，扬雄在占辞的取择上，创立了参看三条赞辞的方法，这三条赞辞，如果我们从赞位的角度看，蕴涵了考察事物发展由始到盛到终整个过程的意味，从而使占筮的结果富有一定的辩证色彩。该文进而指出，扬雄《太玄》的这一宇宙图式，是自《说卦》《吕氏春秋》《淮南子》、孟喜京房易学以来所言宇宙图式的一次大总结、大整合，是先秦西汉学术史发展的必然产物。第三部分，《太玄》的天道观。这一部分认为，“玄”作为宇宙万物本根，又有着内在的规定性：第一，“玄”是最高的“道”的体现；第二，“玄”贯穿着事物发展的全过程；第三，“玄”是宇宙万物统一的基础。

论文的一大贡献在于从内容和形式两个角度，分析了《太玄》对《周易》的模仿，进而阐述了《太玄》的新筮法和天道观，认为扬雄的以数字纳五行、干支的思想，既体现了他对自先秦以来的学术思想的继承，也显示了作为一名好学深思的儒学大师非凡的创造力。对于当今学者研究扬雄的思想，提供了新的视角和参考价值。

《**〈太玄〉的撰著旨趣及儒道兼赅的哲学思想**》，杨福泉著，《绍兴文理学院学报》2009 年第 4 期。

杨福泉，绍兴文理学院教授。

论文分为三部分。第一部分联系扬雄所处的时代背景和生平经历，分析《太玄》的创作背景和原因，并做出总结：第一，扬雄创作《太玄》受到当时社会政治形势的深刻影响。第二，丧子之痛使扬雄更加深切地体会到人生无常、祸福难测，从而产生了消极避世的悲观情绪。第三，《太玄》仿《周易》而成一家之言，反映了扬雄关于宇宙自然和社会人生的学术思想。第四，扬雄作《玄》的学术勇气及其《玄》为仁义的现实精神。

第二部分阐述了《太玄》的思想体系。扬雄仿《周易》而作《太玄》，构建了一个无比庞杂而又自成条贯的哲学思想体系。这个体系以玄为核心，吸收了秦汉以来天文、历法等自然科学的研究成果，并与当时社会所流行的阴阳五行学说密切结合，包涵一切时间及空间，囊括所有人事和自然。玄是扬雄哲学思想的最高范畴，也是《太玄》结构体系的中心概念。

第三部分考察了《太玄》对前人思想的继承和发展。首先，《太玄》的哲学体系乃是融合儒道思想的产物。扬雄明确提出“《玄》为仁义”的思想主张，他的玄在社会历史和政治制度的意义上，即指维护封建君主专制的纲常伦理。其次，扬雄所谓玄兼天、地、人之道，可能受到自董仲舒以来的“天人合一”思想的深刻影响。再次，扬雄正是继承和发展了其师严君平“引《易》入《老》”的学术特点，他的《太玄》将《周易》和《老子》有机融合，建立了一个儒道兼赅的哲学思想体系。其兼赅儒道的《太玄》思想，不但成为魏晋玄学的重要学术渊源，而且成为继《老子指归》之后，两汉哲学向魏晋玄学转变的又一个重要中间环节。最后，扬雄关于“因循革化”的观点，是对《周易》“革之时大矣哉”的充分发展，包含着丰富而深刻的辩证法思想。

该文的最大贡献在于：不仅联系扬雄所处时代背景和生平经历，分析创作《太玄》的背景和原因，对《太玄》的思想体系也进行了详细的阐述，也考察了《太玄》对前人思想的继承和发展，为更多读者了解扬雄其人其书，进一步扬雄思想的研究，产生了积极影响。

《述“事”作“文”：扬雄〈太玄〉旨意探微》，魏鹏举著，《文学评论》2009年第3期。

魏鹏举，中央财经大学教授，博士生导师。

论文分为三部分。第一部分联系扬雄所处的时代背景和学术背景，指出扬雄作《太玄》《法言》《方言》，是对当时学术风气的一种“回应”，不过是一种“错位”的回应。扬雄并未随波逐流，人云亦云，而是持守独立人格，并疏离体制化，坚守正统儒学立场。第二部分分析扬雄作品的模拟问题，指出扬雄并非单纯模仿，而是有着自己的创见，只是后世学者看法偏颇，认为扬雄观念保守复古，值得反思。第三部分以《太玄》为例进行解读，以冀对认识扬雄一生的文化实践有一些启发。首先，《太玄》与其说是淡泊之制毋宁说是发愤之作。其次，《太玄》的思想体系，并非完全是道家思想，而是以“玄”阐述儒家仁义道德，是儒道融合思想的体现。再次，《太玄》以一种近乎纯粹的方式对当时的功利经学进行拨乱反正。扬雄对于急功近利，烦乱琐碎的体制经学的批判，以及《太玄》本身文字的艰深晦涩，立意高远，都体现了扬雄恢复儒学的道义理想精神。因此，司马光等学者认为，扬雄对儒学道统的挽救和恢复，居功至伟，是孔子之后的第一人。

论文的最大贡献在于：对扬雄创作《太玄》的目的，进行了深入的探讨和严谨的论述，不仅考察扬雄所处的时代背景和学术背景，指出持守独立人格，并疏离体制化，坚守正统儒学立场，也通过对《太玄》的解读，阐述扬雄恢复儒学的道义理想精神，为更多读者了解扬雄其人其书，进一步推动扬雄思想的研究，产生积极影响。

《**扬雄的因革论**》，王栋著，《北京化工大学学报（社会科学版）》2010 年第 3 期。

王栋，湖南第一师范学院文史系讲师。

论文分为三个部分。第一部分，扬雄的因革论，具体到文学观上，就是要求语言文字的传达亦即文学创作应该依乎时序形势，顺乎天道自然人事，可因可循，可革可化。他的这一文学观包含着两个方面的内容：第一，强调客观、真实、自然；第二，强调时代实用性，与时俱进。第二部分，扬雄因革论的特点。第二部分指出，扬雄所倡导的因革论具有两大特点：第一，坚持儒家传统，以儒学为学术正宗；第二，以儒融通道、墨诸家，丰富发展儒学。第三，扬雄因革论对后世的影响。该文认为，扬雄的这种有因有革的“因革”论思想对后人的影响是巨大而深远的。从王充开始，中经葛洪，直至刘勰，由反对而发扬，形成了著名的“通变”观。

论文的一大贡献在于正确并合理解读了扬雄的因革论。作者认为，扬雄的因革论强调客观、真实、自然和时代现实性，坚持儒学正宗地位，以儒融通道、墨诸家，在丰富发展儒学思想中为王充、葛洪、刘勰等文论家之因革论思想的形成提供了思想理论渊源。扬雄的因革论包含的客观性、现实性，融合儒、道、墨诸家的思想学说，不仅对儒学的发展起到了重要作用，对后世文学评论的影响也极为深远。

《**扬雄人性思想本义**》，郭君铭著，《石家庄铁道大学学报（社会科学版）》2010 年第 4 卷第 4 期。

郭君铭，中共河北省委党校哲学社会教研部教师。

论文分为三部分。

第一部分，扬雄之前儒学人性论的演化轨迹。儒家所说的修养，是培养道德信念、成就完善人格的一系列理论和方法。先秦和汉初的儒家文献中，有着丰富的人性论思想。扬雄关于人性的理论，即是建立在这些理论基础之上。该文通过对《论语》《大学》《中庸》、孟子和荀子的人性论进行考察，指出秦汉儒家人性论就是在这一理论困窘的基础上展开，试图弥合孟荀之间的对立。综合来看，汉儒强调道德修养中“修”的方面更多一些，这显然和汉代儒学礼乐教化的大背景有关，但扬雄的人性理论却有其独到之处。

第二部分，扬雄人性论中的“混”与“气”。这一部分从扬雄人性论中的“善恶混”和“气”展开解读和论述，首先阐述了历代学者对“混”的解析，指出“人之性也善恶混”是说人性中只有还处于潜存状态、处于混沌之中的善和恶，善和恶的分化是在人的后天修为中形成的。该文又分析后世学者对“气”的解析，认为郑万耕先生的观点或许最接近两汉时期人们对人性的普遍认识。郑万耕先生认为：扬雄所谓适善恶之马的“气”，和《太玄》中的宇宙演化思想相一致，人也是元气自身演化的产物，内涵阴阳之气，所以这个“气”是“指人性的物质承担者或物质基础”。

第三部分，扬雄人性思想的特质所在。扬雄人性论所关注的，是作为社会个体的个人何以能成为一个道德完美的君子，如何通过道德修养成为一个君子，进而向圣人的目标挺进。扬雄的人性论思想，有着更多的对人自身的尊重，以及人人平等的思想成分。这在思想家们着力为封建统治秩序进行理论论证，极力挖掘等级制存在的合理性根据的汉代，显得尤其难能可贵。

论文的一大贡献是通过对扬雄及其先代学者的人性论进行考察，指出扬雄的人性论思想和修养观，不是对孟荀思想的简单调和，而是在孟荀的基础上，比孟、荀更进一步认识到人性问题的复杂，从而克服了孟荀理论的片面性，在更高的层次上向孔子的思想回归。和秦汉时期人性论思想主流相异，扬雄承认人后天转化的可能，使圣人成为可以企及的目标，这就把为善成圣的希望给予了更多的人。扬雄的人性论，含有对人权的尊重，以及人人平等的思想，一定程度上突破了时代思想的局限，促进了我国人性思想认识的发展。

《从玄、气、心看扬雄的性善恶混论》，闫利春著，《周易研究》2012 年第 4 期。

闫利春，河南科技大学副教授。

论文分为五部分。

第一部分从“玄”成物的原理，分析性善恶混的思想。在扬雄的人性论思想中，性善恶混正是体现了“玄”生物成物的对待相生之理。该文进而通过对历代学者的观点分析，考察了“玄”为何物，“玄”是融合“易”“道”“元”三者而成的宇宙本体。

第二部分通过分析历代学者的观点，对“玄”与“气”的关系，进行了考察。在“玄”的生成作用下，人同样兼具神明之气与阴阳之气。扬雄认为，这两种气以“灵”与“气”的形式存在于人。气本身是无善无恶的，人的善恶还在于一念动机的催生。一念动机的善恶及其能否持久，则完全取决于心的思虑作用。“含至精，理之所由出”，可见在人性的养成过程中，心之思当精之又精，达到至精的状态时，自然穷理尽性，择善而固行之。

第三部分指出“玄”的创生原理在人性上的表现是善恶相混、神明之气与阴阳之气并存。因此，在人性修养上，就必须有一主宰的力量，一方面择善而固行，一方面率气适善。在扬雄的人性修养论中，这种主宰的力量是由心发出的。这就需要心有两方面相应的属性，即知善的道德判断能力和行善的果敢能力。关于知善的道德判断能力，根据“人以心腹为玄”，可知心就是内在的“玄”。因此，“玄”的各种属性也就内涵于心。而“玄”最主要的功能就是认识判断。该文在扬雄看来，心之所以“神”，唯在其所潜。心虽然具有潜天、潜地、潜圣的能力，但为了确保此种能力不放失，还必须时时涵咏以存之。这种涵咏工夫，扬雄称之为“精”“诚”。

第四部分指出，要使心达到“用之至”，除了精诚之外，还要有切实的养心工夫。“养”不仅可以养正、养善，而且还可能养邪、养恶，在扬雄看来，最主要的是使此心纯粹刚毅。第五部分，结语。这一部分对全文内容进行了简明扼要地总结和提炼，明确了论文的主要观点。

论文的最大贡献在于：通过对扬雄的思想和历代学者的解读进行严谨的分析和论证，对扬雄的人性论进行了系统的分析和阐述，指出扬雄论“玄”兼具伏羲的“易”，老子的“道”，孔子的“元”三义，表现出他建构宇宙本体论的思想路径，对当今学者的研究提供了新的视角和重要参考价值。

《**扬雄的太玄哲学**》，张立文著，《孔子研究》2013 年第 6 期。

张立文，中国人民大学教授，博士生导师。

论文分为三部分。

第一部分从考察扬雄所处时代背景入手，指出当时汉由盛转衰，政治、价值危机严重，因此，扬雄他在政治上主张改革，假圣言以倡改制，借天道以明人事，同情王莽新政；在价值上维护天人之际正统核心话题，率先批判谶纬神学，批判经学神秘化。扬雄沿着两汉究天人之际的时代话题，从四个方面予以论证：一是圣人之所以能“和同天人之际”，是因为圣人之心能测乎天地之情，而入乎神。二是天人相应。三是天人相应，祥瑞见隐。四是天命与人为。

第二部分阐述了扬雄借天命以明人为，托圣训以砭时政，试图化解西汉末年的政治危机和价值危机。首先是通过四重四轻从正反方面教化人之所以为人，并通过两者的反差教化人如何立身。其次是面对西汉末社会政治危机的深重，扬雄主张革新。再次是扬雄为化解价值危机，恢复儒学正统。最后，扬雄依据其对当时政治危机和价值危机的体认，以及其化解这两种危机的构想，在追究当时社会政治冲突和价值冲突的根源时，提出了“善恶混”的人性论，试图圆融孟子性善论、荀子性恶论、董仲舒性品级论之偏。

第三部分指出，扬雄为从理论思维上深入化解价值危机，钩深致远地构建了太玄哲学思想体系。《太玄》是扬雄拟《周易》而作，该文便从与《周易》比较的角度，详细阐述了两者异同，指出其太玄有自然科学的实证精神。扬雄逻辑结构的价值理则是玄，玄是其至极的观念，故名“太玄”。该文从四个方面解读扬雄的“玄”：其一，玄在幽冥中开展出万类万物，而不显露其形象。其二，玄凭借虚空资生陶养出天体及运行的规则，换言之，玄生养天地万物。其三，玄贯通万物古今发展的过程和区分万物的种类。其四，玄的功用体现为伦理道德。其五，玄的普遍联系和变化。这一部分认为，扬雄严谨而宏大的《太玄》哲学逻辑结构的创新，是他一生智慧和心血的结晶，显示了汉代理论思维能力的提升和对烦琐谶纬经学的批判能力的提高，以及对于天、地、人价值意义的追求，启发了以后哲学新思潮的发育，特别对魏晋玄学有其特殊意义。

论文的最大贡献在于：不仅结合扬雄所处的时代背景和扬雄的主要思想，详细阐述了扬雄的太玄哲学体系，也通过与《周易》的比较，从四个方面对“玄”的含义进行了解读，并肯定了扬雄思想在我国学术史上的重要地位和意义。关于扬雄《太玄》哲学思想的阐述，已有不少学者进行过系统的研究，该文将《太玄》与《周易》相结合，不仅对“玄”这一概念进行了独辟蹊径的探讨，也肯定了其对后世的深远影响。目前，关于“玄”的研究已经相对全面、丰富，为更加深入的研究扬雄思想奠定了基础。

《扬雄和王符伦理思想比较论》，李丹丹著，《求是学刊》2014年第2期。

李丹丹，东南大学人文学院博士。

论文分为两部分。

第一部分，阐述扬雄和王符伦理思想的共同点。第一个共同点是对儒家道德规范的共同弘扬。从推崇儒家伦理观念的理论自觉出发，扬雄重申和论证了三纲五常的道德原则和规范。王符在对儒家道德规范的弘扬中，提出了“四行”“四本”说。“四行”即仁、义、礼、信；“四本”指恕、平、恭、守。在王符看来，“四本”是“四行”的根本。扬雄和王符的道德规范论是对儒家伦理观念的直接继承和发挥，具有利他主义的合理价值。王符对于“平”的阐释具有人格平等的思想因素，这是其伦理学说的光辉之处。扬雄和王符伦理思想的第二个共同点是具有开放的心态，不排斥非儒的学说，但基本倾向是一致的，都归宗于儒家，或以儒家为主。从扬雄的思想渊源看，他学宗儒家，并以儒学为标尺兼采诸家。在政治上，扬雄不反对法治，但他更强调德治。王符在政治思想上主张德刑并用、任贤使能、富民为本等。在伦理思想上，王符不排斥非儒学派的观点，但主要弘扬的是儒家的伦理思想。扬雄和王符伦理思想的第三个共同点是对后天个人道德修为的重视。在修养论上，扬雄提倡学行结合。王符也强调了学习的重要性。他否认有生而知之、生而能之的“至圣”“至材”，所谓“至圣”“至材”都是学而知之。

第二部分，阐述了扬雄和王符伦理思想的差别。第一个差别表现在理论深度上，由于扬雄研究《周易》，著有《太玄》，其伦理思想具有形上学的根基，而王符更多侧重的是日常生活方面的研究，理论深度相对不足。第二个差别表现在人性论方面，扬雄持善恶混说，王符则继承了董仲舒的性三品说。第三个差别表现在由人性论所导引的思想走向不同。扬雄导向了个人修养的强学力行，王符则导向“化变民心”的道德教化论。

该文认为，扬雄和王符所经历的历史情境虽有不同，但伦理思想倾向基本一致，都是对儒家道德规范和修养方式的继承和发展。但也有一定的差异，主要表现在理论深度、人性论以及由人性论所导引的思想走向方面。

《北宋思想家对于扬雄〈太玄经〉的看法》，侯道儒著，《清华学报》2014 年第 4 期。

侯道儒，中国台湾清华大学中文系副教授。

全文分为四个部分：一、导言；二、第一阶段的话语；三、第二阶段的话语；四、结语。

第一部分，导言。这一部分简要阐述了选题背景和研究内容。十一世纪，汉代思想家扬雄的生平和思想成为争论的重要话题。北宋儒家文人对扬雄及其思想的创作，比中国历史上任何时期都要多。该文由此提出了两个重要问题：第一，扬雄的思想在北宋时期扮演了什么角色？第二，为什么此时文人对扬雄产生了兴趣？该文也指出，与基于二进制模式的《易经》形成对比的是，《易经》采用了阴和阳的不同组合，得出了文本的六十四个六线卦，而《太玄经》则采用了三进制模式，由代表天、地和人的线条构成了作品的 81 符号。在 11 世纪下半叶，这两种数字模式的相对价值和相互关系将成为儒家文人争论的重要焦点。

第二部分，第一阶段的话语。该文认为，这一阶段的话语，集中在与扬雄的性格和行为有关的问题上，发现在班固的汉书传记中——他决定称呼《太玄经》是一部“儒家经典”。尽管部分学者在研究中提到了宋代学者对扬雄的政治行为的看法，但他们都没有集中于用《太玄经》来证实他们的立场的论点。正如我们将要看到的，一些北宋思想家，特别是那些受古文影响的人，援引《太玄经》来捍卫扬雄的决定，将他的作品称为“儒家经典”，或者认为这篇文章实际上是对王莽篡权的含蓄政治批判。

第三部分，第二阶段的话语。在 11 世纪下半叶，新的辩论路线变得突出，它涉及两个关键问题：第一，《太玄经》是涉及道术还是数字技术（与占卜和日历有关）；第二，早期思想家的主张。这一时期的学者与过去学者的不同之处在于，他们把更大的注意力放在扬雄的思想理论方面。

第四部分，结语。这一部分对前述内容进行总结，认为对上述两种话语的密切分析表明，扬雄及《太玄经》在北宋时期成为一个引起学术界广泛关注的话题。该文本在 11 世纪关于如何确定有价值的地位和构想宇宙的辩论中发挥了重要作用，尽管迄今尚未探索。此外，十一世纪下半叶第二段话语的日益突出反映了北宋知识环境的重要发展。这一发展的特点是对诸如人性、如何定义道的问题以及人类与宇宙之间的关系等理论主题的兴趣增加。在这种知识环境下，扬雄《太玄经》的教义内容开始掩盖与扬雄的个人性格有关的问题，对《太玄经》文本的讨论在很大程度上集中于其中提出的思想的有效性。

该文发现北宋士人关于《太玄经》的讨论可以分成一种着重扬雄的人品及行为的论述，影响北宋士人如何决定哪些儒者在传统中的重要地位；另一种则更重视《太玄经》中的概念及理论，在《易经》的重要性以及天人之间的关系议题的思考上影响北宋士人。通过对两种不同话语的探讨，解读扬雄在北宋时期的地位与影响，为进一步研究扬雄与《太玄经》提供了参考价值。

《论扬雄对儒学的改造和发展》，梁宗华著，《东岳论丛》2016

年第12期。

梁宗华，山东师范大学教授，博士生导师。

论文分为两部分。

第一部分简述了扬雄的生平和主要思想，指出扬雄维护儒学纯正、廓清驳杂方面的发展与贡献。首先，他高度评价尧舜、孔子等儒家所尊崇的圣人，实际已开阐论儒家道统之先声。其次，他极力称颂儒家五经，以其为经纶大法。再次，虽然扬雄其志在复兴正统儒学，批判异端，但并非固守传统，对诸子学说一概排斥。

第二部分，由对儒学与诸子尤其是道家的以上基本认识，扬雄在其思想体系的理论构建上呈现以儒学为主体以道家之学辅之的面貌，儒家理论学说在西汉末再一次注入鲜活生命因子，勃然焕发光彩。首先，在天道观方面，扬雄努力剥离自董仲舒以来“天”的神秘色彩，主张天道自然无为。其次，立足于天道观基础之上，扬雄充分阐发了仁义思想。扬雄在天道观方面融合儒道的努力最终是为落实其仁义、修身思想寻觅理论支撑的，他的基本立场在于推天道以明人事，具体而言他的最终目的是要高扬儒家的仁义思想。再次，基于善恶混的人性理论，极为注重修身思想。最后，该文阐述了扬雄在中国学术史上的地位，他对儒学的反思、改造和发展对后世的影响颇为深远，对理学的扬孟抑荀无意中起了先导的作用。

论文的贡献在于结合扬雄所处的时代背景和扬雄思想中儒道互补的倾向，阐述他对尧舜、孔子等儒家所尊崇圣人的高度评价，实际已开阐论儒家道统之先声，对孔子、孟子、荀子的评判，对五经的褒扬，对诸子的评判，都反映了西汉学者的学术态度，映射着当时学术发展趋势；由对儒学与诸子尤其是道家的基本认识，扬雄在其思想体系的理论构建上则呈现以儒学为主体、以道家之学辅之的面貌，对当今学者的研究提供了新的视角和重要参考价值。

《**〈法言〉“或问”背后的人与思**》，秦际明著，《儒藏论坛》2017年第11期。

秦际明，中山大学哲学系副教授。

论文分为四部分。第一部分，《法言》与《论语》。这一部分分析了《法言》与《论语》的差异，《论语》有一个真实而具体的历史背景，但孔子在这些具体的历史情境中，却向我们展示出超越历史的永恒的东西。《论语》中的孔子有一种神奇的力量，能够把历史而具体的形而下者，提升到形而上的、道的维度。对于孔子来说，因为他知晓提问者的情况，知道其所以发问的缘由，从而能够予以有针对性的回答。但《法言》则不然。用西方的话来说，《法言》是理论的、抽象的，或者说哲学的。《法言》里的提问者没有身份，除了其所点评的历史人物之外，问与答都隐去姓名与身份，只作或人、或问，其所论进学修德对于所有人来说，都是一样的。然而，其人虽隐，其言犹存。通过其言辞，这“或人”的所思、所疑却真实无妄地流露出来。《法言》之宗旨正如其题，是要阐述圣人的正义与正道。扬雄认为圣人的道是唯一的正确。其所施行于天地人间，须齐于道的要求，而不可有丝毫的过与不及。

第二部分，“或人”为谁？相比较于《论语》中孔子师徒的志同道合，《法言》给人突兀的印象是，“或人”对扬雄所谓的圣人之道却是不理解的。不同于孔子点拨欲进德求知的弟子，《法言》中扬雄与“或人”之间的问答则仿佛是在考量儒家的道义与百姓的世俗欲望之间的兼容性。“或人”不像《论语》中的提问者那样向孔子寻求智慧，而是提出了自己的所思所想，有自己的隐忧。

第三部分，古代世界中的“或人”。《法言》里的“或人”不乏问学问政之言，但这不是主要的，更多的“或人”是圣人之道的“惑人”，他们不是士大夫，不是五经的诵习者，那么他们于圣人之道何为？这是传道解惑授业者必须思考的问题。在《法言》里，无论“或人”之志趣与才性如何，进德近道之法都是一样的。一个人如若有所进益，则必须因循圣人之道。圣人之道也因此而超越了礼器之用与才性之别的具体分殊，酿得了一种普遍性。扬雄将孔子分殊之教归纳为一种对所有人都适用的普遍方法论，那就是向德而修其性。

第四部分，“或人”与儒家教化。儒家对社会的构成与运作有深刻的认识，对人们的心智与志趣也有着明晰的了解。所以儒家之教是有区别、有层次、有先后的。于百姓则以礼乐导其风俗，整饬其伦常，而后教弟子以书籍文章。扬雄《法言》之宣道异于孔子。《论语》之导民，不是孔子直接向大众宣讲儒学，而是强调士君子于从政与化俗来弘道。扬雄的《法言》更多的是从为学进德的角度来考虑圣人之道对于众人的意义，于儒家所以接民济众的礼则较少论及。扬雄对儒家的道有一种特别的信心，他的《法言》就是要将儒家圣人之道的信念教给世人，无分东南西北与夷狄之人。《法言》里的“或人”可以是所有人，他们无须特别的身份与才性。但“或人”有“或人”的隐思。“或人”的思考策略着眼于现世生存，儒家的道于他们而言显得迂阔而不切实用。这也正是“或人”所以为“或人”者。而在扬雄看来，圣人之道正是要解“或人”之惑的。

该文通过比较《论语》与《法言》教学目的和方式的不同，

指出扬雄虽隐去了“或人”的姓名与身份，但其于发问中，我们仍然可见他们在世间生活中的种种思考与问题，他们对圣人之道的种种猜度与不安。依“或人”之所思，道家养生之法，阴阳家奇怪之谭，申韩使用的刑名之术，也许更加吸引他们。而在扬雄看来，当时的经学成为功名利禄之途后，经说日益烦琐，不仅让普通人难以了解，还引入了阴阳灾异之说来解经，所以在那个经师辈出的时代，扬雄反对经学。所以我们才能理解扬雄何以要自拟经书以面向大众，强调正与邪之泾渭分明，强调圣人之道的明白自然与对所有人的真实有效。

《**从人伦维度探究扬雄思想的体系架构与内在关联**》，桑东辉著，《唐都学刊》2017 年第 1 期。

桑东辉，黑龙江大学客座教授。

论文分为七部分，以其人伦思想为视角，对其思想体系的架构，特别是其思辨哲学、历史哲学、道德哲学、文学、美学之间的内在关联进行研究，以此来透视扬雄思想体系的内在结构特点。

第一部分，太玄图式：扬雄人伦思想的本体基础。从扬雄的本体论与人伦思想的关系看，天道自然规律是人类道德立法的准则，天道的阴阳决定人伦的尊卑。

第二部分，损益变革：扬雄人伦思想的历史哲学。扬雄的历史哲学也是来源于太玄本体论，核心是“罔直消长，盈虚消息”的新故更迭、循环递嬗观点和“道非自然，应时而造”的与时俱进、因时损益观点。

第三部分，善恶相混：扬雄人伦思想的人性论。扬雄善恶相混思想为其人伦思想提供了人性论基础。按照扬雄的观点，一个人要修成圣贤，首先要用善念来保持自己的心，并且强调凸显人作为道德主体的自觉选择。

第四部分，仁宅义路：扬雄人伦思想的道德取向。尽管扬雄的思辨哲学是会通儒道的，但其人伦思想归根结底是儒家的，他把儒家的仁义道德作为其道德观的根本。

第五部分，中和之美：扬雄人伦思想的美学意蕴。建立在太玄基础上的中和价值观，具有两方面特色：一方面是中和的美学价值，另一方面是中和的道德价值。

第六部分，作为辞赋大家，扬雄的辞赋不仅仅在于文字的铺排，更具有道德意蕴。他通过辞赋作品，寓讽于赋，寓谏于颂，委婉地表达自己对君主的劝诫，将其人伦观落实在忠谏中。

第七部分，强学力行：扬雄人伦思想的修养路径。扬雄构建起庞大的思想体系，其落脚点在于对社会现实的关注，特别是指导人提升自我修养，提高道德水准。

论文的最大贡献在于详细分析和阐述了扬雄思想的内在结构性和关联性，从人论视角透视出其本体哲学、历史哲学、道德哲学、美学、文学等体系的完整性与严密性，将扬雄庞大繁杂的思想体系进行了梳理，更容易让读者理解扬雄思想，窥见扬雄思想的全貌。

《**扬雄的道统思想及其在道统史上的地位**》，蔡方鹿著。《四川师范大学学报（社会科学版）》2017 年第 4 期。

蔡方鹿，四川师范大学教授，博士生导师。

论文分为三部分。

第一部分阐述了扬雄的道统思想。虽然扬雄提出的道统思想还不那么系统、完备和深入，但与他的尊儒宗孔，批评诸子学和汉学流弊的思想相联系，具有一定的排他性，强调回归儒学正统，发扬传承儒家圣人之道，对后世的道统论产生了一定的影响，也体现了扬雄尊孔崇儒的诠释路向。

第二部分，坚守圣人之道，批评诸子。扬雄在提出道统思想，并初步叙述儒学道统的承传说的基础上，认为儒家圣人之道一脉相传而众说不足为言。针对汉代经学定于一尊后出现的流弊，扬雄批评异于孔子的诸子之说以及当时经学的流弊。表达其尊儒宗孔，坚守和发扬正统儒家学说的立场，最终是为了自觉奉行儒家圣人之道。

第三部分阐述了扬雄在道统思想史上的地位。扬雄的道统思想对后世产生了一定的影响，在道统思想发展史上占有一定的重要地位。因其早期的道统思想还不够完善，还有待于丰富和发展，但毕竟对后世产生了相应的影响，也表现出道统思想在历代历史上传承不绝。

从儒学角度研究扬雄思想，是学术界进行扬雄研究的重要方面，该文深入阐述了扬雄的道统思想，进而考察了扬雄思想的学术地位和历史影响，指出扬雄批评异于孔子的诸子之说以及当时经学的流弊，肯定了扬雄的道统思想在思想史上的重要地位。

《论扬雄〈太玄·莹〉中福、祸、乐思想》，刘韶军著，《西华大学学报（哲学社会科学版）》2018 年第 1 期。

刘韶军，华中师范大学教授。

论文分为两部分。

第一部分，《莹》篇关于福与祸、福与乐的思想。这一部分根据《莹》篇中一段关于福与祸的论述，探讨扬雄关于福与乐关系的思想内涵，并与弗洛伊德、康德的相关思想进行对比。通过分析，指出扬雄《莹》篇中，包括如下几个思想：一，人们所谓的得失（得亡即得失，亡即是失），不是利的得失，而是福与祸的得失。二，人们的福与祸的得或失，不是由个人的意志来决定的，而是要由外在条件来决定的。三，顺或逆、正或邪是有具体内涵的。所谓顺或逆，是对天地自然规律的顺或逆，即不做违背天地自然规律的事，则得福而亡祸，反之则得祸而亡福。四，天道的顺与逆、人道的正与邪，其中既有自然规律的问题，又有人类社会道德的问题，而其在扬雄的福祸得失观中，得到了统一与整合，不再是分裂开而各自互不相干的东西。五，人的正与邪有具体的规定，即“内正而外驯，每以下人”，此为正，反之则为邪。六，福与祸是相互转化的，即所谓“福不丑不能生祸，祸不好不能成福”。七，扬雄的理想人格——君子，是按以上思想来做人的，即所谓的“丑好乎丑好，君子所以亶表也”。

第二部分，福祸思想与扬雄的身世、个性。这一部分通过对扬雄的家世传统、人生经历、个人性格、人生态度进行分析。首先，扬雄家族对于战乱、险难、仇祸，一向采取避让态度，几百年来，这就成了其家族独特的思想传统：不与人争，主动避让。其次，扬雄性格的特征是孤寂内向、淡泊名利、好学深思。这种性格决定了扬雄必然会走通过深思而著《太玄》以自守的道路，决定了《太玄》必然以君子修德自善、避祸全身为主旨。再次，从扬雄不赞成屈原自杀的言论，可以了解得时则行、不得时则缩的人生态度。这与其晚年所撰《解嘲》《解难》《太玄》的思想完全一致，表明扬雄一生皆以此种态度步履人生。

论文的最大贡献在于：阐述了分析了《莹》篇中关于福与祸、福与乐的关系问题，并与弗洛伊德以及康德有关思想进行比较。同时，通过扬雄的身世及个性，分析他产生此类思想的根源。福与祸、福与乐的关系，是《太玄》思、福、祸三段论的重要组成部分。论文提供了新的视角和参考价值，有助于当今学者更好地理解和把握扬雄的思想。

《扬雄“太玄”释义》，张昭炜著，《哲学研究》2018 年第 10 期。

张昭炜，武汉大学教授，博士生导师。

论文分为三部分。

第一部分，作为道体。扬雄作《太玄》的用意是探索儒家道德本体，扬雄理解的道体不限于笼括性的仁义，而是对“道德之归”的终极追问，追求道德的根本因；他不是从具体的礼乐伦常、庸言庸行等实在处去理解儒学，而是对“礼乐之原”的探本穷源，寻求礼乐的形上根据。

第二部分，作为工夫。由天道贯彻到人道，玄是儒者践行效法的对象，是儒学修身工夫的指导原则：“言出乎罔，行出于罔，祸福出乎罔。罔之时，玄矣哉”。“言出乎罔”，由言以返罔，则为缄默；“行出于罔”，由行以返罔，则为默识躬行。冬至是退藏闭关之象，道体灵根只有在深静中才能得以生生，换言之，灵根生长的营养源自深静，如同肥沃的黑土为庄稼生长提供丰富的营养。修身工夫要暗合太玄的运动，只有合得上，才能将仁义体得真。扬雄不限于从天道论诠释太玄的运动，他的用意也在于工夫论中真切体知道德本体，“君子能此五者”之“能”表明玄是人能够默契达到的境界，人通过道德工夫能够实现玄的运动形态。

第三部分，关乎道统。首先，该文认为扬雄构建的儒家道统谱系是文王、孔子、颜回。从孔子到文王，这种道统是间断的，时空相隔较远；从孔子到颜回，这种道统是连续的，在同一时空中相遇。缄默谱系既可以遥契，又可以直传，关键在于体证玄。

以道体与工夫为统领，扬雄构建的道统谱系基于太玄道体，发挥藏心工夫。其次，该文指出，按照缄默与太玄理解，“不违”显示出颜回对于孔子之学的全面接受与践行。愚与默相应，是缄默、深静的表现。孔子教学，弟子均蒙启沃，并非仅颜回一人得其传，只不过颜回是最杰出者。颜回在缄默中体证道之全体，通过默识躬行来解决道体论中的“不闻”“不见”。针对隐性知识传授的困难，孔子将隐性知识寓居在显性中，以此广流传，如同编码。后学者应该从显性求隐性，犹如解码，从而体证儒学的全体，接续道统。最后，扬雄的太玄思想对于后儒多有启迪：从道体论而言，如周敦颐的“无极而太极”、邵雍的“心为太极”、张载的气之本体“太虚”、程朱的形上之“理”等；从工夫论而言，如周敦颐的主静、道南指诀的未发之中、阳明学的收摄保聚等。

该文指出，扬雄的太玄思想在儒道两家有会通趋势的背景下形成，扬雄的思想是儒道兼宗，玄是元气的母体，是渊，是根，道家由玄关开启众妙之门，儒家由透关得灵根，生生不息，这是儒道在缄默中的相合处。扬雄的哲学观与道统观内在一致，道统的构建在于触及深潜的太玄，文王、孔子、颜回的生命及人格是太玄的具身化，从而为探寻孔子的生命人格开辟了广阔的空间，并将儒学引向形上学。从天道下降到人道，太玄内植在人的心性中。在太玄之渊中滋养心神的灵根，在体证中充实生命的空廓感，真切体知生命的着实感，展现生命的生意盎然，实现人格的纯粹中正。

该文在阐发“太玄”天道基础上，将其引入道德本体建构，触发“藏心于渊，美厥灵根”的工夫论，兼及儒学缄默道统。最后，该文指出，《太玄》是中国儒学哲学化逐渐成熟的标志，外在重视天道大化流行，内在注重生命的体证，外在的天道与内在的道德本体具有一致的理路，这与西方哲学的形上学有明显差异。

《**扬雄对蜀学的影响**》，蔡方鹿著，《社会科学研究》2018 年 5 月。

蔡方鹿，四川师范大学教授，博士生导师。

论文分为三部分。

第一部分，《易》《老》结合对蜀学的影响。这一部分首先分析儒、道融合对蜀学的影响，扬雄《易》《老》结合，儒、道相兼的思想对后世蜀学产生了影响，亦成为蜀学的特点之一，即比较重视道家、黄老思想，并将其与儒学等其他思想融会贯通，而不是相互排斥，具有一定的包容性。其次阐述扬雄重视道家思想对后世蜀学的影响，扬雄对黄老道家思想有所吸取和重视，而使之得以持续推衍，流传至东汉末则道教在蜀地产生，这对蜀学和整个中国传统文化意义甚大。

第二部分，尊孔崇圣，五经济道思想对蜀学的影响。这一部分指出，扬雄在经典诠释和治学中，尊孔崇圣，批评诸子；并由其五经济道思想发挥出来儒学道统承传说和"善恶混"的人性论，这不仅在当时具有重要意义，促进了学术的发展，而且对蜀学也产生了重要影响。扬雄对蜀学的影响既体现在他重视道家，其《易》《老》结合的思想对后世蜀学产生了影响，同时也表现在其尊孔崇圣的思想及其五经济道思想引申发挥之道统论、人性论对蜀学产生了相应的影响。

第三部分，后世蜀人对扬雄的批评。扬雄对蜀学的影响也表现在后世蜀人对他的批评上。通过整理后人对扬雄的批评和评价，从中亦可看到扬雄对后世的影响，同时也可从一个侧面来认识扬雄思想的性质和特点。

该文阐述扬雄对蜀学的影响，并指出，扬雄是一位在蜀学发展史上占有重要地位的思想家。其思想不仅促进了巴蜀地域文化的发展，而且由于地域文化与时代思潮具有密切的联系，扬雄在影响蜀学的同时，亦影响到包括道教、玄学、理学、道统论、人性论等在内的各个历史时期的学说、时代思潮和重要理论，使地域文化与时代思潮紧密结合，促进了整个中国传统思想文化的持续发展。由此应对扬雄展开进一步深入细致的研究，以探讨其思想的各个方面及其价值和影响。

《**扬雄廉政思想综论**》，张佳著，《廉政文化研究》2018 年第 4 期。

张佳，南通大学副教授。

论文分为三部分。第一部分，扬雄廉政思想的三重视角。扬雄的廉政思想以人为关键，着重从为君、为官、为民三个角度阐述如何做到廉正与纯洁。首先，他认为为政以德是人君的基本素养。其次，积德守正是为官者的从政品质和风范。第三，修身正己是每个人都应践行的道德操守。

第二部分，扬雄廉政思想的具体内涵。扬雄的廉政思想不仅具有针对性，还有很多内容具备普适性，《连珠》一文就包含了民本、和谐、任贤、吏治、礼教、节用等廉政理念。其一，抑奢尚俭，民惟邦本。节俭是中国的传统美德，历史上对俭朴的陈述不胜枚举。扬雄则从帝王尚俭的高度斥责其奢侈成风，体现了一贯的民本思想。在他看来，过分的奢侈会给国家和人民带来伤害，但国家政治的优劣，并不取决于礼文形式的繁俭或生活奢贫，而在于仁义道德的高下。俭朴是一定条件和同等时代的品德标准，但不能泥古不化，一味地与古人比较奢俭。其二，崇廉戒贪，澹泊晏如。扬雄为官不贪恋富贵，清白做事，还主张向古代廉洁之士学习。公允、见识、清廉和耿介是扬雄心目中官员的理想品德。其三，师德友仁，治以礼乐。德治是扬雄廉政思想的核心，他重视和发展了儒家伦理道德的思想意义。首先，他将仁、义、礼、智、信归纳为最高的道德观念和素质。其次，他将伦理与政治相结合，认为礼乐是治理国家的基本制度，礼义是人君应遵循的道德教化。第三，他把仁义道德作为所有人的立身准则。

第三部分，扬雄廉政思想的形成原因。扬雄廉政思想的形成与其生活经历和所处的时代状况密切相关，同时也是他儒家文人身份的独特表现。其一，小自耕农出身的实际诉求。扬雄十分肯定的是政治善恶与人民的生活休戚相关，他渴望文吏、廉吏的出现，认为好的政治是让百姓怀念的“思政”。其二，汉代察廉选吏的制度要求。孝廉制度是两汉历史上的重要政治制度，它通过考察人的孝廉程度举荐人才，充实汉王朝的官员队伍，之后又有“察廉”“举廉吏”等名目，可见汉代对官员廉洁奉公是非常重视的。客观上讲，这类“察廉”制度为扬雄的廉政思想提供了现实依据。其中，儒家文人官员的道德追求。扬雄早年受到儒家思想的系统教育，入京后以辞赋获名，社会政治理念服膺孔学，治学上模仿儒家经典，强调个人修身之道，是一名比较纯粹的儒生学士。应该说，儒家传统伦理道德的浸淫和自身不慕荣利、好学求智的性格形成了扬雄廉政思想的主要内涵和特征。

该文阐述扬雄作为儒家文人的典型代表，从为君、为臣、为民三重角度阐释了他廉政思想的整体体系和总体要求，把抑奢尚俭、崇廉戒贪、师德友仁等廉政理念贯穿于自己的思想和文学著述中，给后人以劝诫。扬雄的廉政思想与其生活经历和所处时代紧密相关，也是他廉洁修身的具体表现。扬雄的廉政思想以儒家伦理道德为主干，结合其自身对人格修养的认识，发展成为具有积极意义的社会政治主张，在中国古代廉政文化史上产生了重要影响。

《**扬雄与蜀文化**》，潘殊闲著，《西华大学学报（哲学社会科学版）》2018年第1期。

潘殊闲，西华大学图书馆馆长、教授。

论文分为七部分。第一部分，扬雄是文翁化蜀、“蜀学比于齐鲁”的典范。古蜀国是一个拥有悠久历史与灿烂文明的方国，在中华民族多元一体中是重要的一元，扬雄是从西蜀走出的文化巨匠，“蜀学比于齐鲁”既可以理解为蜀地的学人数量比肩齐鲁，也可以理解为蜀中学者的声名与影响比肩齐鲁。齐鲁是儒学重镇，蜀地偏于西南一隅，接受中原文化的时间并不久，即能产生接踵孔子的儒学大家扬雄，这当然是不容易的，自然也是令人称奇的。所以，扬雄堪称文翁化蜀、“蜀学比于齐鲁”的典范。

第二部分，扬雄是“自古文宗出西蜀”的典范。扬雄著述涉及的领域甚广，后世所谓“经史子集”，扬雄都有建树。如果从其著述内容来看，其卓然而立的贡献至少包括儒学、哲学、语言学、文学、历史学、天文学、数学、音乐学等，确乎应该称为“百科全书式”的巨匠。扬雄是真正开蜀中学者弥纶群言、兼综百家的先河，显现出西蜀学者敦厚的基础、开阔的胸襟、宏远的视野、多维的旨趣与复合的能力。后世西蜀学者所出文宗巨匠，扬雄的示范与榜样作用是不能抹杀的。由此而言，扬雄诚为西蜀继司马相如之后，又一个开风气之先的人物。

第三部分，扬雄是蜀人“不鸣则已，一鸣惊人”的典范。扬雄四十一岁之前都在家乡读书深思，但学习思考本身并不是目的，目的是有益于国家。扬雄四十一岁之后离开蜀中来到京城长安，其才华即在《甘泉赋》《河东赋》《羽猎赋》《长杨赋》四赋中得以骤显。虽然扬雄作黄门郎二十多年，仕路并不畅达，但从其文学与学术的影响而言，这是困守家乡所完全不能比拟的。

第四部分，扬雄是蜀人擅长浪漫思维的典范。就文学作品言，蜀地文人善于幻想，善于联想。扬雄之赋，踵继蜀中前贤司马相如："相如凭风，诡滥愈甚。故上林之馆，奔星与宛虹入轩；从禽之盛，飞廉与焦明俱获。及扬雄《甘泉》，酌其余波；语瑰奇则假珍于玉树，言峻极则颠坠于鬼神。"

第五部分，扬雄是蜀人擅长逆向思维的典范。蜀地因为僻远，受中原正统文化的浸染有限，所以，蜀人兴趣广泛，爱好多样，不受拘束，往往个性张扬，不循常路，擅长逆向思维，喜欢标新立异。扬雄有强烈的"立言"的抱负，他的著述都是依循经典而不简单模仿，"以为经莫大于《易》，故作《太玄》；传莫大于《论语》，作《法言》；史篇莫善于仓颉，作《训纂》；箴莫善于虞箴，作《州箴》；赋莫深于《离骚》，反而广之；辞莫丽于相如，作四赋；皆斟酌其本，相与放依而驰骋云"，扬雄的这些著述都有鲜明的个性。如《太玄》，明显受《周易》和《道德经》等典籍的影响，但却独辟蹊径，建立了自己的"玄道"。

第六部分，扬雄是"易学在蜀"的典范。扬雄对《易》的理解与极富个性的阐释。尽管苏轼批评扬雄"好为艰深之词，以文浅易之说"，但不可否认的是，扬雄在蜀中易学史上应占有一席之地，其易学著述个性十分鲜明，对丰富"易学在蜀"的内涵，具有重要的意义与价值。

第七部分，扬雄是古蜀文化的守望者与拓荒传播者。关注古蜀文化，梳理古蜀文脉，传承古蜀文明，并不是只有扬雄。在扬雄的前后，就有司马相如、严君平（任乃强认为是庄君平）、阳城衡、郑廑、尹贡、谯周、任熙等七人先后为蜀地作纪、志、传等，如《巴蜀耆旧传》《蜀本纪》《三巴记》《巴蜀异物志》等，但都散佚所存无几，惟扬雄《蜀王本纪》所辑完备，对后世影响最大。

扬雄与蜀文化之间有很深的渊源，将扬雄研究纳入地域文化研究之中，是蜀地学者的重要研究内容，作者通过分析和阐述扬雄对蜀文化的贡献和成就，梳理并总结出七个蜀文化的特质与亮点，对研究扬雄与蜀文化之间的联系提供了一定的参考价值。

《尊道贵德：扬雄“五德”观溯源》，舒大刚著，《孔学堂》2018年第2期。

舒大刚，四川大学古籍研究所教授，博士生导师。

论文分为四部分。

第一部分，“道德仁义礼”：独特的核心价值观念。这一部分通过对《法言》《太玄》以及《剧秦美新》等文献中的相关内容，阐述扬雄所构建的核心观念，即“道德仁义礼”五德，或“道德仁义礼智”六者。

第二部分，“志道据德”：“五德”的历史渊源。这一部分指出，扬雄对“道德仁义礼”的论证和组合，既有其自己的发明创造，但也是基于对前贤（如老子、孔子，以及他的本师严遵、王褒）的继承和弘扬。

第三部分，“冠道德，履仁义”：“五德”的蜀学渊源。在诸子百家纷纷构建核心价值体系的同时，蜀中学人也有自己的核心价值思考，那就是儒道合一的治学风格和“道德仁义礼”的价值结构。该文根据现存文献所载，指出在扬雄之前最先提出这一结构的是王褒，而对其进行系统解读的则是严遵。

第四部分，风兮凤兮："五德"的文化土壤。作者指出，以扬雄为代表的蜀中学人所构建的"道德仁义礼"核心价值观念，具有明显的虚实结合、体用合一、诸学并重的特征。一则实现了道家与儒家的和谐统一。二则实现了形上与形下的统一。三则实现了理论与实践结合、务虚与务实结合。

论文的贡献在于：阐述了"道德仁义礼"五德的核心价值观念，并考察了"五德"的历史渊源，即远源于老子、孔子，中继于王褒、严遵诸人，甚至还有巴蜀志怪文献《山海经》的影响。同时，作者研究扬雄思想时将其纳入地域文化视野，指出扬雄之学，不仅是儒道合流的产物，也是对巴蜀文化的合理继承。

《**扬雄〈太玄〉与魏晋玄学**》，潘殊闲、潘君瑶著，《福州大学学报（哲学社会科学版）》2019 年第 1 期。

潘殊闲，西华大学图书馆馆长、教授。

论文分为四部分。

第一部分阐述先秦时期"玄"的概念，《老子》用"玄"最多，"玄"都含有幽深、幽远、幽妙等意义。《周易》四次使用，实际上都是"天玄地黄"的离与合，其关键点都在对天之"玄"的认识。天玄系指天的深色，因为天高远遥深，莫见涯涘，充满太多的未知数，所以，古人用"玄"概括。其实，这与老子所习用的"玄"字之义是完全相通的。

第二部分阐述了扬雄对"玄"的重新建构，并引用郑万耕先生的梳理："玄"在《太玄》中，有多重含义：其一是指《太玄》书；其二是指《太玄》的哲学体系；其三是指事物变化的规律或法则；其四是指事物神妙莫测的变化；其五是指世界的最高本原，天地万物的根本。此外，作者还指出，扬雄的"玄"还包含见仁见智、阴阳化感、启深悟远等含义。

第三部分，魏晋时期的学术文化被称为“玄学”。“玄学”的主要文本是所谓的“三玄”：《庄》《老》《周易》。作者分别阐述了王弼、嵇康、张湛等魏晋士人对“玄”的体认与表达，从一个侧面集中彰显了魏晋士人谈“玄”、论“玄”、体“玄”的时代背景与话语特色。

第四部分认为，扬雄的“玄”，打通孔、老，综合了儒、道，开启真正意义上的“玄学”的大门。扬雄的《太玄》建构了以“玄”为根本的哲学体系，是从先秦儒道分判至魏晋玄学儒道杂糅的过渡与桥梁，在中华玄学史上具有里程碑的意义与影响。

论文注意文献史料的搜集整理和使用。论文既引述了《太玄集注》《扬雄集校注》等解读扬雄思想的著作，也广泛涉猎了《周易集解》《大戴礼记》等经学文献资料，并参考了《颜氏家训集解》《桓子新论》等相关资料，以翔实的史料和具有说服力的论证，对扬雄的《太玄》之学及其对魏晋玄学的影响进行了深入探讨和阐述。

论文的最大贡献在于：考察了先秦时期“玄”的概念，详细阐述了扬雄在先秦“玄”论的基础上，打通儒道，建构起以“玄”为根本的哲学体系，进而联系魏晋时期两汉经学日渐式微的背景，指出魏晋士人在扬雄对“玄”的改造、提升与增益的基础上，对“玄”之内涵、氛围、境界有了特别的向往、专注、论述与体认。最后，肯定了扬雄及其《太玄》之学，实乃从先秦儒道分判至魏晋玄学儒道杂糅的过渡与桥梁，在中华玄学史上具有里程碑的意义与影响。

第三章　论著选录

第一节　《太玄》研究

《太玄》“罔直蒙酋冥”的易学史意义

郑万耕

扬雄（公元前53—公元18年）字子云，是我国西汉末年重要的思想家和文学家。他以为经莫大于《周易》，便加以模仿而作《太玄》；传莫大于《论语》，拟之而作《法言》（参见《汉书·扬雄传》）。张岱年先生说：“扬雄作《太玄》以拟《易》，虽属模拟之书，实质上不失为一个新的创作”（《太玄校释序》）。《太玄》是扬雄模仿《周易》而创作的一部含有深刻内容的学术著作。

《太玄》有《玄文》篇，乃模拟《周易·文言》而作。其中模仿“元、亨、利、贞”四德，提出了“罔、直、蒙、酋、冥”的观念，并与四方四时加以配合，用来说明事物从无形到有形，从发生到消灭的无穷发展过程：

> 罔、直、蒙、酋、冥。罔，北方也，冬也，未有形也；直，东方也，春也，质而未有文也；蒙，南方也，夏也，物之修长也，皆可得而戴也；酋，西方也，秋也，物皆成象而就也；有形复于无形，故曰冥。故万物罔乎北，直乎东，蒙乎南，酋乎西，冥乎北。故罔者，有之舍也；直者，文之素也；蒙者，亡之主也；酋者，生之府也；冥者，明之藏也。罔舍其气，直触其类，蒙极其修，酋考其就，冥反其奥。

这是说，罔代表北方，冬季，此时万物潜藏，未有形兆。万物虽未成形，但阳气已荫于地中，故言“舍其气”。万物之变化皆由此发端，有形即出于此无形，所以说罔为“有之舍”。直代表东方，春季，此方此时阳气育物，万物孚甲始出，枝叶未舒，无有文华，故云“质而未有文也”，但质素可绘文彩，质乃文之基础，所以说“直者文之素也”。蒙代表南方，夏季，此时阳气极盛，万物繁茂生长，故言“蒙极其修”。万物盛长，郁郁葱葱，覆蔽天地，此即“物之修长也，皆可得而戴也”。盛极而衰，阳极阴生，阴主亡，万物随阴开始走向衰亡，故言“亡之主”。酋代表西方，秋季，此时阴气盛壮，万物皆成熟，因此说“皆成象而就”。万物至此完成了从发生到灭亡的过程，故云“考其就”。秋天万物成就结籽，后又可以随阳而萌生，所以说酋为“生之府”。秋天已过，冬天又来，万物又蛰伏潜藏，“有形复于无形”，所以称为“冥”。有形反于无形，可见之万物又将由此无形发生，所以说“冥者，明之藏”。这个万物由有形到无形，又由无形到有形的过程，奥秘莫测，故云“冥反其奥”。扬雄以此构造了一个时间、空间相互配合的世界图式，反映了他坚持一种整体性思维的原则。这同其以一玄、三方、九州、二十七部、八家及其所构成的八十一首和七百二十九赞构造的世界图式是一致的。

扬雄将《太玄》八十一首分为九个阶段，表示世界万物一年四时的变化过程，称为“九天”。在“中天”，阳气潜萌于内；在“羡天”，植物开始萌生；在“从天”，云雨滋润万物；在“更天”，植物变化繁多；在“睟天”，植物茂盛结实，在“廓天”，植物变得外强中干；在“减天”，植物逐渐衰退；在“沈天”，植物降落潜藏；在“成天”，万物完成结束。这也是一个阴阳二气消长运行的过程。《太玄图》说：

子则阳生于十一月，阴终于十月可见也；午则阴生于五月，阳终于四月可见也。生阳莫如子，生阴莫如午。西北则子美尽矣，东南则午美极矣。

照这个说法，在一年的循环之中，阴生于子（中首，十一月，冬至，正北方），极盛于巳（四月，东南）。盛极而衰，所以称“终”。实际上，至亥（十月，西北）才完全不发生作用，让位于阴，所谓“西北则子美尽矣”。在阳气开始衰微时，它的对立物——阴气就开始发挥作用。阴生于午（应首，五月，夏至，正南方），极盛于亥（十月，西北）。盛极而衰，故也称“终”，实际上，至巳（四月，东南）才完全不发生作用，又让位于阳，所谓“东南则午美极矣”。阴气开始衰微时，其对立物——阳气就开始发挥作用，阳又“生于子”。西北是阴气极盛的方位，东南是阳气极盛的方位，所以说“阴酋西北，阳尚东南”（《太玄图》）。这就是说，从第一首（中首）到最后一首（养首），是一个阴阳二气在这个宇宙间架之中消长运行的循环过程。正是此阴阳二气的消长运行，决定了一年四时世界万物的盛衰变化，所谓“一阴一阳，然后万物生”（同上），对这个周而复始的永恒的运动变化过程，扬雄就用“罔、直、蒙、酋、冥”五个字加以概括，所谓“罔直蒙酋，乃穷乎神域”（同上）。

在这个循环往复、永无休止的变化过程中，既有时间的推移，又有空间的转换，而且还有新故更代、推陈致新的质的变化。所以扬雄又说：“罔直相极，蒙酋相敕。出冥入冥，新故更代。阴阳迭循，清浊相废。将来者进，成功者退。已用则贱，当时则贵。”（《太玄文》）清浊亦即阴阳，阳清而阴浊。这是说，事物变化的过程，就是对立面相互转化，新生的事物代替陈旧事物的过程，是一个新陈代谢的过程，因此，处于上升阶段的事物是最有生命力的，最可宝贵的，即使它表面上处于弱小状态。这在中国思想史上，是一种新的观点，含有深刻的辩证思维。

扬雄硬造“罔直蒙酋冥”这五个生词，概括其世界图式，表现了他故意标新立异，喜造新词的作风。但此说对后来易学史的发展具有重要意义。就其对“元亨利贞”四德的理解说，第一次以其配春夏秋冬四时，说明万物生长成藏的过程，开始突破了道德的领域，具有世界观的意义。其“罔直蒙酋冥”的名词虽未被后人所接受，但其中所包含的意蕴，却为后来的易学家所吸取。南北朝时期的易学家周弘正解释“元亨利贞”说：

> 元，始也，于时配春，言万物始生，得其元始之序。发育长养，亨通也，于时配夏，夏以通畅，合其嘉美之道。利者，义也，于时配秋，秋以成实，得其利物之宜。贞者，正也，于时配冬，冬以物之终，纳干正之道。若以五行言之，元，木也；亨，火也；利，金也；贞，水也；土则资运四事，故不言之。若以人事，则元为仁，亨为礼，利为义，贞为信。不言智者，谓此四事，因智

而用。故《乾凿度》云：水土二行，兼智兼信是也。（《周易正义》引）

周氏此说，从天地人三方面解释四德，以天之元亨利贞为春夏秋冬，以地之元亨利贞为木火金水，人之元亨利贞为仁义礼信，并且认为四德具有坐、养、成、终之义，意味着事物从始到终的发展过程，当是受了扬雄“罔直蒙酋冥”说的启发，并对《太玄》提出的世界图式加以综合吸收而来。南北朝时期的庄氏（已佚名）又将四德推广为天道生长万物的过程；元为使万物初生，亨为使万物通畅成长，利为使万物各得其宜，贞为使万物皆得中正（见《周易正义》引）。唐孔颖达著《周易正义》，则引周氏和庄氏说，将“元亨利贞”看成是阳气使万物生存、和谐、具有条理和坚固完善的四种德行，并以元为万物生长之始，贞为万物生成之终，总之，以“元亨利贞”为阳气生长万物的四个阶段。这与扬雄对四德的解释是一脉相承的。值得注意的是，宋程颐、朱熹则更加直接而全面地接受了扬氏此说的思想内容。朱熹《易学启蒙》阐扬河图洛书说，曾以《太玄》“一与六共宗，二与七并明，三与八成友，四与九同道，五与五相守”（《太玄图》）为其依据。又认为邵康节深取《太玄》，是因为此书亦“挨旁阴阳消息来说道理”（《朱子语类》卷六十七）。可见其对《太玄》一书的重视。朱熹解释“元亨利贞”说：

气无始无终，且从元处说起，元之前又是贞了。如子时是今日，子前又是昨日之亥，无空阙时。然天地间有个局定底，如四方是也；有个推行底，如四时是也。理都如此。……故《易传》（程氏传）说：元者万物之始，亨者万物之长，利者万物之遂，贞者万物之成。

以天道言之，为元亨利贞；以四时言之，为春夏秋冬；以人道言之，为仁义礼智；以气候言之，为温凉燥湿；以四方言之，为东西南北。（同上）

又说："元亨利贞，譬诸谷可见。谷之生，萌芽是元，苗是亨，穟是利，成实是贞。谷之实，又复能生，循环无穷。"（《语类》卷六十八）这些论述，可以说是对扬雄以"罔、直、蒙、酋、冥"配四方四时，说明"出冥入冥，新故更代"，万物自始至终循环往复的发展过程思想的继承和发挥。宋末元初，道教大师俞琰则概括此"循环无穷"的过程为"贞下起元"。以后，"贞了又元"、"贞下起元"说则被易学家所普遍接受。不容置疑，《太玄》于此有首倡之功。不过，一般只知有朱子，而忽略了其说即来源于扬雄。

（原载《孔子研究》1991 年第 3 期）

论《太玄》对《周易》的模仿与改造

刘保贞

摘要：《太玄》是模仿《周易》而作，无论是在形式上还是内容上，《太玄》的模仿痕迹都很明显。从性质上看，《太玄》像孟、京易学一样，是一种天人之学。《太玄》的独创性在于：体例上采用"三、九"系统；赞辞以生动形象的比喻直接说明事理；《太玄·数》所说的筮法仅是扬雄的一个小把戏，没什么实际用途，而他又把五行、律吕、月令等方面的内容引入《太玄》，以使其也具有"以卜筮者尚其占"的功用。

关键词：太玄；周易；模仿；改造

《汉书·扬雄传》说："（扬雄）实好古而乐道，其意欲求文章成名于后世，以为经莫大于《易》，故作《太玄》；传莫大于《论语》，作《法言》；史篇莫善于《仓颉》，作《训纂》；箴莫善于《虞箴》，作《州箴》；赋莫深于《离骚》，反而广之；辞莫丽于相如，作四赋：皆斟酌其本，相与放依而驰骋云。"① 从上可以看出，扬雄是个模仿高手，他的著作无一不是从模仿而来。就《太玄》来说，无论从内容还是从形式上，我们都可以从中品尝出《周易》（特别是当时盛行的孟、京易学）的味道来。

一、《太玄》对《周易》形式上的模仿与改造

从形式上来说，《周易》有经有传，经分六十四卦，每卦由卦画和卦爻辞组成；传包括《彖》《象》《文言》《系辞》《说卦》《序卦》《杂卦》等几部分，分别解释和说明《周易》卦爻辞以及《周易》的原理、用法。《太玄》也有经和传两部分，经分八十一首，每首也由卦画和赞辞组成；传包括《首》《测》《文》《摛》《莹》《掜》《图》《告》《数》《冲》《错》，"皆以解剥《玄》体，离散其文"（《扬雄传》）②，具体来说，《首》相当于《彖》；《测》相当于《象》，解释九赞之辞；《文》相当于《文言》，反复说明《中首》九赞之辞，同样也像《文言》把元、亨、利、贞作为《易》之四德那样，提出罔、直、蒙、酋、冥作为《玄》之五德；《摛》《莹》《掜》《图》《告》则相当于《系辞》，说明《太玄》的原理、用法；《数》相当于《说卦》，说明九赞所当之事。

就是在遣词造句上，扬雄也是刻意模仿《周易》。《太玄》八

① （汉）班固：《汉书》，中华书局 1962 年，第 3583 页。
② （汉）班固：《汉书》，中华书局 1962 年，第 3575 页。

十一首之首名就是比照着孟喜用以“直日”的六十卦的卦名来起的，二者在意义上相近或相通，比如《易》有“中孚”，《玄》有“中”；《易》有“颐”（《说卦》：“颐者，养也。”），《玄》有“养”；《易》有“益”而《玄》有“增”；《易》有“损”而《玄》有“减”等。《易经》卦爻辞多为三字句或四字句，前面列出某种“象”，后面系之以吉凶断语，如：《睽》六三：“见舆曳，其牛掣，其人天且劓，无初有终。”①《太玄》之赞辞也常采用这种格式，如《闲》初一：“蛇伏于泥，无雄有雌，终莫受施。”②《易传》中解释爻辞的《小象》大多用“也”字句，而且多数是重新摘抄、组合爻辞，如《坤》：“初六：履霜，坚冰至。《象》曰：‘履霜坚冰’，阴始凝也；驯致其道，至坚冰也。”③《太玄》解赞之《测》辞也是这样，如《交》：“初一，冥交于神，齐不以其贞。测曰：冥交不以，怀非含慚也。次二，冥交有孚，明如。测曰，冥交之孚，信接神明也。”④《太玄》其他几篇传对《易传》的模仿也非常明显，如《乾·文言》在论述完君子之四德“元亨利贞”后，又把《乾》之爻辞论述一遍：“初九曰‘潜龙勿用’，何谓也？子曰：‘龙德而隐者也。不易乎世，不成乎名，遁世而无闷，乐则行之，忧则违之，确乎其不可拔，潜龙也。’……九五曰‘飞龙在天，利见大人’，何谓也？子曰：‘同声相应，同气相求，水流湿，火就燥，云从龙，风从虎，圣人作而万物睹。本乎天者亲上，本乎地者亲下，则各从其类也。’……”⑤《太玄·文》也模仿之，在论述完

① 郑万耕：《太玄校释》，北京师范大学出版社 1989 年，第 18 页。
② 郑万耕：《太玄校释》，北京师范大学出版社 1989 年，第 52 页。
③ 刘大钧、林忠军：《周易古经白话解》，山东友谊出版社 1989 年，第 72 页。
④ 郑万耕：《太玄校释》，北京师范大学出版社版 1989 年，第 331 页。
⑤ 刘大钧、林忠军：《周易古经白话解》，山东友谊出版社 1989 年，第 138 页。

“罔直蒙酋冥”后，也对《中》首之赞辞做了一一论述：“或曰：‘昆仑旁薄，幽’，何为也？曰：‘贤人天地，思而包群类也。昆诸中未形乎外，独居而乐，独思而忧，乐不可堪，忧不可胜，故曰幽。’‘神战于玄’，何为也？曰：‘小人之心杂，将形乎外，陈阴阳以战其吉凶者也。阳以战乎吉，阴以战乎凶。风而识虎，云而知龙。贤人作而万类同。’……”① 再如，《系辞》有“是故阖户谓之坤，辟户谓之乾”②；《太玄·摛》有“是故阖天谓之宇，辟天谓之宙”③。《系辞》“夫乾，确然示人易矣；夫坤，隤然示人简矣。”④《太玄摛》“故玄卓然示人远矣，旷然廓人大矣，渊然引人深矣，渺然绝人眇矣。”⑤ 诸如此类与《易传》相似的句子，在《太玄》中随处可见。

《太玄》与《周易》在形式上最明显的不同表现在，《周易》由六十四卦组成，每卦包括卦画、卦辞、爻辞三部分，卦画分六位，由阴⚋阳⚊两种基本符号组成，如离䷝，爻画自下而上依次称为初、二、三、四、五、上，阴爻称九，阳爻称六，卦画下面系卦辞，每爻下面系爻辞，卦辞和爻辞在形式和内容上都没多大区别；而《太玄》则由八十一首组成，每首也包括首画、首辞、赞辞三部分，但首画分四重，由—、- -、- - -三种基本符号组成，如格𝌛，但这四重首画下却系着九条赞辞，自上而下依次称为初一、次二、次三、次四、次五、次六、次七、次八、上九，而且不分阴阳，现版本中虽然首画后面系有首辞，但在扬雄的原本中并不

① 郑万耕：《太玄校释》，北京师范大学出版社 1989 年，第 5 页。
② 刘大钧，林忠军：《周易古经白话解》，山东友谊出版社 1989 年，第 127－128 页。
③ 郑万耕：《太玄校释》，北京师范大学出版社 1989 年，第 263 页。
④ 刘大钧、林忠军：《周易古经白话解》，山东友谊出版社版 1989 年，第 59 页。
⑤ 郑万耕：《太玄校释》，北京师范大学出版社 1989 年，第 358 页。

是这样，它是和《玄首都序》合在一起，独立成篇的，而且首辞在内容上与赞辞决然不同，赞辞和爻辞一样，是描述某种“象”所预示的吉凶的，如《中》次三：“龙出于中，首尾信，可以为庸。”① 而首辞却是描述本首所当时日内阴阳二气的消长状态和事物的发展状况的，如《戾》：“阳气孚微，物各乖离而触其类。”②《太玄》与《周易》的这种差别，是由其内在体系的不同决定的。

二、《太玄》对《周易》内在体系的模仿与改造

《太玄》所仿照的孟、京易学，其实质是一种天人之学，它的中心内容是讲在卦爻所当时日内，阴阳二气如何变化，人们应效法这种变化而如何行事。京房说：“故《易》所以断天下之理，定之以人伦，而明王道。八卦建五气，立五常，法象乾坤，顺于阴阳，以正君臣父子之义……六爻上下，天地阴阳运转有无之象，配乎人事。八卦仰观俯察在乎人，隐显灾祥在乎天，考天时，察人事在乎卦。”③（《京氏易传》卷下）《太玄》的性质也是如此，它“吸取了当时天文、历法的成果，是别具一格的月令。”④ 据桓谭《新论》记载：“通人扬子云因众儒之说天，以天为常左旋（按：据《晋书·天文志上》，‘左’当为‘右’），日月星辰随而东西，乃图画形体行度，参以四时历数，昏明昼夜，欲为世人立纪律，以垂法后嗣。”⑤ 可以说，扬雄欲立的这个“纪律”，就是《太玄》的最早雏形，后来的《太玄》只不过是把过时的盖天说改成了桓

---

① 郑万耕：《太玄校释》，北京师范大学出版社 1989 年，第 358 页。
② 郑万耕：《太玄校释》，北京师范大学出版社 1989 年，第 357 页。
③ 京房：《京氏易传》，中华书局 1991 年，第 33 页。
④ 那薇：《试论扬雄的宇宙结构论》，《中国哲学史研究》1985 年第 3 期。
⑤ 孙冯翼辑：《桓子新论》，中华书局 1991 年版。

谭教他的比较先进的浑天说而已。《太玄·摛》说："夫天地设，故贵贱序。四时行，故父子继。律历陈，故君臣理。"① 这几句话也清楚地点明了《太玄》的性质。下面我们就对比着孟、京"卦气说"来看一看扬雄"图画形体行度，参以四时历数"的谈天系统。

这里所说的"天"，是自然意义上的天（至于这个天上面是否有个上帝或天神在尽职尽责地掌管着天体有规律地运行，扬雄并没有明确的说明），它包括两方面的内容，一是天体的形状（如盖天说的天如锅盖，右转；浑天说的天地如鸡卵，天包地外，地悬浮其中，天左旋等），二是天体的运行规律，如日月的运行周期，五星行度，斗柄所指，以及地上万物的相应变化等，这实际上就是历法方面的内容。汉武帝太初元年以来，汉王朝一直采用的都是《太初历》，这种历法规定一年的周期是三百六十五又一千五百三十九分之三百八十五日。孟、京的卦气说和扬雄的《太玄》都采用了这一周期，并取其约数三百六十五又四分之一日，与《颛顼历》的周期相同，因此班固说《太玄》"与《太初历》相应，亦有颛顼之历焉。"②（《扬雄传》）（在扬雄创制《太玄》时的成帝末年，刘歆的《三统历》尚没踪影，因此有人说扬雄吸收了《三统历》的说法是不正确的。）《太玄》与孟、京卦气说的最大区别在于：孟、京卦气说采用的是四时、八节、二十四气系统，六十四卦与三百六十五又四分之一日之间有一一对应关系（尽管孟、京二人之间在具体"直日"方法上有区别），卦爻符号阴⚋阳⚊就表示阴阳二气，六十四卦描述的就是一年之内阴阳二气的消长情况。

① 郑万耕：《太玄校释》，北京师范大学出版社 1989 年，第 375—378 页。

② （汉）班固：《汉书》，中华书局 1962 年，第 3575 页。

而《太玄》采用的是扬雄独创的“三、九”系统，即将一年首先分为三部分“天玄、地玄、人玄”；每玄又分三部分，称为“天”三玄共“九天”：“中羡从、更睟廓、减沈成”，用以描述一年内阴阳二气相互消长的九个阶段，如“诚有内者存乎中，宣而出者存乎羡，云行雨施存乎从，变节易度存乎更”①（《太玄·图》）等，每“天”代表四十日多一点，省称四十日；每“天”又分九“首”，共八十一“首”，每“首”当四日半；每“首”又分九“赞”，八十一首共七百二十九赞，每两赞当一日，一赞为阳，相当于昼，一赞为阴，相当于夜，七百二十九赞相当于三百六十四日半，尚不足一年的日数，于是又加踦嬴两赞，以凑足一年的日数。这就是《太玄·图》所说的“三分阳气以为三重，极为九营……始于十一月，终于十月，罗重九行，行四十日。”② 由于在我国古人的心目中，时间和方位是个有机的统一体，一定的时间总是和一定的方位相对应的，提到春人们马上就会联想到东，提到东人们也马上会联想到春。在这种思想的指导下，扬雄自然而然地把年周期模式扩展为宇宙时空模式，即玄（宇宙的最高本体）分天玄、地玄、人玄三部分，每一“玄”又分三方，三玄共九方，称为九州，每州又分三部，共二十七部，每部又分三家，共八十一家。用扬雄自己的话说就是：“一玄都覆三方，方同九州，枝载庶部，分正群家”③（《太玄·图》），这就是扬雄所描述的天道系统。天人是合一的，人事法天，这是天人之学的基本观念。扬雄参照他的天道模式，又构造了一个人间万事万物的发展变化模式，并把它融入他的天道模式中，他认为：任何事物的发展变化都会

① 郑万耕：《太玄校释》，北京师范大学出版社 1989 年，第 432 页。
② 郑万耕：《太玄校释》，北京师范大学出版社 1989 年，第 261 页。
③ 郑万耕：《太玄校释》，北京师范大学出版社 1989 年，第 21 页。

经历兴起、极盛、衰亡（始、中、终）的过程，人们做每一件事，也都会经历谋划、实施、完成三个阶段，相应地人的运气也会出现思、福、祸三种结果，而且人和事物的发展变化也像天道的变化那样，“三微而成一著”，三个小阶段组成一个大一点的阶段，三个大一点的阶段组成一个更大的阶段，三个更大的阶段组成人或事物发展变化的全过程。《太玄·告》说：“玄一摹而得乎天，故谓之有天；再摹而得乎地，故谓之有地；三摹而得乎人，故谓之有人。天三据乃成，故谓之始中终。地三据乃形，故谓之下中上。人三据乃著，故谓之思福祸。”① 扬雄这种“三、九”系统的来源，据扬雄的忘年交桓谭说，是来源于《尚书·禹贡》，“扬雄作《玄》书，以为玄者，天也，道也。言圣贤制法做事，皆引天道以为本统，而因附续万类、王政、人事、法度，故伏羲氏谓之易，老子谓之道，孔子谓之元，而扬雄谓之玄。《玄经》三篇，以记天地人之道，立三体有上中下，如《禹贡》之陈三品。三三而九，因以九九八十一，故为八十一卦。以四为数，数从一至四，重累变易，竟八十一而遍，不可损易。”②（《张衡传》注）另外，董仲舒“天人之学”思想也可能给扬雄以一定的影响。《春秋繁露·官制象天》说：“王者制官，三公、九卿、二十七大夫、八十一元士，凡百二十人，而列臣备矣。吾闻圣王所取仪，金（当为法）天之大经，三起而成，四转而终，官制亦然者，此其仪与！三人而为一选，仪于三月而为一时也。四选而止，仪于四时而终也。……何谓天之大经？三起而成日，三日而成规，三旬而成月，三月而成时，三时而成功。寒暑与和，三而成物；日月与星，三

① 郑万耕：《太玄校释》，北京师范大学出版社1989年，第21页。
② （南朝·宋）范晔：《后汉书》，中华书局1965年，第1898页。

而成光；天地与人，三而成德。由此观之，三而一成，天之大经也，以此为天制。”① 为了更概括、抽象地表达这种宇宙体系，扬雄模仿《周易》卦爻符号，也创制了一套符号系统，即⚊、⚋、𝌀，⚊表示事物的起始阶段，即第一阶段，⚋表示事物的兴盛阶段，即第二阶段，𝌀表示事物的衰亡阶段，即第三阶段。这三种符号重为四重，即可表示事物发展的某一细微阶段，如童𝌑，用《太玄》的术语来表示就是：天“玄”（第一“方”）第二“州”第一“部”的第三“家”。从这里我们也可以看出，《太玄》符号纯粹是一种数字符号。因此班固说“故观易者，见其卦而名之；观玄者，数其画而定之。玄首四重者，非卦也，数也。”②（《扬雄传》）至此，《太玄》的骨架已经搭好了。下面我们再看一下附着在这骨架上面的赞辞。

三、赞辞对《周易》卦爻辞的模仿与改造

《太玄》赞辞虽模仿《周易》卦爻辞而作，但却比卦爻辞更有条理、更有规律可循。《周易》卦爻辞虽然有部分卦的卦爻辞有一个中心内容，即能围绕某一“象”展开说明，卦名和卦爻辞之间有某种内在的联系，如《咸》：“初六：咸其拇。六二：咸其腓，凶；居吉。九三：咸其股，执其随，往吝。九四：贞吉，悔亡。憧憧往来，朋从尔思。九五：咸其脢，无悔。上六：咸其辅颊舌。”③ 但大部分卦的卦爻辞则显得杂乱无章，东一榔头西一斧子，一卦之中的爻辞与爻辞之间、爻辞与卦名之间，看不出有什么意义上的联系（这也是目前卦爻辞不好解的一个主要原因），如

① 苏舆：《春秋繁露义证》，中华书局 1992 年，第 214－216 页。

② 班固：《汉书》，中华书局 1962 年，第 3575 页。

③ 刘大钧、林忠军：《周易古经白话解》，山东友谊出版社 1989 年，第 4 页。

《坤》："初六：履霜，坚冰至。六二：直方大，不习无不利。六三：含章，可贞；或从王事，无成有终。六四：括囊，无咎无誉。六五：黄裳，元吉。上六：龙战于野，其血玄黄。"① 《太玄》则"例以阳家一、三、五、七、九为昼，措辞吉；二、四、六、八为夜，措辞凶；阴家二、四、六、八为昼，措辞吉，一、三、五、七、九为夜，措辞凶；自始至终，一定不移。"②（叶子奇《太玄本旨》序）阳家指八十一首中的奇数首，阴家则指偶数首。也可以把八十一首七百二十九赞合起来看，奇数赞为昼，措辞吉，偶数赞为夜，措辞凶。《太玄·摛》说："日月往来，一寒一暑。律则成物，历则编时。律历交道，圣人以谋。昼以好之，夜以丑之。一昼一夜，阴阳分索。"③ 如《少》首为第五首，阳家，其赞词为："初一，冥自少，眇于谦。次二，自少不至，怀其恤。次三，动截其，得人主之式。次四，贫贫，或妄之振。次五，地自冲，下于川。次六，少持满，今盛后倾。次七，贫自究，利用见富。次八，贫不贫，人莫之振。次九，密雨溟沐，润于枯渎，三日射谷。"④ 意思是说，初一，谦虚再谦虚，以至于让人看不出谦虚来。（当然会有好结果。）次二，没谦虚到底，有忧虑之事。次三，清净少动，任用贤辅，无为而治，乃为君之法则。次四，贫而自张其贫，妄求赈济。次五，大地谦卑自处于百川之下，（所以能为百川王，人能法此，则可成为人之圣。）……扬雄这样安排赞辞，很显然是他天人思想的反映。春夏阳气盛长，长养万物；秋冬阴气盛长，肃杀万物。生吉杀凶，阳吉阴凶，所以昼吉夜凶。从表面上看，

① 刘大钧、林忠军：《周易古经白话解》，山东友谊出版社 1989 年，第 155 页。
② 郑万耕：《太玄校释》，北京师范大学出版社 1989 年，第 345 页。
③ 郑万耕：《太玄校释》，北京师范大学出版社 1989 年，第 345 页。
④ 郑万耕：《太玄校释》，北京师范大学出版社 1989 年，第 293 页。

赞辞有吉有凶，和占卜之辞的格式差不多，似乎可以用于占卜吉凶，当时（如王莽）及以后的人也真有用它占卜的；而实际上，扬雄作赞辞的主要目的是要模仿《周易》“以言者尚其辞”[①]，即以赞辞阐释人们修身、治国的道理，至于《周易》“以卜筮者尚其占”[②] 的功用，扬雄则另有他法效法（详后）。在阐释道理的具体方法上，《太玄》和孟、京易学以卦爻辞比附灾异的方法不同，它是直接承继《易传》，但比《易传》又前进一步：《易传》说理，多是就卦爻辞的某句、某字，作牵强附会的发挥，如《系辞》对爻辞“不出户庭，无咎”的解释是：“子曰：‘乱之所生也，则言语以为阶。君不密，则失臣；臣不密，则失身；几事不密，则害成。是以君子慎密而不出也。’”[③] 此即仅就“不出”二字，引申发挥出慎言语的道理，然而这道理和爻辞的本义相比，差距就太远了。《太玄》的赞辞不是这样，它是用生动形象的比喻来直接说明事理，如在《坚》次六中，扬雄以蜂房之蒂喻天子之德，以蜂房喻全国的民众，非常生动形象。通观全书，我们可以发现，《太玄》赞辞中汇聚着扬雄所领会的诸子百家的精华，反映的是扬雄对当时社会人生的独特看法。我们还以上述《少》首为例：《少》是模仿《谦》卦而做，《太玄错》云“《少》也约”，即微约而不自满，与“谦”意相通；此首所当的日期为“阳气澹然施于渊，物谦然能自纤。”[④] 阳气默然施布于深渊，万物微弱而自守其纤微。全首赞辞即围绕“微弱不足”而立意，此即扬雄法天思想的体现；初一昼阳，当万物之始，尚处于萌芽状态，当谦卑自守，以求壮

---

① 刘大钧、林忠军：《周易古经白话解》，山东友谊出版社 1989 年，第 155 页。

② 刘大钧、林忠军：《周易古经白话解》，山东友谊出版社 1989 年，第 154 页。

③ 刘大钧、林忠军：《周易古经白话解》，山东友谊出版社 1989 年，第 155 页。

④ 郑万耕：《太玄校释》，北京师范大学出版社 1989 年，第 293 页。

大。人法此，即应谦之又谦，以至于让人看不出是谦虚来。此即化用《老子》“上德不德，是以有德”①（三十八章）之意。次二夜阴，象征着人不明于自谦之道，所以虽表面上表现出谦虚来，但并没谦虚到家，难免矜己凌人，结果必有忧患加身。此也本之于《老子》“下德不失德，是以无德。”②（三十八章）。次三又为昼阳，处下之极，是思虑成熟，将要开始行动但还没行动的时候，君主法此，当任用贤辅，清净无为，这是为君之准则。此本黄老“主逸臣劳”之说，《管子·明法解》：“明主操术任臣下，使群臣效其智能，进其长技……身无烦劳而分职。”《淮南子·主术训》：“人主之术，处无为之世，而行不言之教，清净而不动，一度而不摇，因循而任下，责成而不劳。”③ ……次五昼阳，当位居中，就好比日之正午，人之威权正盛。人处于这种地位，更应当效法大地以谦卑而为百川王之精神，虚心待人，以自己的美好品德，赢得别人的爱戴与尊重，最终成为人之圣。此也来源于《老子》“江海所以能为百谷王者，以其善下之，故能为百谷王。”④（六十六章）从总的方面来看，七百二十九赞基本上围绕阴阳二气的消长、五行生克、同类相应、人事之委曲始终等方面来立论，《太玄·挩》说：“玄之赞辞也，或以气，或以类，或以事之委卒。”⑤ 然后再根据各赞所处的具体情况，“谨问其性，而审其家；观其所遭遇，劘之于事，详之于数，逢神而天之，触地而田之，则玄之情也得矣。”⑥

① 朱谦之：《老子校释》，中华书局1984年，第150页。
② 朱谦之：《老子校释》，中华书局1984年，第150页。
③ 刘安：《淮南子》，上海古籍出版社1989年，第85页。
④ 朱谦之：《老子校释》，中华书局1984年，第267页。
⑤ 郑万耕：《太玄校释》，北京师范大学出版社1989年，第293—294页。
⑥ 郑万耕：《太玄校释》，北京师范大学出版社1989年，第294页。

四、《太玄》对《周易》筮法上的模仿与改造

扬雄还模仿《周易》筮法，做有《太玄》筮法，二者路数基本上一致。《太玄》是取36根蓍草（或筹策），虚其三不用，实用33策。先任取一根夹于左手小指间（别一），之后把剩下的蓍草任意分成两部分（中分其余），之后再分别把这两部分三个三个地数（以三搜之），两边分别或余一或余二或余三，把这两部分所余之蓍草放于指间（并余于扐），然后把剩下的蓍草再三个三个地数，当剩到十以下的数时，余七记为一，余八记为二，余九记为三，这样经过“别一”“中分”“三搜”“并余”“再数”“定画”六个步骤，就可确定首之一位（六算而筮道穷）。经过四次这样的“六算”，就可确定《太玄》之一首。这其实是扬雄故弄玄虚而要的小把戏。《太玄》筮法的关键，也即它的最终目的，就是要得出个或七或八或九来（更进一步来说就是要得出个一二三来）。用数学的观点来看，任何一个比三大的正整数，都是三的倍数再加一或二或三（加三即是三的整倍数），所以，只要任取一个比九大的蓍草数（或者更干脆一点就取比三大的），以三搜之，就可得出或一或二或三来。这也就是说，“别一”“中分”“并余”等都是为迷惑人而挑的幌子。从这一点来说，《太玄》的筮法和《周易》筮法相比，要浅易的多。而且《太玄》的这种筮法，仅能定出某首来，无法确定具体要用哪一赞来占断，因此《太玄·数》下文所说的“逢有下中上，下思也，中福也，上祸也，思福祸各有下中上，以昼夜别其休咎焉”[①] 等占断法，就成了空中楼阁，没有了根基。后人对《太玄》的筮法还有不同的理解，也有人认为《太玄·数》

① 郑万耕：《太玄校释》，北京师范大学出版社1989年，第294页。

这一段在流传过程中可能有遗失或断错简，因为“以昼夜别其休咎焉”后的几句话：“极一为二，极二为三，极三为推，推三为羸赞；赞羸入表，表羸入家，家羸入部，部羸入州，州羸入方，方羸入玄，”① 在语意上与前后都不相连属，意思上也很难理解，极可能就是由错简造成的。综观《太玄》全书，我们以为扬雄这一段仅是为模仿而模仿，没什么实际功用。因为《周易》有这么一段，扬雄就造了这一段来凑数，以使其《太玄》从体例上看起来更完整。从上文的分析中我们可以看出，赞辞是扬雄用来讲“修身、治国”的大道理的，其宗旨不外乎“扶正祛邪、弃恶从善”这一套，它虽然也讲吉凶，但这吉凶是据一定的道理来定的，即行正则吉、为恶则凶，因而它和当时术士们所用的《日书》这一类卜筮书的断辞截然不同，《日书》断辞是不管你是谁，也不管你是行善还是作恶，你碰着这条就是吉，碰着那条就是凶，没一点道理好讲。这也就是说，《太玄》赞辞不是为卜筮而设，所以扬雄就没有必要在筮法中说明求某一赞的办法。那么，扬雄对《周易》“以卜筮者尚其占”② 的说法又是通过什么方法来体现的呢？这不难，为了能使《太玄》用于占卜，扬雄又把五行、星占、律吕、月令等方面的内容引入到《太玄》中来，他先把九赞的序数和五行之数对应起来，然后再把五行家的法术搬进去，如《太玄数》说；“三八为木，为东方，为春，日甲乙，辰寅卯，声角，色青，味酸，臭膻，形诎信，生火，胜土，时生，藏脾，侪志，性仁，情喜，事貌，用恭，抪肃，徵旱，帝太昊，神勾芒，星从其位，类为鳞，为雷，为鼓，为恢声，为新，为躁，为户，为牖，为嗣，

① 郑万耕：《太玄校释》，北京师范大学出版社 1989 年，第 294 页。
② 刘大钧、林忠军：《周易古经白话解》，山东友谊出版社 1989 年，第 155 页。

为承，为叶，为绪，为赦，为解，为多子，为出，为予，为竹，为草，为果，为实，为鱼，为疏器，为田，为规，为木工，为矛，为青怪，为鼽，为狂。”① 因为九赞数和五行数有一一对应关系，每赞又固定地对应于每年的某个日期和节气，因而知道了某事发生的日期，就可确定《太玄》的某赞，进而推算出对应的五行及其所代表的万事万物，根据五行生克及律吕、月令等内容，术士们就可推演出某事的吉凶。

（原载《周易研究》2001 年第 1 期）

扬雄的太玄哲学

张立文

摘要：扬雄政治上主张改革，价值上维护天人相应正统核心话题，率先批判谶纬神学，批判经学神秘化。他模拟《周易》《论语》，撰《太玄》《法言》，建构太玄哲学体系，以维护孔孟正统。他借天命以明人为，托圣训以砭时政，试图化解西汉末年政治和价值危机。化解政治危机的要旨是身正而政正，立身就是修养人之所以为人的人格。道、德、仁、义、礼是人身所具有的天性，不能丧失，具此五者，才会实行仁政德治。在人性论上，他试图圆融孟子与荀子的善恶论，而提出“善恶混”的主张，打破了人生来就善就恶的束缚，提出人人在人性善恶面前都可以获得成善成恶的机遇和平等权利，这是化解社会政治、价值危机的人性基础。太玄哲学与《周易》以一分为二思维方式展开世界图式不同，而以天、地、人三才的三分法开出世界图式，建构了玄、方、州、部、家、赞的逻辑结构。

① 郑万耕：《太玄校释》，北京师范大学出版社 1989 年，第 294 页。

关键词：太玄；善恶混；三才之道；玄为至极

西汉末，社会面临严峻的政治危机和价值危机。谷永借成帝建始三年（前30）日食地震同日俱发之机而切谏："臣闻灾异，皇天所以谴告人君过失，犹严父之明诫"（《汉书·谷永传》），批评君主淫溺后宫，盘乐游猎，致失夫妇之纪，女不遵道，势行于外，覆倾国家。谷永以董仲舒的"天人相应"劝诫成帝要畏惧敬改，若"陛下轻夺民财，不爱民力"，"大兴徭役，重增赋敛"（同上），百姓财竭力尽而下叛，下叛则上亡，自古以来"王者以民为基，民以财为本"，民财竭而流散冗食，馁死于道，国必亡。到了哀平之际，政治危机进而加深。外戚王莽专权，以革新政治，收买人心，以谋代汉自立，西汉岌岌可危。

政治危机促进了价值危机的发生，以"天人相应"为主导价值思潮逐渐异化为神学化的谶纬。哀、平之际政治腐败、国事日非，各派争权夺利，无所不用其极。为获得对自己利益的一种合法性的说明，便援引经义，编造谶纬，假托上帝、孔子意旨，为自己的政治图谋制造舆论，成为服务于政治利益的婢正道价值沦落。

一、究天人相应

扬雄（公元前53—公元18）生当宣、元、成、哀、平、新莽之时，历六君，目睹汉由盛而衰，政治、价值危机日益严重。为化解危机，他在政治上主张改革，假圣言以倡改制，借天道以明人事，同情王莽新政[①]；在价值上维护天人之际正统核心话题，率先批判谶纬神学，批判经学神秘化。他模拟《周易》《论语》，建构太玄哲学体系，试图建立新经学，以维护孔孟正统。扬雄“实好古而乐道，其意欲求文章成名于后世，以为经莫大于《易》，故作《太玄》；传莫大于《论语》，作《法言》；史篇莫善于《仓颉》，作《训纂》；箴莫善于《虞箴》，作《州箴》；赋莫深于《离骚》，反而广之；辞莫丽于相如，作四赋；皆斟酌其本，相与放依而驰骋云”（《汉书·扬雄传赞》）。他在官场上淡泊势利，在学术上以诸子之书大体都诋毁周孔之道，为巧辩异辞以搅乱时政，他便度超诸子，仿经而作书，以恢复周孔经书的价值。

如果说《淮南子》以道融儒，那么扬雄《太玄》《法言》则是以儒融道，归宗于儒。扬雄自明立场：“古者杨墨塞路，孟子辞而辟之，廓如也。后之塞路者有矣，窃自比于孟子。”（《法言·吾子》）先秦杨朱、墨翟之言盈天下，孟子辟杨、墨之言为无君无父，当下又有“塞路者”，扬雄要像孟子一样“辞而辟之”，以开辟出孔学的正道。

孔学正道，在扬雄而言即圣人之道：“仲尼大圣，则天曷不胙？”（《法言·重黎》）为什么不能为王？扬雄认为，一是“无土”，即无百里之地不能以有天下；二是没有像舜、禹那样，舜以尧作土，并得其推荐。禹以舜作土，亦得其推荐，故有天下。孔子的时代已无此条件，这是天然，是讲社会人事的变迁与天然的关系问题。尽管孔子为圣人，也要唯变所适。“或曰：‘圣人之道

---

① “周公以来，未有汉公之懿也，勤劳则过于阿衡。”（汪荣宝：《法言义疏·孝至》，北京，中华书局，1987年。以下《法言》引文皆据此本）王莽封为安汉公，《汉书·王莽传》载：“元始四年，有司请采伊尹、周公称号，加公为宰衡，位上公。”其功比周公、伊尹。扬雄《法言》作于王莽代汉之前，故有此说。

若天，天则有常矣，奚圣人之多变？’曰：‘圣人固多变。子游、子夏得其书矣，未得其所以书也；宰我、子贡得其言矣，未得其所以言也；颜渊、闵子骞得其行矣，未得其所以行也。圣人之书、言、行，天也。天其少变乎！’”（《法言·君子》）圣人之道与天合其德，天有常有变，圣人秉常达变，随时应物。子游、子夏善于先王典文，但未得其所以然；宰我、子贡善于说辞，但夫子之言性与天道，不可得而闻；颜渊、闵子骞善于德行，但亦未得其所以然。圣人的书、言、行，如天，天变化无穷，虽孔子的弟子非常优秀，但亦不能穷其所以然之意。孔子的书、言、行被扬雄提升比拟为天，而实不等于天，但“圣人有以拟天地而参诸身乎”！其意是圣人“可以赞天地之化育，则可以与天地参矣”。与天地参，意蕴与天地并立为三。之所以与天地并立为三，是因圣人其德性可与天地相比拟，而具天地之德于一身。

“与天地参”的话题，蕴含着“天人之际”的核心话题。圣人存其精神，探幽求其极至，顺事无逆以成就天下大顺，利物无害而导致天下大利，通合天人之际，交感互渗，天人无间不分。扬雄沿着两汉究天人之际的时代话题，从四个方面予以论证：一是圣人之所以能“和同天人之际”，是因为圣人之心能测乎天地之情，而入乎神。“或问‘神’，曰‘心’。‘请问之’，曰：‘潜天而天，潜地而地。天地，神明而不测者也。心之潜也，犹将测之，况于人乎？况于事伦乎？’‘敢问潜心于圣’。曰：‘昔乎，仲尼潜心于文王矣，达之。颜渊亦潜心于仲尼矣，未达一间耳。神在所潜而已矣。’”（《法言·问神》）心是生之本，神之变，是神明之主，因此，心具有“和同天人之际”的潜能和效用，所以能潜隐入天而效天，潜隐入地而法地。这个潜隐是心的潜隐，只有心才具有通合天人的功能。正因为心为神明之主，故心能测神明之不测，如文王、孔子的心神潜隐天地，其德性和同天地，所以孔子潜心于文王而互相通达，亦与天地相和同。

二是天人相应。扬雄以史实以证天人合应：秦始皇 26 年，秦灭六国统一天下；秦国 15 年而被项羽所灭，楚项羽 5 年而败于汉刘邦，几十年之间，天下三传，天邪？人邪？扬雄认为，并非完全决定于天，亦决定于人，“汉屈群策，群策屈群力。楚憝群策而自屈其力，屈人者克，自屈者负，天曷故焉”？（《法言·重黎》）汉能群策群力，故取胜。项羽不能群策群力，故败。正如刘邦所说：“夫运筹策帷幄之中，决胜于千里之外，吾不如子房；镇国家，抚百姓，给馈饷，不绝粮道，吾不如萧何；连百万之军，战必胜，攻必取，吾不如韩信。此三者，皆人杰也，吾能用之，此吾所以取天下也。项羽有一范增而不能用，此其所以为我擒也。”（《史记·高祖本纪》）这就是“天不人不因，人不天不成”，天人之际是因与成的关系，无因不能成，无成因亦无果。项羽与刘邦其自然、社会环境相似，政治、经济、人际冲突危机差异不大，成败的主要原因是能否用人，即能否发挥每个人的智慧才能，而顺乎天而应乎人。

三是天人相应，祥瑞见隐。“或问‘君子’，‘在治曰若凤，在乱曰若凤’。或人不谕。曰：‘未之思矣’。曰：‘治则见，乱则隐。鸿飞冥冥，弋人何慕焉？鷦明遴集，食其絜者矣；凤鸟跄跄，匪尧之庭。’”（《法言·问明》）国家治理，祥瑞至，凤凰现；国家混乱，凤凰隐，祥瑞不至，这是凤鸟的德性。祥瑞灾异，天人感应。鷦明状如凤凰，不是竹实之絜不食，犹君子非道德之禄不居，凤鸟来仪，降于唐尧宫廷，喻尧以德治国家天下，天降祥瑞。观天的星象变化，在于君德。“或问：‘星有甘、石，何如?’曰：‘在德不在星。德隆则晷星，星隆则晷德也。’”（《法言·五百》）

齐国的甘公和魏国石申两人，善观天文。扬雄认为，灾祥不在于星象，而在于君德。这就是说，人君崇尚道德而修养道德，不必顾问星象的妖祥；反之，崇尚星象犹影随形，人事反随星象而相应。在这里尽管扬雄没有力辟灾异说，强调在德不在星，即在人不在天，但也承认天与人之间某种关联性。

四是天命与人为。“聪明其至矣乎？不聪，实无耳也；不明，实无目也。敢问大聪明。曰：‘眩眩乎！惟天为聪，惟天为明。夫能高其目而下其耳者，匪天也夫？’”（《法言·问明》）天与人一样有耳有目。天聪能闻言而察其是非，天明能见事而知其可否；天目高而无所不见，天耳下而无所不闻，这样天便是有意志者。因此，他在天命与人为的关系上，承认天命的实存。“或问命。曰：‘命者，天之命也，非人为也，人为不为命。’请问人为。曰：‘可以存亡，可以死生，非命也。命不可避也。’”（同上）天命是一种必然性，人是不可逃避的，譬如人必然要死，人人不可避。然而，人有可以生存而自死亡，这是非天命，如自杀、饮食不节、过劳等。人都受天命的支配，正因为如此，“圣人乐天知命，乐天则不勤，知命则不忧”（《法言·修身》）。乐天知命才不会有忧哀。在这里，乐天知命是一种安于被动地接受，天命与人为之间是主宰、控制者与被主宰、被控制者的关系，人为便丧失了其自主的人格和价值。人为只有发挥无限的主体能量，体认命的奥秘，改变天命与人为的固有关系，转化人的思维定式，才会有造命论的思想和操作的措施。然而，扬雄并没有度越乐天知命的思维定式，认为王朝的兴废更替，是天命所致。“天胙光德，而陨明忒。昔在有熊、高阳、高辛、唐、虞、三代，咸有显懿，故天胙之，为神明主，且著在天庭，是生民之愿也，厥飨国久长。”（《法言·重黎》）天赐福光显有德，并使有罪恶者得以彰明。如有熊、高阳到夏商周三代，其显德与天相感应，所以天赐福，使其主郊祀而有天下，命于天庭享国长久，而不像秦二世而亡，楚霸王五年而变。天命与人为之间，赏罚分明，兴废无谬。

由以上的论证，尽管天人相应在不同语境下有不甚相同的意蕴，或天然与人为，或天命与人为，或灾祥与人事，或天人合应等，但不离体现时代精神的主题思潮，即究天人之际的核心话题。至于如何究？则各家有异，或《吕氏春秋》，或《淮南子》，或董仲舒等，表象水火，性质、进路、方法异趣，然殊途同归，而归于时代哲学思潮的天人之际核心话题。

二、复孔子正道

扬雄虽少年从学严君平，受道家无为思想影响，但成年后其基本思想倾向为儒家有为。他借天命以明人为，托圣训以砭时政，试图化解西汉末年的政治危机和价值危机。尽管其力量有限，社会效果不显，但他以自己的方式做了努力。

如何治国？这是化解政治危机的要害所在。“或问：‘何以治国?’曰：‘立政。’曰：‘何以立政?’曰：‘政之本，身也。身立则政立矣。’”（《法言·先知》）立政之本在立身，身正而政正；立身在于修身，身修才能立身。“修身以为弓，矫思以为矢，立义以为的，奠而后发，发必中矣。”（《法言·修身》）修身犹如人射箭，若要中的，必须对准目标，矫正偏差。换言之，修身就要诚意正心，诚意正心的过程就是去心意之弊和蔽的过程。修身是对己而言，也就是治己。“或问：‘治己。’曰：‘治己以仲尼。’或曰：‘治己以仲尼，仲尼奚寡也!’”（同上）治己犹如克己，要像孔子那样克己复礼，非礼勿视听言动。不克治自己不诚信的意念和不端正的心术，就不能立身。立身也就是修养人之所以为人的人格。“或问：‘何如斯谓之人?’曰：‘取四重，去四轻，则可谓之人。’曰：‘何谓四重?’曰：‘重言，重行，重貌，重好。言重则有法，行重则有德，貌重则有威，好重则有观。’‘敢问四轻。’曰：‘言轻则招忧，行轻则招辜，貌轻则招辱，好轻则招淫。’”（同上）言重而合于法度，就不会轻言而招致忧患；行重而合于道德，就不会轻行而招致犯罪；貌重就有威严，就不会貌轻而招来耻辱；好重以示人以榜样，就不会好轻而荒淫。这四重四轻从正反方面教化人之所以为人，并通过两者的反差教化人如何立身。

四重四轻的核心是人如何立身的道德修养问题。扬雄说：“道、德、仁、义、礼，譬诸身乎？夫道以导之，德以得之，仁以人之，义以宜之，礼以体之，天也。合则浑，离则散，一人而兼统四体者，其身全乎!”（《法言·问道》）道、德、仁、义、礼五者本是我身所具有的天性，但能否拥有它，需要人的修养而浑合于我身，否则就会离散而不具于我身。尽管这五种德目以仁为本，但缺一不可，譬如“人而无礼，焉以为德”（同上），“君子动则拟诸事，事则拟诸礼”（《法言·孝至》），君子做事以礼为准则，合于礼而后去做；“君子于仁也柔，于义也刚”（《法言·君子》），君子有仁爱大德之心，节义刚强之志。

从爱心出发而施诸政，由道德交往而推及政治交往，扬雄提出仁政说：“或问：‘为政有几?’曰：‘思斁’。”“或问：‘何思?何斁?’曰：‘老人老，孤人孤，病者养，死者葬，男子亩，妇人桑之谓思。若汙人老，屈人孤，病者独，死者逋，思亩荒，杼轴空之谓斁。’”（《法言·先知》）为政治国的要旨，在于为政者思念、关怀什么和厌恶什么。要照顾老、孤、病、死者和男耕女织的社会生活和生产，使其生活生产者有保障，体现仁者爱人的政治；而不使老人受怠慢，孤寡者穷困，疾病者无人看顾，死者得不到安葬，田荒杍空，民众生活厌苦的状况发生。

仁政体现为德治。扬雄说：“君子为国，张其纲纪，谨其教化。导之以仁，则下不相贼；莅之以廉，则下不相盗；临之以正，则下不相诈；修之以礼义，则下多德让。此君子所当学也。如有犯法，则司狱在。”（《法言·先知》）在德治与刑法关系上，以德为本为主，以刑为末为辅。只有重德教，对民众导之、莅之、临之、修之以仁、廉、正、礼义，开发民众道德的自觉和自律，民众就不会相贼、相盗、相诈而多德让。因此，他反对申不害、韩非的严刑峻法，以申、韩之法为非法；也反对先杀而后教。“或问：‘为政先杀后教。’曰：‘於乎！天先秋而后春乎？将先春而后秋乎？’”（同上）以春秋自然先后现象来驳斥先杀后教的错位，倡导德教为先，刑杀在后。“民可使觌德，不可使觌刑，觌德则纯，觌刑则乱。”（同上）观德民归厚而纯，观刑民生伪而乱。国之治乱，在是否实行仁政德教。所以，“圣人德之为事，异亚之。故常修德者，本也；见异而修德者，末也。本末不修而存者，未之有也”（《法言·孝至》）。圣人经常修德是本，见灾异发生而修德是末。若天以灾异谴告人君的过失，而不修德改恶，那么国家就要灭亡了。这是曲折地对西汉为政者提出警告。

面对西汉末社会政治危机的深重，扬雄主张革新。“为政日新。或人：‘敢问日新。’曰：‘使之利其仁，乐其义。厉之以名，引之以美，使之陶陶然之谓日新。’”（《法言·先知》）利仁乐义，利仁为美，乐义而行。革新不仅是化解社会政治危机的方法，而且是社会变化发展的需要。改革首先要革除当时的“恶政”。他说：“政善而吏恶，一勤也；吏善而政恶，二勤也；政吏骈恶，三勤也。禽兽食人之食，土木衣人之帛，谷人不足于昼，丝人不足于夜之谓恶政。”（同上）民众陷于三种痛苦之中，为政者荒淫无耻，费用无度，敛取民财无厌，民力竭而财尽，社会动乱就不可避免了。

革新、日新是立政治国、化解政治危机的一种措施和方法，它所要达到的目标，是社会的和谐。“立政鼓众，动化天下，莫尚于中和。中和之发，在于哲民情。”（《法言序》）立政鼓舞民众，教化天下百姓，以无过不及、不偏不倚的中和为上。如何才能做到中和？在于体知民众思念什么、厌恶什么的心情，只有体察民情，才能发中和之政。“甄陶天下者，其在中乎？刚则甈，柔则坏。”（《法言·先知》）匠人埏埴以为器，陶土太干与太湿而不恰到好处，都做不成陶器，犹为政者治理天下，太刚而过猛，太柔而过宽，宽猛失中，即失和，就不能治理天下，社会就会发生动乱。中和之道，即治天下之道。“龙之潜亢，不获其中矣。是以过中则惕，不及中则跃，其近于中乎！圣人之道，譬犹日之中矣。不及则未，过则昃。”（同上）《周易·乾卦》初九爻辞为“潜龙勿用”，潜藏之龙而未施用；上九爻辞：“亢龙有悔”，过高而有悔恨。初九与上九，潜龙与亢龙，都不获其中和。九三爻辞：“君子终日乾乾，夕惕若厉，无咎”，九三居下卦之上位，过九二爻之中，为过中则应“夕惕若厉”，晚上警惕自己，戒惧而无害。九四爻辞“或跃在渊，无咎”，九四居上卦之下位，而不及九五之中，必须跃进。六爻之中二、五两爻为中和，九三和九四与九二、九五爻近，故说“近于中”。圣人之道，犹丽日中天，不过中亦无不及。中是天下之大本，和是天下之达道，中和乃天下之大本达道，这是扬雄的理想政治，也是其立政治国的理想目标。

扬雄为化解价值危机，恢复儒学正统，倡导“奉太宗之烈，遵文武之度，复三王之田，反五帝之虞”（《汉书·扬雄传》），认为“士有不谈王道者则樵夫笑之”，所以他力挺孔子之道，以孔子为“大圣”。“或问：‘圣人表里。’曰：‘威仪文辞，表也；德行忠信，里也。’”（《法言·重黎》）既具有高尚的伦理道德，又具有威仪文辞外表，是表里合一的理想人格。由此而赞誉说“圣人之道若天”，“川有渎，山有岳，高而且大者，众人所能逾也”（《法言·学行》），惟圣人之道不能逾，“视日月而知众星之蔑也，仰圣人而知众说之小也”（同上）。以圣人比拟日月，以知诸子之说无价值。圣人的言论，像丹青那样鲜明华美：“或问：‘圣人之言，炳若丹青，有诸?’曰：‘吁！是何言与？丹青初则炳，久则渝，渝乎哉?’”（《法言·君子》）丹青初便炳然显著，长久了就渝变，圣人之言、之书，久而益明。圣人的书、言、行，像天那样四时更迭，万物生瘁，变化发展，具有永恒性。孔子的书、言、行是分辨是非的标准。“或问：‘人各是其所是，而非其所非，将谁使正之?’曰：‘万物纷错则悬诸天，众言淆乱则折诸圣。’”（《法言·吾子》）万物纷杂以天为准绳，以知正与不正，诸子言论纷然混乱，以圣人的书、言作为价值判断的标准。

孔子之道像甘露滋润中国，如江、河、淮、济四水经营中国。“仲尼之道，犹四渎也，经营中国，终入大海。他人之道者，西北之流也，纲纪夷貉，或入于沱，或沦于汉。”（《法言·君子》）西北的水流较小，流入沱江、汉水，犹诸子之道虽有小用，但不能致远而流入大海，未至大用。然孔子之道，“关百圣而不惭，蔽天地而不耻。”（《法言·五百》）贯通百圣而不惭愧，充塞天地而不羞耻，古今天下无人能及，在中国文化史上达到了一个高峰。扬雄对孔子之道可谓推崇备至。

由此可知，扬雄以孔子超越诸子，先秦诸子无人能及。他以孟子辟杨墨自居，批评说：“庄、杨荡而不法，墨、晏俭而废礼，申、韩险而无化，邹衍迂而不信。”（同上）庄子、杨朱放荡而无法度；墨子、晏婴都主张非乐、非命、短丧、薄葬，节俭而与儒家礼仪有异；申不害、韩非专任刑法，刻薄伤恩，去仁爱，而不讲教化；邹衍观阴阳消息之变，大言而无实信。对先秦道家、墨家、法家、阴阳家等主要学派均指示其缺失。显然，扬雄是以儒家为价值标准来评判各家的，但也表现出其理性精神，对各家不是一概否定，而是吸收其长处。如对老子，他说：“老子之言道德，吾有取焉耳。及槌提仁义，绝灭礼学，吾无取焉耳。”（《法言·问道》）有取有舍，有批判有吸收。“或曰：‘庄周有取乎?’曰：‘少欲。’‘邹衍有取乎?’曰：‘自持。至周罔君臣之义，衍无知于天地之间，虽邻不觌也。’”（同上）庄子齐死生、同贫富、取其少欲，舍其不讲君臣礼义；邹衍要其归，是止于仁义、节俭，故取其自持，舍其无知天下之事理。对申、韩之法则舍。“或曰：‘申、韩之法非法与?’曰：‘法者谓唐、虞、成周之法也。如申、韩！如申、韩！’”（同上）而无所取。“或问：‘邹、庄有取乎?’曰：‘德则取，愆则否。’”（《法言·问神》）这便是扬雄取舍的价值原则，以化解当时价值标准的迷乱。

依据儒家价值标准，纠诸子之偏，取诸子之德，以恢复儒家正统价值观。由诸子而及经典之学，诸子之偏与对经学的曲解是相联系的。儒家正统价值观的源头在于“五经”。“舍舟航而济乎渎者，末矣；舍五经而济乎道者，末矣。弃常珍而嗜乎异馔者，恶睹其识味也；委大圣而好乎诸子者，恶睹其识道也。”（《法言·吾子》）舍舟而渡沟渠，舍“五经”而体认道，这是不可能的，弃大圣的书、言而喜好诸子，是不能体认大道的。体认圣人大道的门户，是孔子之道。“山径之蹊，不可胜由矣；向墙之户，不可胜入矣。曰：‘恶由入?’曰：‘孔氏。孔氏者，户也。’”（同上）山径险阻而难行，向墙房屋不能进入，犹好诸子而不能通达圣人之道，只有孔子之道是登圣人之道的门户。换言之，孔子之道即圣人之道，孔氏之户也就是其价值尺度。圣人之道就是正道。“适尧舜文王者为正道，非尧舜文王者为它道，君子正而不它。”（《法言·问道》）意谓诸子之道便是他道而非正道。

扬雄为维护正道，对圣人正道的载体经学，要拂去被神秘化的尘埃，恢复其本来的面目。当时经学之蔽：一是“一经说至百余万言”（《汉书·儒林传赞》）的枝叶蕃孳的弊端，“五经”被支离化；二是巫祝之术伪托经典编造谎言。“或曰：‘甚矣！传书之不果也。’曰：‘不果则不果矣，又以巫鼓。’”（《法言·君子》）传书意指诸子之书不符合经书之实，又把这种不实的书传以巫祝方式加以宣扬。他又批评谶纬之说：“或问‘黄帝终始’。曰：‘讬’也。昔者姒氏治水土，而巫步多禹；扁鹊，卢人也，而医多卢。夫欲仇伪者必假真。禹乎！卢乎！终始乎？”（《法言·重黎》）世有黄帝之书，论终始之运，是谶纬学者所作，假托神怪，造作图谶。夏禹治水，偏枯之病，步不相过，巫称禹步；卢人扁鹊善医，而医多卢，这就是欲出卖假货，必以假当真，以便欺骗人，天下作伪者都采取这种手段，谶纬神学亦假经以售其伪。扬雄讽刺说这无异于挂羊头卖狗肉或羊假虎皮：“或曰：‘有人焉，自云姓孔，而字仲尼。入其门，升其堂，伏其几，袭其裳，则可谓仲尼乎？’曰：‘其文是也，其质非也。’‘敢问质？’曰：‘羊质而虎皮，见草而说，见豺而战，忘其皮之虎矣。’”（《法言·吾子》）有人在外表上装成像孔子那样，这样就可谓孔子吗？其实质上不是孔子，如羊披上虎皮，但羊见草而喜悦，见豺狼而战栗，就暴露其真面目了。扬雄认为只有揭去伪装，才能恢复经学真实价值和孔子之道的正统意义。“书不经，非书也；言不经，非言也。”（《法言·问神》）书不符合六艺之科，言不符合孔子之道，便不是书和言。树立孔子之道价值观，以化解价值危机。

扬雄依据其对当时政治危机和价值危机的体认，以及其化解这两种危机的构想，在追究当时社会政治冲突和价值冲突的根源时，提出了“善恶混”的人性论，试图圆融孟子性善论、荀子性恶论、董仲舒性品级论之偏。扬雄认为：“人之性也，善恶混。修其善则为善人，修其恶则为恶人。气也者，所以适善恶之马也与?”（《法言·修身》）李轨注：“混，杂也”。杂有杂交、杂合之义，是说不同质的事物，以至对立冲突的东西，具有互相杂交、混合、杂合的可能，正因为具有这种可能性，所以人修善修恶就可以成为善人和恶人，这就回应了性本善而恶从哪里来和性本恶而善从哪里来的本原性的诘难。如何实现这种可能？他以气的流动性、可入性的特性，落实修善、修恶的现实性。

人性既然是“善恶混”的，就可以修养出善、善人与恶、恶人。如何修养？其工夫在于学。“学者，所以修性也。视、听、言、貌、思，性所有也。学则正，否则邪。”（《法言·学行》）性无本善、本恶，学则正就是修其为善人，否则邪就是修其恶为恶人。修性的内涵，包括目视、耳听、口言、貌动、心思等多方面。学的价值目标是为君子，“学者，所以求为君子也。求而不得者有矣，夫未有不求而得之者也”（《法言·学行》）。君子就是修其善为善人。求而不得是修之不够或不到位，但决无不求而得的。求的过程就是学、修为善人的过程，这个过程也是自我教化、自我修学、自我铸造的过程。“或曰：‘人可铸与?’曰：‘孔子铸颜渊矣。’”（同上）扬雄强调“人性混”的杂合性、动态性、开放性、可变性，冲决了人性善恶的固定性、不移性、片面性的网罗，打破了人生来就善就恶或纯善纯恶的桎梏，给人人以修其善为善人的希望和动力。这是化解社会政治危机和价值危机的人性基础。

三、太玄哲学

扬雄为从理论思维上深入化解价值危机，便钩深致远地构建了太玄哲学思想体系。他在回答时人嘲讽或认为《太玄》太深难懂时作《解嘲》《解难》两文，说明《太玄》的旨趣、内涵和方法。“观《易》者，见其卦而名之；观《玄》者，数其画而定之。《玄》首四重者，非卦也，数也。其用自天元推一昼一夜阴阳数度律历之纪，九九大运，与天终始。故《玄》三方、九州、二十七部、八十一家、二百四十三表、七百二十九赞。……擬之以三策，关之以休咎，絣之以象类，播之以人事，文之以五行，拟之以道德仁义礼知。……为其泰曼漶而不可知，故有《首》《冲》《错》《测》《摛》《莹》《数》《文》《掜》《图》《告》十一篇，皆以解剥《玄》体，离散其文，章句尚不存焉。”（《汉书·扬雄传》）《太玄》的基本逻辑结构严密，内容深邃，推天文地理以明阴阳度数律历，借自然象类以知道德仁义礼知。《法言·问神》载：“或曰：‘《玄》何为?’曰：‘为仁义。’曰：‘孰不为仁？孰不为义?’曰：‘勿杂也而已。’”扬雄称《太玄》为仁义而作，这是对于道德、仁义、礼知的约言，实包括道德、礼知。尽管君子立言，无不为仁义，然扬雄自认为建立《太玄》与圣人同趣，而与一般讲仁义有异。体认其旨趣，便易于把握《太玄》的真谛。

《太玄》虽仿《周易》而作，但《周易》是以“易有太极，是生两仪，两仪生四象，四象生八卦”的一分为二法展开世界图式的描述，《太玄》则是以《易传》的天、地、人三才的一分为三法而开出世界图式。“一以三起”，便有方州部家；“一以三生”，便是“参分阳气以为三重，极为九营。”（《太玄·图》，以下《太玄》引文皆据郑万耕撰《太玄校释》，北京师范大学出版社 1989 年）

扬雄把他的三分法既贯串方州部家，每一方州部家亦都三分，故有八十一家，这便是“一玄都覆三方，方同九州，枝载庶部，分正群家”（同上）的意思。《太玄》仿《周易》卦画，而有奇（—）、偶（--）、和（---）。其错布于方、州、部、家四重，共八十一首，相当于《周易》六十四卦，每首九赞，相当于《周易》每卦六爻。八十一首的第一首为《中》无首辞，《中》下的“阳气潜萌于黄宫，信无不在乎中”①，是对《中》的解释，相当于《周易》的《彖传》。由初一、次二、次三、次四、次五、次六、次七、次八、上九，共九赞，相当于《周易》的爻辞，赞辞下之“测曰”，相当于《周易》的《象传》。

扬雄依天、地、人三才之道的三分法，构建了玄、方、州、部、家、赞的逻辑结构。这个逻辑结构并非杜撰，乃是依宇宙自然、社会政治、人事人生变化规则而设计的，并依先观察、后模拟的程序进行：“昔人有观象于天，视度于地，察法于人者。”（《汉书・扬雄传》）“是以昔者群圣人之作事也，上拟诸天，下拟诸地，中拟诸人”（《太玄・捝》）。如对天文、历法的体认和吸收，又从盖天说转变为浑天说，“天浑而擇，故其运不已；地隤而静，故其生不迟；人驯乎天地，故其施行不穷”（《太玄・告》）。天浑圆而动，运行不止，地柔顺而静，物生合时，人效法天地，施行不穷。《太玄》的八十一首，就是自然季节气候的变化，以“与《泰初历》相应，亦有颛顼之历焉”（《汉书・扬雄传》）。《泰

① 《中》，此《太玄首》辞，原与《玄首都序》合一，独立成篇。《汉书・扬雄传》载：“故有《首》《冲》《错》《测》……十一篇”。即《太玄首》辞，81首同，有的书以此为卦辞，误。《测》为《太玄测》辞，原与《玄测都序》合一，相当于《周易・象传》；可能是范望解赞时《太玄首》和《太玄测》分置于各首之下。“黄宫”即地中。

初历》一年为三百六十五日又一千五百三十九分日之三百八十五。扬雄两赞为一日，七百二十九赞得三百六十四日半，外加《踦》《嬴》两赞，一年数与《泰初历》合。“凡三百六十四日有半，踦满焉，以合岁之日而律历行”（《太玄·图》）。由此可见，其太玄有自然科学的实证精神。

扬雄逻辑结构的价值理则是玄，玄是其至极的观念，故名“太玄”。大凡哲学思想的创造，都需要从哲学源头处获得思想的启迪，而重新点燃哲学智慧的火花。《太玄》既仿《周易》而作，又取老子“玄之又玄，众妙之门”，“玄牝”“玄览”“玄德”“玄通”“玄同”。玄是指深奥幽远的形而上者，它是化生万物的精微奥妙的门户。此门换言之为“玄牝之门”，牝作为雌性能生育者，可谓天下母，“万物之母”，即天地万物的根源。体认天地万物形而上根源，需要虚极静笃的心境，才能“玄览”天地万物生生的本根，其间便蕴含着“微妙玄通”。天地万物而为天地万物，都有其内在的德性，便称谓“玄德”。然后天地万物平铺展现，通达圆融的“玄同”之境。扬雄承老子“玄”之义，以为天地万物生生之根。“玄者，幽摛万类而不见形者也。资陶虚无而生乎规，攔神明而定摹，通同古今以开类，摛措阴阳而发气。一判一合，天地备矣。天日回行，刚柔接矣。还复其所，终始定矣。一生一死，性命莹矣。”（《太玄·摛》）意谓：其一，玄在幽冥中开展出万类万物，而不显露其形象。这就是说，玄是无形无象的，“玄者，神之魁也。天以不见为玄，地以不形为玄，人以心腹为玄”（《太玄·告》）。玄，神妙莫测，藏而不见。天不可见，地无形象，人心难忖，这便是玄的特性。正因其无形象，不可见，所以玄具有无方所、无界限的特性。“夫玄，晦其位而冥其畛，深其阜而眇其根，攘其功而幽其所以然者也。故玄卓然示人远矣，旷然廓人大矣，渊然引人深矣，渺然绝人眇矣。”（《太玄·摛》）玄隐而不露它的方所和范围，深藏它的博厚和根柢，隐蔽它的功能和所以然依据。它向人们展现它的高远广大、幽深渺茫，使人不见其形迹，但玄在冥冥中统摄天地间一切。这是无形象、无方所、无界限，莫知其所以然的玄的微妙、功能和作用。

其二，玄凭借虚空资生陶养出天体及运行的规则，换言之，玄生养天地万物。玄如何资生陶养万物，开展措施散发分布阴阳二气，阴阳一分一合，互相作用，天地万物便形成了。天体与太阳回转运行，昼夜就相接了。天体和太阳错行，周而复始，一年的终与始就有一定度数了。万物的生死盛衰消长，万物的性命便明白了。扬雄认为，天日回行的规则，“是故阖天谓之宇，辟宇谓之宙。日月往来，一寒一暑。律则成物，历则编时。律历交道，圣人以谋。昼以好之，夜以丑之。一昼一夜，阴阳分索。夜道极阴，昼道极阳”（《太玄·摛》）。包容天地为宇，开辟天地为宙，即四方上下谓宇，往古来今谓宙，今称空间和时间。日月往来，四时运行，律为阳而成物，历为阴编次时节岁事，律阳历阴，互相交道结合，圣人依此以谋划设计。白天夜晚阳阴好丑分殊，扬雄从阴阳二分法来讲天地万物的资生陶养和天体运行的规则，与其《太玄》的三分法相悖，其实《太玄》仿《周易》，而未彻底度越《周易》的二分法，也没有创造新概念以替代阴阳范畴，沿用阴阳对待二元概念，就不可避免地落入二分法的窠臼。

其三，玄贯通万物古今发展的过程和区分万物的种类。“故玄聘取天下之合而连之者也。缀之以其类，占之以其觚，晓天下之瞆瞆，莹天下之晦晦者，其唯玄乎。”（同上）《太玄》是要求取天下既冲突而又相融合的事物，如阴阳、昼夜、牝牡、生死等贯通起来，使事物按照类别相连缀，依照一定法式进行占断。这就需要体认事物发展全过程。为此，扬雄提出了“罔、直、蒙、酋、冥”五个概念。“罔，北方也，冬也，未有形也。直，东方也，春也，质而未有文也。蒙，南方也，夏也，物之修长也，皆可得而戴也。酋，西方也，秋也，物皆成象而就也。有形则复于无形，故曰冥。”（《太玄·太玄文》）罔、直、蒙、酋象征配北东南西四方和冬、春、夏、秋四季。冬天阳气未发，万物未形，为罔无；春天阳气孕育万物，朴质而无文彩，为伸直；夏天万物生长，枝叶茂盛而覆蒙；秋天万物成熟。这样万物随方位转移和四时运行而从无到有；秋去冬来，又从有到无，冥昧无形。“出冥入冥，新故更代。阴阳迭循，清浊相废。”（同上）从无形到有形，从有形到无形，阴极阳生，阳极阴生，阴阳消长，循环往复，新陈代谢，描绘事物演化的过程。虽然其名相是新的，但其内容是旧的，未能度越阴阳、四方、四时等老套子、旧间架。

其四，玄的功用体现为伦理道德。“故玄者，用之至也。见而知之者智也，视而爱之者仁也，断而决之者勇也，兼制而博用者公也，能以偶物者通也，无所系鞍者圣也。时与不时者命也，虚形万物所道之谓道也，因循无革天下之理得之谓德也，理生昆群兼爱之谓仁也，列敌度宜之谓义也，秉道德仁义而施之之谓业也。”（《太玄·摛》）看见事物而知其吉凶是智慧，看见事物而爱护它是仁爱，遇见事情而果断决定是勇，兼不偏私而广用于民是公，能与万物相配合就是贯通，不为物宥而无所拘滞就是圣人。时遇与不时遇是命，虚空无形而万物由之生称道，因循自然法则而天下得以治理称德，治理养育而兼爱大群就称为仁，序列对偶而度时适宜谓义，执持道德仁义而施行于世间称为业绩。智仁勇为三达德，公通圣命为道德价值目标，仁义道德实施于社会是玄的功用和业绩。

不仁不义，这是扬雄所不齿的："仁疾乎不仁，谊疾乎不谊。君子宽裕足以长众，和柔足以安物。天地无不容也，不容乎天地者，其唯不仁不谊乎!"（《太玄・文》）仁以不仁为病，义以不义为病，君子有宽裕的财富以育养大众，有柔和的道德就可以安抚万物。这是容于天地的，是符合天地运行的大道的。

扬雄开出智、仁、勇、公、通、圣、命、道、德、义等道德范畴，作为玄的功用和原则，并贯通于天、地、人三道和人际伦辈之中。"夫玄也者，天道也，地道也，人道也，兼三道而天名之。君臣、父子、夫妻之道。"（《太玄・图》）玄统摄三道，而以形而上天命名；玄亦横摄形而下社会君臣、父子、夫妻的纲常关系，这种关系犹如天地人三道，是永恒存在的。扬雄为维护三道三伦，化解当时价值危机，而撰《法言》《太玄》。它们的宗旨："张仁义以为纲兮，怀忠贞以矫俗。"（《太玄・赋》）以仁义忠贞矫正世俗之不正。之所以能矫俗，其权威的价值能力来自形而上天道与形而下人道的圆融。形而下仁义道德在形而上天道的支撑下，不仅具价值的权威性，而且具有自然的合理性。"夫天地设，故贵贱序；四时行，故父子继；律历陈，故君臣理。"（《太玄・摛》）天地设位贵贱有序，四时运行父子相继，律和历纪陈列，君臣职分各得其宜。"昼夜相承，夫妇系也，终始相生，父子继也。日月合离，君臣义也。孟季有序，长幼际也。两两相阖，朋友会也。"（《太玄・图》）自然天道的运行与人道的人伦合一，获得天人和合。天人和合就是儒者的使命和职责。"通天、地、人曰儒，通天地而不通人曰伎。"（《法言・君子》）儒者贯通天地人，缺一而不贯通三者便是蔽于一曲，而不懂大道，有悖于天人和合。

其五，玄的普遍联系和变化。事物名相的存在，是相对相成的。"阳不阴，无与合其施；经不纬，无以成其谊；明不晦，无以别其德。”（《太玄・莹》）阴阳、经纬、明晦对待两方互相依存，无阴就无所谓阳，无经无所谓纬，无明亦无所谓晦。若无对待的另一方面，阴阳就不能交合以施化，经纬就不能成其物宜，明晦就不能别其性质。“日有南有北，月有往有来。日不南不北，则无冬无夏。月不往不来，则望晦不成。”（《太玄・告》）日由其有南才有北，月由其有往才有来，南北、往来相对相成，相对相成构成对待双方的融合体。“莹天功，明万物之谓阳也；幽无形，深不测之谓阴也。阳知阳而不知阴，阴知阴而不知阳，知阴知阳，知止知行，知晦知明者，其唯玄乎。”（《太玄・摛》）玄非阴非阳，既主阴又主阳，是阴阳未分的混沌融合体。

事物发展过程是波浪式前进的，发展到一定极限就会向反面转化，这便是物极必反，亢龙有悔。“阴不极则阳不生，乱不极则德不形”。阴不发展到极点，阳就不能发生；祸乱不到极点，福顺善美就不能形成。在极端的情境下，对待两方就发生互相转化。“阳不极则阴不萌，阴不极则阳不牙。极寒生热，极热生寒。信道致诎，诎道致信。”（同上）阴阳、寒热、伸屈对待面互相转化，这是普遍的现象。这种转化是有条件的，这便是对待面发展到极端。扬雄认为，对待面转化并不是回到原点，旧事物的再现，而是一种“有因有循，有革有化”（《太玄・莹》）。事物的发展既有因袭继承，亦有革化创新，有革而无因，事物就不能发生，有因而无革，新事物就不能形成。知道因袭而不知道革新，就违反了事物的法则；只知道革新而不知道继承，就使事物丧失常态。革新要符合时代的需要，这是事物发展的基础。革新是“新故更代”，“其动也，日造其所无而好其所新”（《太玄・摛》）。事物的发展运动，便不断创造出以前所没有的东西，而喜好其新东西、新事物，如此，事物便能生生不息。

扬雄为化解当时社会的政治和价值危机，在究天人之际的核心话题统摄下，撰《法言》《太玄》，回应了时代的课题，设计了化解社会政治危机之方，构建了价值哲学逻辑结构。他以“玄”作为其哲学的逻辑中心，展开其形而上的天地万物初始与孕育发展根源的求索，玄本身性质、特征、作用的描述，以及形而下社会政治革新和人性道德伦理的规则等论说，形成包容形而上与形而下，天、地、人与宇宙、社会、人生为一体的世界图式，给后世以很大影响，在中国哲学思潮发展史上具有一定地位。桓谭说：“今扬子之书文义至深，而论不诡于圣人，若使遭遇时君，更阅贤知，为所称善，则必度越诸子矣。”（《汉书·扬雄传赞》）桓谭说：“扬雄作《玄》书，以为玄者，天也，道也。言圣贤制法做事，皆引天道以为本统，而因附续万类、王政、人事、法度，故宓羲氏谓之《易》，老子谓之道，孔子谓之元，而扬雄谓之玄。《玄经》三篇，以纪天地人之道。”（《后汉书·张衡传》注）因为扬雄提出了不同于老子、孔子的新哲学概念，以标志其度越诸子。他严谨而宏大的《太玄》哲学逻辑结构的创新，是他一生智慧和心血的结晶，显示了汉代理论思维能力的提升和对烦琐谶纬经学的批判能力的提高，以及对于天、地、人价值意义的追求，启发了以后哲学新思潮的发育，特别对魏晋玄学有其特殊意义。

尽管当时有人激烈批判扬雄：“诸儒或讥以为雄非圣人而作经，犹春秋吴楚之君僭号称王，盖诛绝之罪也。”（《汉书·扬雄传赞》）把其作经与吴楚僭号称王相比拟，其罪大矣。但王充并不这样认为，他说：“阳成子长作《乐经》，扬子云作《太玄经》，造于眇思，极窅冥之深，非庶几之才，不能成也。孔子作《春秋》，二子作两经，所谓卓尔蹈孔子之迹，鸿茂参贰圣之才者也。王公问于桓君山以扬子云，君山对曰：‘汉兴以来，未有此人。’”

（《论衡·超奇》）不仅不谓其有罪，而且肯定其才智开通、能入圣道，履孔子足迹，评价颇高。由于各人价值观的差分，对历史人物的体认、评说有异，这是不可避免的，但历史事实总是实存的，依实存的文本总能作出贴近本来面目的评价。尽管王莽篡位后，扬雄写了一篇“剧秦美新”的文章，讲王莽“受命”，但王充并不因其政治上的污点而否定其学术上的成就，犹如当今对德国哲学家海德格尔的评价相似，这是非常难能可贵的。

（原载《孔子研究》2013年第6期）

第二节 《法言》研究

扬雄《法言》的文化守成主义

杨海文

《法言》是西汉著名思想家扬雄（前53—18）晚年的一部重要著作。这部拟《论语》而作的著述，针对思想界“众言淆乱”“杨墨塞路”的复杂情形，要求人们“多闻则守之以约，多见则守之以卓”。扬雄这一“言重则有法”“法而易言”的思想宗旨，实质上是一种值得我们深入探讨的文化守成主义立场。

一、语言学策略：标举言说与书写的本体

文化守成主义不是一种学派，也不是一种思潮，而是始终贯穿于人类精神文化之旅的一种整合机制，这种整合机制一言以蔽之即“继承与创新的辩证互动”。但文化守成主义也不是抽象的；特定时期的思想家，只要他坚持这种立场，那么就必须护守某种具体的思潮与学派，才能在“有所守”的基础上“有所为”。

西汉末年的扬雄深知此理，他选择了儒学。人们也许认为，扬雄宗主儒学不过是顺应已实施近百年的“罢黜百家，独尊儒术”的社会大潮而已。其实事情远非如此简单。因为就是在这近百年内，儒学并未由于官方的种种措施而获得全能的统制力。相反，诸子与儒学之争从未停息过；在扬雄的时代，儒学内部又出现了古文经与今文经的对峙。儒学这种“内忧外患”的情形，就这样困惑着人们：“人各是其所是而非其所非，将谁使正之?”对策肯定千姿百态，但扬雄的回答则很巧妙：“万物纷错则悬诸天，众言淆乱则折诸圣。”（《法言·吾子》，以下只注篇名）

巧妙就巧妙在“折诸圣”三字。熟悉从先秦百家争鸣到西汉儒学独尊这段思想史的人知道：尽管一个人或一个学派反对另一人或另一学派，但他们大都相信“圣人”是判断孰是孰非的最后、唯一的权威；圣人这一理想人格，是以其思想真理性进行裁决的。思想界的这种“集体无意识”根深蒂固，扬雄以此来消解“众言淆乱”，显示了一个思想家对传统资源的重视。不过这毕竟还只是一个起点。

沿着这个起点往前走，势必碰到的问题是怎样使圣人进行评判。扬雄认为：“在则人，亡则书，其统一也。”（《吾子》）圣人在世则由其人来评判，不在世则由其书来评判；由人和由书，总而言之是一样的。换言之，圣人所代表的思想真理性（体），必须通过两种方式（用）来表达，一是言说方式，即借助圣人的言说来裁决，一是书写方式，即借助圣人的著述来裁决。从现代语言学理论来看，扬雄这种“折诸圣”裁决法实际上是一种语言学策略，亦即通过意义、言说、书写三者的辩证互动来匡正“众言淆乱”的语言魔障；所谓“意、言、书”是《周易》《论语》《老子》《庄子》都谈论过的老话题，但扬雄“旧话重提”暗示了他将从一种亦新亦旧的角度，亦即通过标举言说与书写的意义本体来捍卫儒家的思想真理性。

先看“在则人”裁决法。它包含两种情形。圣人可以不凭据任何文本、而直接通过言说方式来表达思想真理性，这可能是扬雄会最先考虑的情形；但这种情形的适应范围很狭小，狭小到只在思想史的发生学源头上才成立。大概因为这一缘故，扬雄更关注另一情形，即圣人是在解读特定文本之后才言说的。

这是一个深邃的思想，但在《问神篇》的同一章中，扬雄却为它预设了两个彼此矛盾的理论前提。一个是“言不能达其心，书不能达其言”。韩敬先生认为此语由《周易·系辞上》所谓“子曰：‘书不尽言，言不尽意’”变化而来[①]。不过，扬雄化解孔子此语的本意是认为普通人很难突破“意、言、书”的等级秩序，很难进入文本解读的自由境界。另一个是“言，心声也；书，心画也”。扬雄认为，尽管普通人总是遇到“书不尽言，言不尽意”的困难，但这并非语言学的本质；语言学的本质是“言为心声，书为心画”，言说与书写是能够标举意义本体的，而且言说方式与书写方式同等重要。不言而喻，按照“折诸圣”的文化逻辑，真正能够切入语言学本质的只有圣人。还是在《问神篇》的这一章中，扬雄指出：“惟圣人得言之解，得书之体。”这一结论对于“在则人”裁决法的重要意义在于：一方面，圣人是在臻于文本解读的自由境界之后才言说的，这种言说是意义本体的表现，是思想真理性的表达；另一方面，如果普通人遇到解读困难，又相信圣人的裁决，那么圣人在解读特定文本之后的言说就有助于人们走出“众言淆乱”的局面。

---

① 韩敬：《法言注》，中华书局1992年，第111页。

再看“亡则书”裁决法。一个“在”字一个“亡”字，圣人的自然生命的有限性，也就决定了“在则人”裁决法的局限性。要想圣人在“众言淆乱”的所有场合都现身说法，这是极难想象的一件事。对“亡则书”裁决法出场的必要性，扬雄有一深刻论述。有人曾跟他谈到学习研究经典文本的难易问题，扬雄指出：“其人存则易，亡则艰。”（《问神》）此处“人”字，注疏过《法言》的司马光以为是“文”字之误，清人俞樾亦首肯其说。（《诸子平议》卷三十四）这表明所谓“经之艰易”问题的实质是“其文存则易，亡则艰”；换言之，如果圣人身后能留下书或著述，那么“经之艰易”的解读问题与“众言淆乱”的辨别问题，就可通过“亡则书”裁决法来解决。

“亡则书”裁决法出场的必要性是固不待言的，诚如徐复观所说：“文化学术，一存于其人，一存于其书。书较人的寿命为长久，由书而得以知其人，得以知其人在学术文化上的成就、贡献，所以保存书，即所以保存学术文化，即所以保存历史。”① 但棘手的问题是：圣人的言说是如何转化为书写的？圣人手书、他人述录是可资考虑的两种情形，但扬雄则以一种比较高明的方式将两者结合起来，即后出的圣人可以对前出的圣人之言说进行述录。《问神篇》这段话便是佐证：“《诗》《书》《礼》《春秋》，或因或作，而成于仲尼，其益可知也。”这里值得注意，扬雄还提出了一个新问题，即在“亡则书”过程中怎样处理“因”（继承）与“作”（创新）的关系。这一问题我们先不讨论，因为至此扬雄已较成功地论证了“亡则书”裁决法的出场必要性与书写落实问题；不用说，在扬雄看来，一旦出现“众言淆乱”，那么人们无论凭借

① 徐复观：《两汉思想史》第三卷，台湾学生书局1979年，第521页。

圣人的言说抑或书写，都是能获得思想真理性的。

扬雄的“折诸圣”裁决法当然是一个理想方案，其实践也不是轻而易举的。扬雄认为，个中原因之一就在于：“声画者，君子小人之所以动情乎！”（《问神》）言说与书写并非圣人的专利，君子和小人都对著书立说有兴趣，这怎能不导致“众言淆乱”呢？扬雄没有否认人们言说与书写的权利，但他指出：“书不经，非书也；言不经，非言也。言书不经，多多赘矣。”（《问神》）如果一个人的言说与书写不符合圣人的规范，即使再多也没有用处；的确没有好处，但不能说没有害处。它使得扬雄开始思考一个根本性的问题：普通人如何进行言说与书写？

解决这一问题的基本原则还是“折诸圣”；但普通人一旦凭据圣人而言说、书写，也就出现了所谓“述”与“作”的关系问题。在此问题上，西汉人可能很认同孔子的“述而不作”，因此不理解扬雄拟《周易》而作的《太玄》。扬雄以“其事则述，其书则作”（《问神》）来解释，申明《太玄》虽然采用了著作形式，但它传述的则是圣人的仁义之道。人们仍以“孰不为仁？孰不为义？”问难，扬雄进一步指出，诸子百家或许都讲圣人之道，但《太玄》力图“勿杂也而已矣”，（《问神》）只坚守圣人的思想真理性。扬雄在《法言》中就普通人之言说与书写进行的这种现身说法，其实际效果如何我们姑且不论；但“勿杂”二字，说明扬雄主观上是相当慎重地对待继承与创新的关系问题的。

有什么样的言说与书写，就有什么样的人格。如同扬雄所说：“声画形，君子小人见矣。”（《问神》）著书立说作为鉴别立言者是君子还是小人的一面镜子，要求君子慎重地言说与书写，在标举言说与书写的意义本体时应该尽量做到“勿杂”。所谓“法而易言也”，（《君子》）既是扬雄的《法言》一书的主旨，亦是其文化守成主义之语言学策略的目的。但这并不意味着《法言》文化守成主义的终结。因为在尊奉儒学的扬雄看来，“众言淆乱”的语言魔障其实便是“杨墨塞路”的思想乱局，因此，要真正地标举言说与书写的意义本体，还必须进行文化守成主义的“儒学史/历史建构”，使语言学层面上的意义本体在思想史的大坐标中找到它的对应物。

二、儒学史建构：凸显孟子与孔子的一致

依据清人皮锡瑞《经学历史》中的观点，扬雄身处“经学极盛时代”。五经研究虽然极盛，但并不是没有弊端。徐复观在《扬雄论究》一文中便说：“当时学者以五经博士为师，即以五经为发策决科的标准，于是五经以外的诸子，渐少人研究，这正是当时因博士的学术专利以致学术日趋固陋的情形。”①

有感于此，扬雄认为，如果要坚守以儒学为中心的文化守成主义，就不能像博士学术系统那样轻视诸子研究，而必须对儒家与诸子的关系予以分疏。扬雄所谓“诸子”，特指儒家以外的九流百家。诸子虽然是扬雄理论上的对手，但他并不轻视诸子的“实力”。《问道篇》云：“庄周、申、韩，不乖寡圣人而渐诸篇，则颜氏之子、闵氏之孙，其如台！”颜渊、闵子骞是孔子弟子中德行最好的，但扬雄认为，假如庄周、申不害、韩非能够不轻视、背弃圣人而深入学习其理论，那么恐怕连颜、闵都未必能超过他们。扬雄甚至认为诸子之学亦有可资借鉴之处，如他就曾承认“老子之言道德，吾有取焉耳”。（《问道》）跟扬雄一样，普通人也意识到了诸子之学的魅力，因此不乏“委大圣而好乎诸子”的人。尽

① 徐复观：《两汉思想史》卷二，香港中文大学1975年，第361页。

管完全抛弃圣人之道而投奔到诸子门下的可能是极少数，但那种“倚孔子之墙”却“诵韩庄之书”的则相当多。据《问道篇》记载，这类人还以“申、韩之法非法与”之类的口吻，试图使诸子之学在“折诸圣”的文化系统内获得合法性。

这些不能不使扬雄想起历史的惊人相似之处：“古者，杨墨塞路。孟子辞而辟之，廓如也。后之塞路者有矣。窃自比于孟子”。（《吾子》）因此，对诸子之学进行批判，成为扬雄“儒学史/历史建构”必不可少的理论前奏。不过，“今之塞路者”像杨朱、墨翟那样有名声的毕竟极少；然而，他们跟老子、庄子、韩非、申不害、邹衍在精神上却是相通的；擒贼先擒王，在这一意义上，《问道篇》对周秦诸子的集中批判及其凸显的“小诸子”立场，显然是力图借助历史的批判来肃清现实的流毒。

正是由于对诸子的批判，引发了“孔孟一体化的儒家定位”问题。扬雄以“窃比孟子”的战斗勇气，担当着“小诸子”的批判使命。但在西汉人的眼中，孟子地位并不高，仍被归为诸子之列。这意味着扬雄必须面对时人所谓“子小诸子，孟子非诸子乎”的质疑。对此扬雄指出：“诸子者，以其知异于孔子者也。孟子异乎不异?”（《君子》）要了解这一答辞的意义，我们先看两条材料。皮锡瑞说：“汉崇经术，实能见之施行。武帝罢黜百家，表章六经，孔教已定于一尊矣。”（《经学历史·经学极盛时代》）徐复观认为，《法言》一书的大纲领是以孔子、五经为中心所树立的做人与立言的标准①。上述两条材料表明扬雄对当时思想界“以孔子、五经为中心”的共识是深表认同的。不言而喻，有了这种共识，那么所谓“诸子者，以其知异于孔子者也”也就不难成为厘

① 徐复观：《两汉思想史》卷二，香港中文大学1975年，第359页。

定诸子与孔子之异的标准。

但判断孟子与孔子之同，则还必须在“孟子异乎不异”的基础上深化。《君子篇》指出：“或问：‘孟子知言之要，知德之奥?’曰：‘非苟知之，亦允蹈之。’”扬雄认为，孟子不仅熟悉孔子之言说与德行的要奥，而且能够身体力行。孟子这种私淑者形象，是导致孔孟之同的关键之一。另一个关键则是孟子的卫道士形象。《孟子·尽心下》曾载孔子之言：“过我门而不入我室，我不憾焉者，其惟乡愿乎!”扬雄所谓“孟子疾过我门而不入我室”，(《问明》)即化解此语而来。在扬雄看来，孟子正是由于继承了孔子“恶乡愿”的卫道意识，才得以在“杨墨塞路”的复杂时代中，力辟异端，捍卫正统，从而跟孔子“异乎不异”。私淑孔子（内）和捍卫孔子（外），扬雄认为正是“孟轲之勇”的体现。孟子之勇亦即“勇于义而果于德，不以贫富贵贱死生动其心”。(《渊骞》)扬雄“窃比孟子”的人文情怀，无疑跟他服膺孟子之勇相表里。质言之，扬雄在此力图完成“孔孟一体化的儒家定位”。

对扬雄的这一儒学史建构，唐代韩愈深刻地指出：“晚得扬雄书，益尊信孟氏。因雄书而孟氏益尊，则雄者亦圣人之徒与。”(《韩昌黎全集》卷十一《读玄》)现代评论者更直接地认为，扬雄的儒学史观实质上是“在孟子的基础上继承了孔子”①。然而，扬雄这一“儒学史/历史建构”跟固有的思想史传统却是大异其趣的。问题的焦点不是孔子，而是孟子。以先秦而论，除《孟子》外，涉及孟子的典籍主要有《荀子》《韩非子》，但荀、韩都不认为孔、孟是一体化的。西汉的情形也不例外。尽管文帝曾将《孟子》跟《论语》《孝经》《尔雅》一起置为传记博士，《韩诗外传》

① 任继愈主编：《中国哲学发展史（秦汉）》，人民出版社1985年，第374页。

卷四“非十子节”还放弃了对子思、孟子的批判（这跟《荀子·非十二子》极不相同），公元前 81 年盐铁会议上贤良文学们甚至高扬孟子的王道、民本旗帜；但这些并不意味着博士学术系统统帅着的西汉思想学术界已经建构了“孔孟一体化”范式。

事实是：在西汉人的观念中，孟子的地位至多只跟荀子相当，司马迁的《史记·孟子荀卿列传》和清代梁玉绳《史记志疑》卷三十三所谓“孟荀齐号，起自汉儒”即是佐证。在某种意义上，荀子在汉代人的眼中地位甚至还高于孟子。清代汪中说过：“盖自七十子之徒既没，汉诸儒未兴，中更战国暴秦之乱，六艺之传赖以不绝者，荀卿也。周公作之，孔子述之，荀卿子传之，其揆一也。”（《荀卿子通论》）梁启超秉承此说，亦指出：“汉代经师，不问为今文家古文家，皆出荀卿。”① 汪、梁此说并非杜撰，其实在《法言》中也可找到证据，人们就曾这样询问扬雄：“孙卿非数家之书，侻也。至于子思、孟轲，诡哉！”（《君子》）一侻一诡，实为一褒一贬，要求扬雄表明自己的立场。

扬雄认为：“吾于孙卿与？见同门而异户也。惟圣人为不异。”（《君子》）承认荀子属于儒家（同门），但他跟孔子却是不同的（异户）。由于扬雄视孟子与孔子“异乎不异”，因此没有苟同一般人的观念，而是对荀子进行了批判。“惟圣人为不异”一语在这一对话中尤其重要。只有圣人和圣人才会一致，既是扬雄的儒学史见识，亦即认为只有孟子才跟孔子一致；也是夫子自道，即扬雄力图以“孟轲之勇”来捍卫孔孟儒学的思想真理性。

在扬雄的儒学史建构中，析分诸子与孔子之异，厘定荀子与孟子之别，都是为了进行“孔孟一体”的儒学定位。这种迥异于

① 梁启超：《清代学术概论》，东方出版社 1996 年，第 76 页。

当时思想史主流传统的定位，之所以是文化守成主义的体现，原因在于扬雄以人文理性为依据，针对经院儒学神化孔子的空疏学风，力图完成将孔子从“神”到“人”的历史还原。诚如徐复观所说：“从成帝时起，开始有人对由术数所讲的天人性命之学发生怀疑，渐渐要回到五经的本来面目，以下开东汉注重五经文字本身了解的训诂学，并出现了以桓谭为先河的一批理智清明的思想家，此在西汉末期，虽未成为学术风气的主流，但实开始了一个新的阶段。扬雄末年的《法言》，担当了开辟此阶段的责任。”① 以此观之，扬雄力图复兴正统儒学的孔孟之道，是和“折诸圣”裁决法的意义本体若合符节的，目的在于通过“继承与创新辩证互动”的文化守成主义，使孔孟儒学冲破谶纬神学、诸子异端的双重扼制而顺利发展。

综上所述，扬雄《法言》的文化守成主义由语言学策略、儒学史建构两部分组成。前者实际上是一种“文本解读方法”，要求被“众言淆乱”的语言魔障所困惑的人们，真正地把握蕴涵于言说与书写之中的意义本体，这一意义本体亦即圣人之道。后者实际上是一种“学派分疏意识”，要求被“杨墨塞路”的思想乱局所干扰的人们，明智地洞察贯穿于孔子与孟子之间的思想真理性，这一思想真理性亦即孔孟之道。语言学策略与儒学史建构又是密不可分的，在言说与书写之中标举意义本体，实质上也就是凸显孟子与孔子之间一以贯之的思想真理性。之所以强调继承，正是为了对治经院儒学和诸子异端，前者扭曲了正统儒学的真面目，后者则混淆了正统儒学的真精神。而创新之所以可能，根源也在于继承；只有真正地继承正统儒学，它才会在新的时期内获得发

① 徐复观：《两汉思想史》卷二，香港中文大学 1975 年，第 303 页。

展；因此，文化守成主义的创新品格本质上是立足于继承的创新。尽管扬雄的文化守成主义在其思想发展历程中落实得并不彻底；但他留下的这笔理论遗产，在我们今天的民族文化重建运动中，应该说还是有其启迪意义的。

（原载《学术研究》1997年第9期）

《法言》的“经传注我”与义理标举
——扬雄《论语》学研究

解丽霞

摘要：扬雄仿《论语》作《法言》，“仿”是依照《论语》的形式，“作”是借《论语》阐发自己的思想，与汉代经师“我注经传”方式不同，他采取“经传注我”方式，对《论语》的阐释通过“变其文”“解其义”“拟其旨”达成。在这种解经方式下，《法言》所要标举的是立法、明志、申道，即：以孔子之法为准绳，以颜子之乐明其志，以君子之道申其义。

关键词：《法言》；《论语》；经传注我；孔子；颜渊；君子之道

一、“经传注我”的释《论》方式

汉代人的学术研究，多采取“我注经传”方式。就汉代《论语》学研究来看，留存下来的“传”“说”寥寥无几，扬雄之前仅有孔安国的解释保存在《论语集解》中。邢昺曰：“魏吏部尚书何晏集孔安国、包咸、周氏、马融、郑玄、陈群、王肃、周烈生之说，并下己意，为《集解》。”① 即使盛行的《张侯论》，其价值亦

① 何晏、邢昺：《论语注疏》，北京大学出版社1999年，第2页。

如朱维铮先生所言："就结集史来说，《张侯论》出而三家《论》微，也幸也不幸。它虽然有历史意义，却未必有科学意义，单想作为史料便靠不住，何况其余呢。"① 张禹《论语》只有结集意义，孔安国等人的解释也只是《论语》字词、句子的释义。扬雄在这样的汉代学风中，选择当时盛行的《鲁论》，以模拟方式来诠释，这给后人一种误解，晁公武曰："雄之学，自得者少，其言务拟圣人，靳靳然若影之守形，既鲜所发明，又往往违其本指。正古人所谓'画者谨毛而失貌者也'。"② 晁氏忽略了扬雄是"作《法言》"，"作"必然是"经传注我"。

《法言》常常借用"五经"诠释《论语》。胡玉缙曰："《吾子》之'虎别'及'紵絮'，《问道》之'尧爵'，《五百》之'载魄'，《重黎》之'无妄'，明其为用京房《易》；《渊骞》之'侠介'，《孝至》之'螭虎'，明其为用欧阳《易》；《学行》之'螟蛉'及'考甫'，《吾子》之'夏屋'，《修身》之'圃田'，《先知》之'东征'及'述职'，《孝至》之'关雎'明其为用《鲁诗》；《先知》之'实予'，《孝至》之'邵陵'，明其为用《公羊传》。"③ 参借胡氏所说来分析扬雄如何"以经注我"，"虎别"《法言》原文为"圣人虎别，其文炳也。君子豹别，其文蔚也。辩人狸别，其文萃也。"④ 此句本为《易》"革"卦"九五""上六"爻的《象传》，扬雄借此说明"狸变则豹，豹变则虎"，人可以通过努力成为君子和圣人。"绿衣三百，色如之何矣？紵絮三千，寒如之何"⑤ 扬雄借

① 朱维铮：《中国经学史十讲》，复旦大学出版社 2002 年，第 114 页。
② 朱彝尊：《经义考》，中华书局 1998 年，第 1420 页。
③ 汪荣宝：《法言义疏》，中华书局 1987 年，第 1—2 页。
④ 韩敬：《法言注》，中华书局 1992 年，第 40 页。
⑤ 韩敬：《法言注》，中华书局 1992 年，第 43 页。

用“紵絮”揭示如果不合儒家正统，再多也没有用。如此等等可见《法言》“以经注我”之一斑。

《法言》“以传注我”体现为对《论语》的模拟，包括三种方式：第一种为“变其文”。《法言》的首要书写方式为扬雄的直接陈述，像《论语》的“子曰”条，其实是对《论语》进行简单的“变其文”。苏轼曰：“扬雄好为艰险之辞以文浅易之说，若正言之，则人人知之矣，此正所谓‘雕虫篆刻者’，其《太玄》《法言》皆是也。而独悔于赋何哉？终身雕虫而变其音节便谓之经，可乎？”① 苏氏如此批评扬雄的模拟，是对“以传释传”缺乏同情的了解。扬雄“变其文”仍是发表自己的看法，如“有教立道，无止仲尼；有学术业，无止颜渊。”② 是“有教无类”③ 的变化，孔子“有教无类”是泛指，扬雄则特指孔子和颜渊。再如“育而不苗者，吾家之童乌乎！九龄而与我玄文。”④ 是借用“苗而不秀者有矣夫！秀而不实者有矣夫！”⑤ 扬雄“变文”借孔子痛惜颜渊，叹息儿子童乌的早死。当然《法言》的“变《论语》之文”，有一部分几乎是《论语》条目的同义反复，如“言不惭、行不耻者，孔子惮焉”⑥ 与“其言之不怍，则为之也难”⑦，“死生尽礼，可谓能子乎”⑧ 与“生，事之以礼；死，葬之以礼，祭之以礼”⑨。

第二种为“解其义”。《法言》的另一种书写方式，即扬雄的

---

① 《历代明贤确论》，四库全书本。
② 韩敬：《法言注》，中华书局 1992 年，第 24 页。
③ 杨伯峻：《论语译注》，中华书局 1980 年，第 170 页。
④ 韩敬：《法言注》，中华书局 1992 年，第 114 页。
⑤ 杨伯峻：《论语译注》，中华书局 1980 年，第 74 页。
⑥ 韩敬：《法言注》，中华书局 1992 年，第 70 页。
⑦ 杨伯峻：《论语译注》，中华书局 1980 年，第 153 页。
⑧ 韩敬：《法言注》，中华书局 1992 年，第 336 页。
⑨ 杨伯峻：《论语译注》，中华书局 1980 年，第 13 页。

"自问自答"，像《论语》中孔子和弟子的对话。叶适曾言："夫初使难知，已而易识，先设疑论，后乃诚言，始为限碍，终也通达，此文人辩士玩弄笔舌之病也。春秋以前诸书犹不若是，有问则答，有蕴则陈而已。至战国、秦汉，然后争为放恣，如雄所云。"① 叶适认为扬雄"自问自答"是文人辩士玩弄笔舌，殊不知扬雄正是以此诠释《论语》。《法言》"自问自答"包括：一是"以《论语》答《论语》"，仅举几例如下：

《法言》文	《论语》文
或曰：请问屡空之内。（《法言·学行》）	子曰：回也其庶乎，屡空。赐不受命，而货殖焉，亿则屡中。（《论语·先进》）
曰：颜不孔，虽得天下不足以为乐。（《法言·学行》）	子曰：贤哉回也！一箪食，一瓢饮，在陋巷，人不堪其忧，回也不改其乐。（《论语·雍也》）
或曰："孔子之事多矣，不用，则亦勤且忧乎？"（《法言·修身》）	曰：太宰知我乎！吾少也贱，故多能鄙事。君子多乎哉？不多也！（《论语·乡党》）
曰："圣人乐天知命，乐天则不勤，知命则不忧。"（《法言·修身》）	子曰：女奚不曰，其为人也，发愤忘食，乐以忘忧，不知老之将至云尔。（《论语·述而》）
或曰：不有博弈者乎？（《法言·寡见》）	子曰：饱食终日，无所用心，难矣哉！不有博弈者乎？（《论语·阳货》）
曰：为之犹贤于已耳。（《法言·寡见》）	为之，犹贤乎已。（《论语·阳货》）

表中《法言》的"或曰"部分源自《论语》，扬雄的回答"曰"的部分也源自《论语》，是典型的"以传解传"。二是"借《论语》申己意"，"或曰"部分以《论语》设问，"曰"部分是扬

① 叶适：《习学记言序目》，中华书局 1977 年，第 661 页。

雄自己的解释。如“或曰：知德者鲜，何其光?”[①]，是以“由，知德者鲜”[②] 句来设问，这是孔子对子路的感叹，扬雄则认为“不管别人了解不了解，都要行德”；“或问：孔子知其道之不用也，则载而恶乎之?”[③]，是以“道不行，乘桴浮于海”来提问，孔子讲自己要“乘桴浮于海”，扬雄则曰“之后世君子”。扬雄“解《论语》之义”是赋予《论语》新的意义。

第三种为“拟其旨”。《论语》的主旨是什么？按不同的标准答案可能会不一样，就范畴来讲，主要是“仁”和“礼”；就人物来讲，主要是孔子及其弟子；就儒家的理想人格来讲，主要是“君子之道”。在“仁”和“礼”上，《法言》言“礼”要远多于“仁”，正如徐复观先生所说：“凡是从外面可加以规定的，扬氏便说得相当恰当，所以他对礼的意义，虽无特别发挥，但陈述得相当恰当。而他把握最浅的是仁，因为仁是一种精神状态，要由内心体验而出，而不是由外面可加以规定的。”[④] 扬雄对“从外面加以规定”的比较重视，或许是因为“体验不足”，更可能的原因就是《法言》创作目的是“立法”，应走“外在路线”。在人物的推尊上，《法言》勾勒了一个由尧、舜、禹、汤、文、武组成的圣王系统，对《论语》中的核心人物孔子及其贤弟子颜渊多有褒扬，孔子是《法言》“立法”的标准，颜渊“学孔子”“乐其苦”的精神值得称颂。在理想人格上，“从本质上和终极目的看，儒家追求的圣贤理想人格，重点在贤而不在圣”[⑤]，“贤”即“君子”，这是

① 韩敬：《法言注》，中华书局 1992 年，第 336 页。
② 杨伯峻：《论语译注》，中华书局 1980 年，第 111 页。
③ 韩敬：《法言注》，中华书局 1992 年，第 305 页。
④ 徐复观：《两汉思想史》，华东师范大学出版社 2001 年，第 314 页。
⑤ 李宗桂：《中国文化导论》，广东人民出版社 2002 年，第 125 页。

《论语》的重要话题，也是《法言》所要阐述的做人标准。这三点就是《法言》所要标举的义理，而它正是《论语》的主旨。

二、以孔子之法为准绳

扬雄倾心于《论语》，主要目标在孔子。西汉董仲舒“推明孔氏”①，太史公称孔子“至圣”②，武帝表章“六经”③，奠定了孔子的政治权威性；纬书的作者们又极尽神化之能事，封其为“素王”。在如此崇拜孔子的风气中，扬雄对孔子也推尊有加，如何恰当对待孔子却是一大难题。董仲舒“推明孔氏”表现为频繁地引用“孔子曰”，显然是对孔子言语权威的肯认；太史公的“至圣”是对孔子删定《六经》的称颂；纬书把孔子从人间拉到天上，想要抬高孔子的初衷淹没于神话的荒谬。扬雄《法言》要实现“以言立法”，就需要一个权威标准，孔子的“深入人心”和“绝对地位”使其成了扬雄的选择，但扬雄必须面对“成见”的挑战，诠释出孔子称为“准绳”的新见解来，做到“把当时附会到孔子及《五经》上面的许多驳杂的东西都澄汰干净”④，他采取了“三步走”的策略。

“为孔子而辩解”是扬雄的第一步。孔子被汉代人拱上高位的时候，十全十美的形象就成了当然要求，一些质疑和责问也随之而生。首先是对孔子“圣”“王”不符的诘难，“圣王”在孟子时就已提出，“圣王不作，诸侯放恣，处士横议，杨朱、墨翟之言盈

① （汉）司马迁：《史记》，中华书局 1982 年，第 2525 页。
② （汉）司马迁：《史记》，中华书局 1982 年，第 1905 页。
③ （汉）班固：《汉书》，中华书局 1962 年，第 212 页。
④ 徐复观：《两汉思想史》，华东师范大学出版社 2001 年，第 309 页。

天下”[1]，从“圣王不作”的结果来看，孟子的“圣王”是“圣”（学术）和“王”（政治）的综合体。称孔子为“圣”暗含其是否能为“王”的问题，汉代人的圣王系统为“尧、舜、禹、汤、文、武、周公”，孔子是不是周公的后继者？《春秋演孔图》曰：“邱水精，治法为赤制功。”[2] 孔子既然有政治作为，为何不是现实的王？扬雄认为孔子因“无土”的外在条件不具备而无法为王，其“圣人”身份还是无可怀疑的，其道治世必“无敌于天下”。其次是对孔子之道的挑战。“五经不如《老子》之约也，当年不能极其变，终身不能究其业”，这是自太史公以来的“道优儒劣”论调。扬雄辩解曰：“若是，则周公惑，孔子贼。古者之学耕且养，三年通一。今之学也，非独为之华藻也，又从而绣，其鞶帨，恶在老不老也？”[3] 孔子之道只是因为“今之学”的烦琐，才显得不如《老子》简约。还有“孔子之道，不可小与”的探视性问题，扬雄曰：“小则败圣。”[4] 圣人之道不能迁就世用而降低要求。再次是对孔子人格的挑战。“仲尼，圣人也，或者劣诸子贡”，扬雄曰：“子贡辞而精之，然后廓如也。于戏！观书者违子贡，虽多，亦何以为？”扬雄认为子贡已经说得很明白了，这是借子贡之口维护孔子。对“圣人有诎乎”、“焉诎乎”的疑问，扬雄曰：“如诎道而信身，虽天下，不为也。”[5] 对圣人而言，“道”是最重要的，所以要“诎身信道”。

“重新定位孔子”是扬雄的第二步。扬雄重新定位孔子的前提

---

① 杨伯峻：《孟子译注》，中华书局 1960 年，第 155 页。

② 安居香山、中村璋八：《纬书集成》，河北人民出版社 1994 年，第 579 页。

③ 韩敬：《法言注》，中华书局 1992 年，第 163 页。

④ 韩敬：《法言注》，中华书局 1992 年，第 179 页。

⑤ 韩敬：《法言注》，中华书局 1992 年，第 172 页。

是肯认他的“圣人”身位，在扬雄眼里，孔子是“立道”的圣人，“《诗》《书》《礼》《春秋》，或因或作，而成于仲尼，其益可知也”①，孔子通过对《五经》的“或因或作”来“立道”，“有教立道，无止仲尼。”② 这一点与太史公看法一致，“礼乐自此可得而述，以备王道，成六艺”③。孔子还是“传道”的圣人，“孔子习周公者也，颜渊习孔子者也”④，上承周公、下启颜渊，是道统发展的一个纽结，“尧、舜、禹、汤、文、武汲汲，仲尼皇皇”⑤。孔子旨在“传道”的教书匠职业做得非常成功，太史公曰：“孔子以诗书礼乐教，弟子盖三千焉，身通六艺者七十有二人。”⑥ 孔子还可称为“神明”，“仲尼，神明也，小以成小，大以成大，虽山川、丘陵、草木、鸟兽，裕如也。如不用也，神明亦末如之何矣”⑦，称孔子为“神明”与纬书“神话孔子”是两码事，扬雄是认为孔子之道可与天地并。

“立孔子为准绳”是扬雄的最终目的。“准绳”要使人信服就得讲究确立准绳的策略，扬雄对这一事关重大的方法论问题当然没有马虎，他的基本策略即“法言”二字所昭示的“以言立法”，针对病症是“众言淆乱”，“折诸圣”为其良方妙药。“圣”的标准如何体现呢？扬雄提出“人与书”统一的总指针，按扬雄的逻辑，圣人出口必为格言、经典，“圣人矢口而成言，肆笔而成书，言可闻而不可殚，书可观而不可尽”⑧，圣人之言为“天”，“圣人之书、

① 韩敬：《法言注》，中华书局 1992 年，第 102 页。
② 韩敬：《法言注》，中华书局 1992 年，第 24 页。
③ （汉）司马迁：《史记》，中华书局 1982 年，第 1936 页。
④ 韩敬：《法言注》，中华书局 1992 年，第 5 页。
⑤ 韩敬：《法言注》，中华书局 1992 年，第 11 页。
⑥ （汉）司马迁：《史记》，中华书局 1982 年，第 1938 页。
⑦ 韩敬：《法言注》，中华书局 1992 年，第 183 页。
⑧ 韩敬：《法言注》，中华书局 1992 年，第 187 页。

言、行，天也”①，其功用“测之而益深，穷之而益远；用之而弥明，宿之而弥壮”②。既然如此，扬雄进而提出“书不经，非书也；言不经，非言也”③ 的立言标准，“言称经”的基本要求为“文”，“言不文，典谟不作经”④，“言”发自内心才是“德言”，方可以情动人、以理晓人，“言，心声也；书，心画也。声画形，君子小人见矣”⑤。“法”和“言”双向互动，“法而易言”⑥，立乎其大（法）说话就会有效，容易出口；“言重则有法”⑦，圣人之言重如天地，世人当然应依天地（法）行事。

孔子为圣人，其言可为法，扬雄提出“治己以仲尼”⑧。以孔子之道为标准，在学派分疏上，可以别“诸子”，“诸子者，以其知异于孔子也”⑨；在通经治世上，孔子之道胜于他道，“仲尼之道，犹四渎也；经营中国，终入大海。他人之道者，西北之流也；纲纪夷貉，或入于沱，或沦于汉”⑩。以孔子为准绳，扬雄顺理成章地提出“清理门户”的要求，孟子不在诸子之俦，因“孟子异乎，不异”，荀子则“见同门而异户”。之所以如此判定，扬雄是有目的的，《法言》“小诸子”既要有一个响当当的圣人标准，还需一个勇士般的精神领袖，孟子为不二人选，“古者杨、墨塞路，

---

① 韩敬：《法言注》，中华书局 1992 年，第 321 页。
② 韩敬：《法言注》，中华书局 1992 年，第 79 页。
③ 李宗桂：《中国文化导论》，广东人民出版社 2002 年，第 125 页。
④ 韩敬：《法言注》，中华书局 1992 年，第 152 页。
⑤ 韩敬：《法言注》，中华书局 1992 年，第 110 页。
⑥ 韩敬：《法言注》，中华书局 1992 年，第 44 页。
⑦ 韩敬：《法言注》，中华书局 1992 年，第 59 页。
⑧ 韩敬：《法言注》，中华书局 1992 年，第 57 页。
⑨ 韩敬：《法言注》，中华书局 1992 年，第 313 页。
⑩ 韩敬：《法言注》，中华书局 1992 年，第 317 页。

孟子辞而辟之，廓如也”①、“孟子疾过我门而不入我室”②，所以地位比荀子高。借着“比孟子”的招牌，扬雄大胆提出“倚门墙则麾之”，对“衣未成而转为裳”③ 的今文经师毫不客气，“羊质而虎皮，见草而说，见豺而战，忘其皮之虎矣”④，批判邪说、确立道统，就是《法言》“以孔圣之法为准绳”的根本原由。

三、以颜子之乐明其志

《论语》为孔子和弟子言行记录本，其中记载的贤弟子颇多，突出的也有好几位。王应麟曰：“孔门受道，唯颜、曾、子贡。”但在汉代儒者心目中，子贡、曾子地位高于颜渊。“太史公称子贡一出，存鲁，乱齐，破吴，强晋，伯越，是以战国说客视子贡也。又列于《货殖传》，以《论语》一言，而断其终身可乎？子贡闻一以贯之之传，与曾子同。”如此高抬子贡、曾子，主要因为二人比较契合汉代制度建构要求，子贡的游说诸国符合大一统的时势需要，曾子则“孔子以为能通孝道，故授之业。作《孝经》”⑤，“孝”为汉家制天下的德性依据。颜渊则不受重视，可能因其仅以德行名世，不合汉代经世致用的主流诉求。

与汉代诸儒不同，扬雄一反主流，对孔门弟子另有看法。颇受推崇的曾子，《法言》根本未提及，论及子贡的也仅三条：一是赞扬其维护孔子，“仲尼，圣人也，或者劣诸子贡。子贡辞而精之，然后廓如也”⑥；一是对其政绩的指说，“乱而不解，子贡耻

① 韩敬：《法言注》，中华书局 1992 年，第 45 页。

② 韩敬：《法言注》，中华书局 1992 年，第 125 页。

③ 韩敬：《法言注》，中华书局 1992 年，第 65 页。

④ 韩敬：《法言注》，中华书局 1992 年，第 39 页。

⑤ （汉）司马迁：《史记》，中华书局 1982 年，第 2205 页。

⑥ 韩敬：《法言注》，中华书局 1992 年，第 129 页。

诸”；一是总论孔门弟子时提到，“子游、子夏得其书矣，未得其所以书也；宰我、子贡得其言矣，未得其所以言也；颜渊、闵子骞得其行矣，未得其所以行也”①。其他弟子，扬雄提到的还有冉伯牛，仅用来论“命”；闵子骞则多与颜渊一并说起。对这几位弟子的评述加起来也不如颜渊多，而且扬雄对孔子高足颜渊完全是倍加称赞的语气。徐复观先生曾言：“扬雄在孔门弟子中，特推重颜渊，强调孔颜的关系，并特提出颜渊的乐处，这在两汉是非常突出的。”② 徐先生没有解释扬雄为何推重颜渊，这正是需要深究的问题。

《法言》的首要问题是“立孔子为权威”，既然想以此评判诸子、批评时学，就要以身作则，扬雄无疑注意到了身体力行“孔子准绳”的重要性，推重颜渊即是他的重要举措。扬雄重颜渊不重子贡，其实是深知孔子对各弟子的品评，孔子曾问子贡：“女与回也孰愈？”子贡说：“赐也何敢望回？回也闻一以知十，赐也闻一以知二。”子贡的大实话也许让孔子有些愕然，作为老师的孔子也只好巧妙地对子贡说：“弗如也。吾与女弗如也。”邢昺揭开了这一幕有趣的师生对话背后的机巧：“假设数名以明优劣，一者数之始，十者数之终，颜回亚圣，故闻始知终，子贡识浅，故闻一才知二，以明己与回十分及二，是其悬殊也。……既然答子贡不如，又恐子贡惭愧，故复云吾与女俱不如，欲以安慰子贡之心，使无惭也。”③ “颜回亚圣”，可谓对“孔子赞颜回”的最好注解。扬雄以孔子视界来看待孔门弟子，颜渊当然超越子贡。那么扬雄推重颜渊的具体理由呢？它是否与孔子赞扬颜渊的理由相同？

---

① 韩敬：《法言注》，中华书局 1992 年，第 321 页。

② 徐复观：《两汉思想史》，华东师范大学出版社 2001 年，第 309 页。

③ 何晏、邢昺：《论语注疏》，北京大学出版社 1999 年，第 59 页。

“好学潜圣”是颜渊入扬雄法眼的首要原因。“颜尝睎夫子”①，颜渊紧随孔子，仰慕、学习，希望成为像孔子一样的圣贤，也因此而扬名于世，“攀龙鳞，附凤翼，巽以扬之，勃勃乎其不可及也。”② 尊师道、重承传的扬雄，不会因此把颜渊的“圣贤”全归结为“好学”，孔子的“铸人”之功不可埋没，没有孔子也就没有颜渊，颜渊因孔子而成为道统的继承人，“孔子习周公者也，颜渊习孔子者也”③。虽然如此，扬雄并没有混淆孔子和颜渊的地位，颜渊掌握圣道的程度还是不如孔子，“仲尼潜心于文王矣，达之。颜渊亦潜心于仲尼矣，未达一间耳”④，孔、颜师徒二人的功业也不同，“有教立道，无止仲尼；有学术业，无止颜渊”⑤。“好学”作为颜渊形象的标签，其实源自孔子的评价，“有颜回者好学，不迁怒，不贰过。”⑥ 扬雄接着孔子评说颜渊，把颜渊放置在和孔子的关系论说中，称赞颜渊好学有一定目的性，“潜心于圣”才是扬雄所要标举的，以彰显自己承续圣道的希望和努力。

颜渊的“安贫乐道”也是扬雄大加赞扬的美德。“或曰：回之箪瓢，臞，如之何？曰：明明在上，百官牛羊，亦山雌也；闇闇在上，箪瓢捽茹亦山雌也。何其臞！千钧之轻，乌获力也；箪瓢之乐，颜氏德也。”⑦“箪瓢之乐”成了颜渊的代名词，因为这是孔子对颜回的亲口称赞，“贤哉，回也！一箪食，一瓢饮，在陋巷，

① 韩敬：《法言注》，中华书局 1992 年，第 16 页。
② 韩敬：《法言注》，中华书局 1992 年，第 271 页。
③ 韩敬：《法言注》，中华书局 1992 年，第 5 页。
④ 韩敬：《法言注》，中华书局 1992 年，第 98 页。
⑤ 韩敬：《法言注》，中华书局 1992 年，第 24 页。
⑥ 杨伯峻：《孟子译注》，中华书局 1960 年，第 55 页。
⑦ 韩敬：《法言注》，中华书局 1992 年，第 62 页。

人不堪其忧，回也不改其乐。”[①] 扬雄认为这是一种“自得其乐”的志向，“贫而能乐”用以自足尚可理解，时人担心的是贫如何能满足赡养父母的基本物质条件，在这一尖锐的追问面前，扬雄还是淡定地给了一个“精神高于物质”的答案，“彼以其粗，颜以其精；彼以其回，颜以其贞。”[②] 以精神致孝难道低劣吗？一个耐人寻味的反问更凸显“颜子之乐”的难能可贵，“或问：贤。曰：为人所不能。请人。曰：颜渊、黔娄、四皓、韦玄。”[③] “为人所不能”的颜渊“以贫为乐”，有没有苦呢？扬雄认为：“颜不孔，虽得天下不足以为乐”“颜苦孔之卓之至也”，苦的是没有办法达到孔子学问的高度，颜渊曾喟然叹曰：“仰之弥高，钻之弥坚。瞻之在前，忽焉在后。……既竭吾才，如有所立卓尔，虽欲从之，末由也已。”[④] 苦对颜子来讲，正是乐的源泉，乐是苦的精神支撑，“兹苦也，只其所以为乐也与!”[⑤] 颜子之苦与乐正是扬雄的精神追求。

颜渊在孔门弟子中以“德行”著称。“德行：颜渊、闵子骞、冉伯牛、仲弓。言语：宰我、子贡。政事：冉有、季路。文学：子游、子夏。”[⑥] 扬雄没有忘记这一点，对颜渊不求权位利禄、努力增进道德的品格也有所称赞，“昔乎，颜渊以退为进，天下鲜俪焉。”进退出处皆以礼义，孜孜不倦、始终如一，才是真正的进于道德，“夫进也者，进于道，慕于德，殷之以仁义，进而进，退而

---

① 杨伯峻：《孟子译注》，中华书局1960年，第59页。
② 韩敬：《法言注》，中华书局1992年，第22页。
③ 韩敬：《法言注》，中华书局1992年，第262页。
④ 杨伯峻：《孟子译注》，中华书局1960年，第90页。
⑤ 韩敬：《法言注》，中华书局1992年，第22页。
⑥ 韩敬：《法言注》，中华书局1992年，第273页。

退，日孜孜而不自知倦者也。”[①] 扬雄的进退标准似曾相识，其实是对孔子要求的再次申明，“志于道，据于德，依于仁，游于艺。”[②] 扬雄推举颜渊“进于道德”，既批判汉代经师“进”只为利禄，又表明自己进退都会依于仁义道德。

“好学潜圣”“安贫乐道”“进道慕德”，是扬雄表彰颜渊的主要方面。在过分强调“经世致用”“学为利禄”的时代环境中，扬雄标举颜渊，用心良苦，一是为了维护孔子的圣人形象、追寻孔子的真实思想，颜渊为孔子最得意的门生，推举他以孔子之法为法，对汉儒的“孔门弟子”观也是一种矫正。一是为了表明志向和立场，扬雄不满汉末经学现状，但他能做的只有立言以正视听，选择孔子为立法标准，表达不与俗儒同流合污的意愿，颜渊就是最好的代言，其品性与扬雄非常相似。“雄少而好学……默而好深湛之思，清静亡为，少耆欲，不汲汲于富贵，不戚戚于贫贱，不修廉隅以徼名当世。……非圣哲之书不好也；非其意，虽富贵不事也。”[③] 这段评述简直就是颜渊的翻版，扬雄如此推重颜渊也就不足为奇了。

四、以君子之道申其义

《论语》中孔子对弟子的谆谆教诲，多希望弟子能成为“贤人君子”，由此“君子之道”就成了《论语》的重要论题。分疏《论语》中的“君子”条目，就会发现孔子主要从德、文、治三方面来解说君子之道。扬雄对《论语》主旨的把握相当精准，《法言》

① 韩敬：《法言注》，中华书局 1992 年，第 323 页。
② 杨伯峻：《孟子译注》，中华书局 1960 年，第 67 页。
③ 班固：《汉书》，中华书局 1962 年，第 3514 页。

开篇即言："学者，所以求为君子也。求而不得者有矣夫，未有不求而得之者也。"① 从人求学角度讲，最终目的是成为君子，只要潜心于圣道就可成为君子，"好尽其心于圣人之道者，君子也。"② 君子也需要"强学而力行"③，努力缩短和圣人之间的距离。从圣人教化角度来讲，其目的也是要使人成为"君子"，"圣人乐陶成天下之化，使人有士君子之器者也。"④ 扬雄从"学"和"教"相辅相成的思路出发，提出"学习——圣道——君子"的成人之道，以此为基础，扬雄接着《论语》的"君子之道"，亦从德、文、治三个方面来详细阐释。

"德"是君子的基本品性。在论证思路上，扬雄先给"君子"贴上"德"的标签。"君子绝德，小人绝力"⑤、"君子德名为几"⑥、"君子贵迁善"⑦、"君子全其德"⑧，"迁善全德"的君子不仅要保持自身名节，在扬雄看来，还要成为众人的典范，就需按照礼仪规范行事，"君子动则拟诸事，事则拟诸礼"⑨，遵守先王之正道，"适尧、舜、文王者为正道，非尧、舜、文王者为它道。君子正而不它"⑩，"听声"也要正乐，"君子惟正之听。荒乎淫，拂乎正，沈而乐者，君子不听"⑪，做到了这些，君子哪有不成功的。扬雄对"君子之德"的分析，偏重君子的外在德性规范，与孔子

---

① 韩敬：《法言注》，中华书局 1992 年，第 15 页。
② 韩敬：《法言注》，中华书局 1992 年，第 148 页。
③ 韩敬：《法言注》，中华书局 1992 年，第 51 页。
④ 韩敬：《法言注》，中华书局 1992 年，第 214 页。
⑤ 韩敬：《法言注》，中华书局 1992 年，第 273 页。
⑥ 韩敬：《法言注》，中华书局 1992 年，第 119 页。
⑦ 韩敬：《法言注》，中华书局 1992 年，第 17 页。
⑧ 韩敬：《法言注》，中华书局 1992 年，第 315 页。
⑨ 韩敬：《法言注》，中华书局 1992 年，第 351 页。
⑩ 韩敬：《法言注》，中华书局 1992 年，第 72 页。
⑪ 韩敬：《法言注》，中华书局 1992 年，第 155 页。

强调“君子义以为质，礼以行之，孙以出之，信以成之”[①] 一致，但缺乏孔子“君子务本，本立而道生。孝弟也者，其为仁之本”的内在体验，这就是扬雄和孔子的差别。“躬行君子，则吾未之有得”[②]，孔子对君子实践不太自信，修养君子还是有深切体会；扬雄曾指出：“君子于仁也柔，于义也刚。”[③] 但他对外刚的“义”的把握比内柔的“仁”要真切，因为他强调“立法”“守法”，规范之德比体悟之德更重要。

“文”是君子之德的外在表现。“威仪文辞，表也；德行忠信，里也”[④]。从“言”的要求上讲，扬雄认为君子之文的形式“蔚然高美”，“圣人虎别，其文炳也。君子豹别，其文蔚也。辩人狸别，其文萃也”[⑤]，“文”可以区分圣人、君子、辩人，因为“言为心声，书为心画”，透过“言”可以窥知作者的道德内心，“声画形，君子小人见矣。”[⑥] 从“德”的要求上讲，体现“道”、表彰“德”的“言”，君子才讲，“言天地人：经，德也；否，愆也。愆语，君子不出诸口。”[⑦] “文”和“道”是双向的，君子之“文”能载“道”，其“德”亦能外现为“文”，“君子言则成文，动则成德，何以也？曰：以其弸中而彪外也。君子不言，言必有中也；不行，行必有称也。”[⑧] 君子说话要合乎“道”，行事要合乎“言”，“君子事之为尚。事胜辞则伉，辞胜事则赋，事辞称则经。足言足容，

① 杨伯峻：《孟子译注》，中华书局 1960 年，第 166 页。
② 杨伯峻：《孟子译注》，中华书局 1960 年，第 76 页。
③ 韩敬：《法言注》，中华书局 1992 年，第 311 页。
④ 韩敬：《法言注》，中华书局 1992 年，第 244 页。
⑤ 韩敬：《法言注》，中华书局 1992 年，第 40 页。
⑥ 韩敬：《法言注》，中华书局 1992 年，第 110 页。
⑦ 韩敬：《法言注》，中华书局 1992 年，第 122 页。
⑧ 韩敬：《法言注》，中华书局 1992 年，第 311 页。

德之藻矣。”[①]“言”不仅是表达的工具，还是道德品性的表现，所以君子要慎言，“君子之所慎：言，礼，书”[②] 谨言的君子一旦立言必不妄，“无验而言之谓妄。君子妄乎？不妄。”[③] 扬雄强调君子“文道相副”，与孔子定义的“文质彬彬，然后君子”[④] 相同。扬雄并未止步，接着提出“君子之言”的有效性，“言而有验”既肯定了“以言立法”又反对了今文灾异的“虚妄不实”。

“内圣外王”是儒家的理想，“德”与“文”属“内圣”，“治”属“外王”，如果让“君子”来治世，会用什么样的方法呢？孔子的设计为“修己以敬——修己以安人——修己以安百姓”[⑤]，与一以贯之的“忠恕之道”进路相同，“己所不欲勿施于人”[⑥]、“己欲立而立人，己欲达而达人。”[⑦]，这是一种“推爱”的治国方略，“子为政，焉用杀？子欲善而民善矣。”[⑧] 扬雄省却了“推”的部分，直指君子为国应实行仁政。“君子为国：张其纲纪，谨其教化。导之以仁，则下不相贼；莅之以廉，则下不相盗；临之以正，则下不相诈；修之以礼义，则下多德让。”[⑨] 在君子治世的策略上，扬雄和孔子一样，主张君子应始终以“道”为主，不以统治者的喜好而改变。“治则见，乱则隐”[⑩]、“君子以礼动，以义止，合则

---

① 韩敬：《法言注》，中华书局 1992 年，第 34 页。
② 韩敬：《法言注》，中华书局 1992 年，第 52 页。
③ 韩敬：《法言注》，中华书局 1992 年，第 109 页。
④ 杨伯峻：《孟子译注》，中华书局 1960 年，第 61 页。
⑤ 安居香山、中村璋八：《纬书集成》，河北人民出版社 1994 年，第 579 页。
⑥ 杨伯峻：《孟子译注》，中华书局 1960 年，第 166 页。
⑦ 杨伯峻：《孟子译注》，中华书局 1960 年，第 65 页。
⑧ 杨伯峻：《孟子译注》，中华书局 1960 年，第 129 页。
⑨ 韩敬：《法言注》，中华书局 1992 年，第 207 页。
⑩ 韩敬：《法言注》，中华书局 1992 年，第 135 页。

进，否则退，确乎不忧其不合也。”[1] 孔子也屡言“邦有道，如矢；邦无道，如矢。……邦有道，则仕；邦无道，则可卷而怀之”[2] 的道理。君子应以道治世，而不是因世诎道，“不合乎先王之法者，君子不法也”[3]，这就是儒家讲求的“君子之治”。

“君子”是《论语》《法言》也是儒家的共同主题，“德”“文”“治”为“君子”的具体表征，是我们对“何谓君子”的散点透视，完整的君子形象和系统的君子之道，在孔子和扬雄的眼中是什么？还须给大家做个交代。孔子曾提出“君子不重，则不威”[4]，其学生子夏也认为：“君子有三变：望之俨然，即之也温，听其言也厉。”[5] 扬雄以比喻的手法，阐释《论语》中的君子形象，“或问：君子似玉。曰：纯沦温润，柔而坚，玩而廉，队乎其不可形也。”[6] 君子内外兼修、俨温并济，无所不用。关于“君子之道”，孔子两次提道：“有君子之道四焉：其行己也恭，其事上也敬，其养民也惠，其使民也义”[7]、“君子道者三，我无能焉：仁者不忧，知者不惑，勇者不惧”[8]。扬雄认为：“君子之道有四易：简而易用也，要而易守也，炳而易见也，法而易言也。”[9] 可以看出，孔子认为“恭、敬、惠、义”、“仁、智、勇”为“君子之道”的基本特质，扬雄认为“简、要、炳、法”为实现君子之道的基本要求。孔子立足君子德性之本，教人通过体验成为君子；扬雄立足君子

---

① 韩敬：《法言注》，中华书局 1992 年，第 145 页。
② 杨伯峻：《孟子译注》，中华书局 1960 年，第 163 页。
③ 韩敬：《法言注》，中华书局 1992 年，第 54 页。
④ 杨伯峻：《孟子译注》，中华书局 1960 年，第 6 页。
⑤ 杨伯峻：《孟子译注》，中华书局 1960 年，第 201 页。
⑥ 韩敬：《法言注》，中华书局 1992 年，第 316 页。
⑦ 杨伯峻：《孟子译注》，中华书局 1960 年，第 47 页。
⑧ 杨伯峻：《孟子译注》，中华书局 1960 年，第 155 页。
⑨ 韩敬：《法言注》，中华书局 1992 年，第 129 页。

教化之法，主张通过学习成为君子。

［原载《华南工理大学学报（社会科学版）》2014 年第 2 期］

第三节 综合研究

扬雄思想平议

吴则虞

近来对于扬雄思想的评价，有的说他是唯物论者，有的说他是儒道阴阳家的混合体，有的说他在政治思想上没有什么创见，很贫乏，很空洞。这些评论，应该承认是有一定的根据，也算是争论的开端。可是在某些方面还没有涉及，有些问题还有待于进一步的分析阐发。下面提出我一些粗疏的看法。

（一）

扬雄（公元前五三——公元一八）的出身。根据汉书本传（卷八十七）的记载“……处岷山之阳曰郫，有田一壥[①]，有宅一区，世世以农桑为业。自季至雄，五世传一子。”又依据他自己写的“逐贫赋”里说：“扬子遁居，离俗独处，左邻崇山，右接旷野。邻垣乞儿，终贫且窭。”又说：“……人皆文绣，余褐不完，人皆稻粱，我独藜飧。贫无宝玩，何以接欢。宗室之燕，为乐不槃。徒行赁笈，出处易衣。身服百役，手足骈胝，或耘或耔，沾体露肌……”[②] 他本传里又说：“家产不过十金，乏无儋后之储”。

---

① 文选《藉田赋》注引晋灼《汉书》曰：“廛，一百亩也”。

② 《艺文类聚》三十五。

或许他祖上所占有的百亩之田，到了扬雄生长以后被卖掉或则被别人侵占去了，使他成为没落的中小地主阶级。因而他才有机会直接参加了农业劳动生产。这一段时期的生活，决定了他壮年以后加入了知识分子队伍之后，还保持着同情人民或接近人民的态度。

当孝元帝（公元前四八——前三三）和孝成帝（公元前三二——前七）的时代。西汉帝国已经逐渐地趋向崩溃。造成崩溃的基本原因，是由于土地兼并之风的剧烈，农民被迫脱离了土地，使生产遭到阻滞和破坏。又从元帝初元，“史高以外戚领尚书，弘恭石显以宦寺典枢密”，豪强外戚的势力开始增长。到了哀帝时，丁、傅、董贤用事。跟着王凤、王音、王谭、王商、王莽这一王氏集团中的中坚人物，一齐走上了政治最高地位，打下王莽建立新政权的雄厚基础。帝王和贵族官僚们过着奢侈糜烂的生活，对农民工奴进行残酷的剥削，社会矛盾愈来愈尖锐。作为没落的中小地主阶级出身的扬雄，对于这班统治集团的作为，自然是憎恶的和反抗的。这种愤恨的情绪，首先被表现在他最初的几篇文学作品里。

在他年近三十左右所写《反离骚》①，题目是“投江吊屈原”②，这不过是迷惘别人眼目的花招，实质上是有现实意义和明显的攻击目标的，写作的年岁，史传没有说明。但篇内有“汉十世之阳朔兮，招摇于周正”这两句话。这“十世”；数高祖、惠

① 《文选·头陀寺碑》注引无“离”字。兹从今本《汉书》。又《文选》陆机《吊魏武帝文》注引此题作“释愁”。

② 原叙云：“雄怪屈原文过相如，而主不容，作‘离骚’自投江而死，悲其文，读之未尝不流涕也。以为君子得时则大行，不得时则龙蛇，遇不遇命也，何必湛身哉。适作书往往摭离骚文而反之，自岷山投诸江流以吊屈原，名曰‘反离骚’”。

帝、吕后、文帝、景帝、武帝、昭帝、宣帝、元帝、成帝，恰为“十”。“阳朔”，是孝成帝丁酉改用的年号。我想这篇作品，很可能是写在丁酉戊戌之际。这时外戚集团为了巩固和扩张他们的地位和势力，残酷地排除消灭异己，有正义感的京兆尹王章，就因这样被擒拿下狱而死了①。这个事件和屈原遭受上官靳尚的陷害是相同的。所以我认为《反离骚》是他反对外戚集团所射出的第一炮。

他到了京城之后，写了《甘泉赋》和《河东赋》，主题思想都是规劝成帝不要浪费人力财力，不要加重百姓的负担。尽管词意非常含蓄委婉，但也充分地表达了他关怀人民的一片好心。尤其在《羽猎赋》里，更鲜明地提出了“养民”和“扰民”这两个问题。借上古二帝三王“不夺百姓膏腴谷土桑拓之地”来指斥当时统治阶级利用政治经济力量夺取民田掠夺人民生活资料的罪恶行为。他又在《长杨赋》里，正面地指斥了为了游猎使“农民不得收敛”的荒淫举动。在一个初出茅庐无援无靠的一介小臣，敢于向最高统治阶级接二连三地发出响亮严正的谴责，决不是一件偶然的事，因为作品中每个因素是和艺术家的创作思想爱憎情感都有关联的。

没落的西汉王朝，在这几十年当中，被丁、傅、董贤外戚佞幸以及后来独揽朝政的王氏集团弄得乌烟瘴气。扬雄不仅没有走上帮凶和承风望旨的道路，却一直和他们坚持着不合作的抗拒态度，并采取了比较隐蔽的方式进行着不疲倦的斗争，直到他死亡才停止。

他的两部哲学论著《太玄》和《法言》，是他和黑暗政治势力

---

① 见《汉书》王章传（卷七十六）。又元后传（卷九十八）。

进行战斗的有关文献，不只是讨论哲学问题的论文。

（二）

首先要问《太玄》是天书吗？真不能懂吗？是的，它不是天书，确实也不容易读懂，但决不是不能懂的。作者所以努力写得这样的艰深晦涩，有他特定的要求，才决定了这作品的体裁和风格。

在他还生存着的年代里，不少人提出这个问题向他询问，他特地写了《太玄赋》《解嘲》和《解难》，企图解答这些疑问。可是并没有说出这个所以然，而只是提出“贵知我者希”和“知音者之在后”他心下的两点愿望。在一般情况来看，书的艰深，不外是两种原因；一种是内容太专门太深邃；一种是语言文字方面障碍太多。当时在古籍方面，最深邃的莫过于易经，但是精通易经的却大有人在；汉代的学人，一般都精通“小学”，并不会因文字深奥而发生理解上的困难。他提出的这两个愿望，倒像暗示着：“此地无银三百两。”似乎他有什么不便告人的隐衷。这隐衷，当然和他决定采用的体裁和风格是分不开的。这个手法，为后来学者、文人所采用。如宋李泰发的《读易详说》、胡安国的《春秋传》，不就是在哲学著作里来评论时政吗？又如魏晋时代的咏物小赋、晚唐宋初的“西昆派”的诗、南宋末的“乐府补题”里的词，不就是故为回护、来借题发挥吗？任何作者决没有任何理由要使人读了不懂，正由于像他所说的“势不得已”。有着阴暗的恐怖的气氛笼罩在他的周围。作者只希望这暗影迅速的消逝，自然有“知音者”之在后了。我们不会倦忘外戚集团屡次所制造的数百人的大屠杀案，从这样写作环境下去理解《太玄》和类似的作品，我想是有帮助的。

根据《汉书》的记载："……刘歆亦尝观之，谓雄曰：空自苦，今学者有禄利然尚不能明易，又如玄何？吾恐后人用覆酱瓿也。雄笑而不应。"这对话极其生动地描述了刘歆和扬雄的政治立场是对立的。他这几句话可能有两种理解：一种理解为刘歆认为王氏政权必然是天长地久，所期待"知音在后"的愿望，必定要付诸泡影。一种认为是刘歆也受着扬雄的蒙蔽，没有发现他的谜底，只是认定他理论太深、文字太古奥，自然永久不为人所了解而终被作践。扬雄在奸恶的刘歆面前，自然不敢露骨地说出他的真心话，只是缄默的"笑而不应"。——我想应该要这样理解才较正确。只有当时具有前进思想的桓谭，才懂得他葫芦里的法宝，肯定他"必传"，但是也不敢彰明较著的指出他"必传"的政治意义。

这"知音在后"的预言，在一千多年之后，终于实现了（陆绩，范望还没有懂得）。宋代的曾巩、高似孙，明代的王世贞①、清代的陈本礼，论断他是"刺莽而作"的杰著，开始打开了这保险箱里的秘密。

我们还不能十分满意陈本礼这些人的说法，这个问题暂时还不能下最后的结论。根据历史材料考订他写书的年岁②，并依据书里所影射的对象，所谴责的内容，所涉及的问题，《太玄》的锋芒，不止是指着王氏这一统治集团。他在反对丁、傅、董贤专权的时候，已经开始《太玄》的写作，那么，攻击的对象，似乎应该以丁、傅、董贤为主。

---

① 《〈汉书〉扬雄传后》。（四部稿）

② 从他写作目的和写作年代来推考，《解嘲》里说"赋劝而不止"，故"辍而不为"，因而他才写《太玄》。《羽猎》《长杨》，是写在成帝庚戌、辛亥之际，开始写《太玄》，不过稍迟两三年，正是哀帝初年，也正是丁、傅、董贤用事之时。

本传里说："哀帝时丁、傅、董贤用事，诸附离之者或起家至二千石。时雄方草太玄，有以自守，泊如也。"案：封董贤为高安侯在建平四年，贤为大司马卫将军在元寿元年（即建平五年），丁、傅骤贵，都在哀帝即位的几年内。距王莽篡位还有八九年之久。上面以丁、傅、董贤为主的这个推测，可能是对的。再从本书里看。

> 《闲》：初一，蛇伏于泥，无雄有雌，终莫受施。
>
> 测曰：蛇伏于泥，君不君也。

——这疑是指着孝哀帝想让位给董贤的故事。

> 次八，赤臭播关，大君不闲，克国乘家。
>
> 测曰：赤臭播关，恐入室也。

——这疑是指董贤"断袖"骄宠的无耻行为。

> 《交》：次四，往来熏熏，得亡之门。
>
> 测曰：往来熏熏，与神交行也。

——这疑是指丁、傅、董贤势焰之盛，预料他将要覆亡。

> 《干》：次二，以微干正，维用轨命。
>
> 测曰：以微干正，大谏微也。

——这疑是指董贤干政之事。

《强》：次三，柱不中、梁不隆、大厦微，

测曰：柱不中，不能正基也。

——这疑是讥讽小人当国。

《居》：次四，见豕在堂，狗系之远。

测曰：见豕在堂，其体不庆也。

——这疑是唾骂当时的统治集团中的人物。

《内》：次六、黄昏于飞，内其羽，虽欲满宫，不见其女。

测曰：黄昏内羽、不能自禁也。

——这和《交》“次八”所指略同。

《太玄》里面也有许多地方显著地谴责王莽，都集中在《太玄》的下半部。因此也可以推知《太玄》的完成，是在王莽篡位之后。所以矛头转向王氏集团。如：

《晦》：次四、晦其类，失金匮。

测曰：晦某类，法度废也。

——陈本礼说：“初始元年梓潼人哀章作铜匮为两检、日昏时，衣黄衣持匮至高庙付仆射，仆射以闻。十二月戊辰，莽至高庙拜受金匮神禅即真天子位。”

《驯》：次三，牝贞常慈，卫其根。

测曰：牝贞常慈，不忘本也。

——陈本礼说："史称莽使王舜索玺，太后不肯与，怒骂之曰，而属父子宗族，蒙汉家力富贵累世，既无以报，受人孤寄，乘便利时夺取其国，不复顾恩义，人如此者，狗猪不食。……"这疑是指太皇太后事。

……

由此可见，我们没有更多的理由去抹杀《太玄》里的现实意义。它不是天书，而是对丁、傅、董贤和王氏集团有讨伐性的"谤书"和"檄书"。

《太玄》包括的内容很广阔，政治斗争只是他的一部分，或者说是中枢部分。

其次，谈到《法言》问题。《法言》的写作，是在《太玄》之后。从里面若干制度、具体事实来推考，至少要承认它在天凤纪元之后才完稿。文字不像《太玄》那样的艰深，可是语言很精短很概括，有些"微言大义"，需要读者转弯抹角去体会，才能获得理解。

《法言》里夹带了若干政治性的内容，其矛头所指的是王莽政权集团。

先从扬雄和王莽的关系谈起。他和王莽曾经长期间同事，应该说是有历史渊源的。据史传记载，他在阳朔四年，得到同乡杨庄的保荐"除为郎，给事黄门"（《答刘歆书》），他和王莽、刘歆是平起平坐的"同官"（本传）。但是他终于和刘歆走上了两条不同的道路。刘歆倒进了王氏集团的怀抱，在元始元年当了右曹大中大夫（歆传），一直当上王莽的"国帅、新嘉公"（《王莽传》）。

而扬雄却备尝“三世不徙官”（成、哀、平）的冷板凳生涯。可见他和王氏集团的对立，远在王莽居摄之前了。他们之间的主要矛盾在哪里呢？除了存在着中小地主阶级与贵族地主阶级的利害冲突外，更加上他一贯对于王氏集团的所作所为深表不满。又由于扬雄的传统伦理观念特别深厚，他坚决反对王莽篡夺皇位的叛逆行为。由此种种，因而形成了他们之间无法消除的对立形势。又由于扬雄不是什么实力派，在政治上也没有什么群众基础，而且他所采取的抗拒方式，比较曲折隐蔽，不像何武公孙禄以及他的同乡郫县大司空何君公、新繁大中大夫张公濡、中郎侯直孟，对王莽进行了面对面的斗争，做出许多公开的政治活动，因而遭受到王莽的残杀。

在王莽篡位之后，他曾经转迁为大夫，由于这一历史问题，他蒙受了不少的贬斥，尤其朱嘉对他抨击的最力。明代范涞①、清代汪琬②、近人夏敬观……为这件事替他进行了翻案，考证他在王莽篡位前就死去了，并没有当过“莽大夫”。我根据《汉书》本传、家牒③以及《法言》里面若干可靠的“内证”，认为范涞等人的平反论据，站不住脚。这个问题，待别文考辨，在这里也不想饶舌了。

只要问“莽大夫”是怎样当的，在王莽登基之后他的态度怎样？有什么表现？根据《汉书》的记载，他的大夫之职是在“不侯”的压抑下以“耆老久次”而获得迁转的，不是王莽对他有什么恩赐。丝毫看不出他和王氏集团的关系有什么新的改进。从

① 《新修扬子云草玄亭记》（涞，休宁人晞阳文集不易见，此文又见陈庆熙《郫县志》引）。

② 《跋〈汉书〉扬雄传后》（《尧峰文钞》）。案全祖望有驳辩。（《鲒琦亭文集》）

③ 《太平御览》五百五十八、《艺文类聚》四十引。

"投阁"的事件来看，很可以理解他是如何的惊心吊胆，时时刻刻担心着王莽对他的迫害。王莽手下的狱吏，在这一桩没有调查清楚的无关案件，就敢于轻率地对他进行逮捕，足见扬雄当时的政治遭遇和王氏集团的关系是极其恶劣的。而且从这个故事里，也证明了他是寂寞地枯守着断简残编，并没有"热衷"地走出几十年来原有的岗位——天禄阁。又案班固兄妹与《汉书》的时间，距扬雄的死，不到五十年，在本传里一再提到他"恬于势利"（《扬雄传·赞》），这个评语，一定有它可靠性的根据。"寂寞"之语，也是当时京城里的群众对扬雄的公论。有此铁一般的证明，不难看出他在王莽篡位之后，并没有向王氏集团卖身投靠。在作品里，而且随时随地还向王莽放出一两支冷箭，到死也没有放弃过对王莽的斗争。

弄清楚他晚年的政治生活情况，对研究《法言》的思想内容，是有益处的。现在从《法言》本身来看。

王莽在取得政权之后，实施了一系列的政治经济改革方案，在施行过程中，造成了不少的错误。再加上官吏的贪暴，富商的侵夺，给人民带来了更多的灾难。他在书里曾经指出说；

> 禽兽食人之食，土木衣人之帛。谷人不足于昼，丝人不足于夜，之谓恶政。（《先知》）
>
> ……汙人老，屈人孤，病者死，独者逋，田亩荒，杼轴空，之谓斁。（《先知》）

不就是对王氏政权所进行的严正谴责吗？

王莽篡夺了皇位以后，在四十八万人一片歌颂声里，却有人在天禄阁里祈禳着王氏"帝运"的毁灭。他说：

汉兴二百一十载而中天！……（《孝至》）

这个谶语性的口号，就是论定新室必然会倒下去，汉室必然要复兴。这句话，在群众当中，是能够起着强烈的鼓动作用。而且他是巧妙地借用了王莽登基后策命孺子诏书的成语——“汉兴二百一十载”①，一字不改作为“汉室中兴”的口号。夺取了敌人的武器，拿来还击敌人，这不是语言上的什么枝节问题，而他是有意识地采用了这种特殊的斗争方式。

《法言》里又说：

周公以来未有汉公之懿也，勤劳则过于阿衡。（《孝至》）

这两句话，很不容易被人理解。有的人说扬雄妥协了，向王氏集团做出了无耻的歌颂。也有的人说，这类的话是他的仇人在他死后故意窜入的②。此外与这个问题有关联的，还有他晚年写的《剧秦美新》一文，同样地遭到后人的责罚。我们平心静气根据作品本身和当时的实际情况重新加以分析。这里一则曰“周公”，再则曰“汉公”，三则曰“阿衡”，如果是写在王莽居摄之前或居摄之时，当然无可置辩的是阿谀逢迎。由于这一章里又有“汉兴二百一十年”之语，《重黎》篇里又有“近羲近和”的官名[莽传、颜师古注云：（莽）特置此官]。这段话写在王莽登基之后是无可怀疑的。他敢于反复地比莽“周公”，称莽“汉公”，无疑是谴责

① 见《汉书·王莽传》。

② 张澍《蜀典》引《太平御览》。

王莽的负义篡夺，否认王氏新政权的成立，不承认王莽是当今的皇帝。这个好像对着投降后的洪承畴背诵庄烈帝的祭文，用意是同样的刻覈。这难道是阿谀吗？再来看他所写的《剧秦美新》，在历史上任何新天子登基之后，首先对于旧朝旧君的一切政制，必须进行彻底的否定，这是统治者必然的要求。这否定，就是所谓“剧”。而扬雄在他这篇文章里，他所“剧”的不是“汉”而是隔了一代在汉朝之前的“秦”；所剧的内容，不一定是“秦”而恰似新莽的一些作为。他所“美”的具体内容，有很多东西正是西汉末期的设施，表面上美的是“新”，实质上美的还是“汉”。他又如何地挖空心思使用了这“指桑骂槐”和“偷柱换梁”的两套手法，以达到他对汉室的留恋和对王莽的口诛笔伐。和后世“世修降表李家”所干的勾当，恰成了一个有趣的对比。他在新室的表现，大概如此。

尽管他是念念不忘汉室，由于做了王莽的官，吃了新朝的俸禄，做了后世徐铉之类的人物，在他内心里有着无可弥缝的创伤，他不止一次地在《法言》里发出微弱的叹息。他所以对“谷口郑子真”（以及两龚）作了最高的估价，就是由于郑子真“不屈其志”拒绝了王氏集团王凤的笼络。而他呢？很早做过王音的“门下史”，又当了王莽的大夫，和王氏集团发生了“若即若离”的瓜葛关系。不免是“自惭形秽”。

“莽大夫”是不光彩的，在无可表白的情况下，他千方百计想出了“不夷不惠”这句话，企图作为他自己“解嘲”的论据。

> 或问子蜀人也，请人，曰：有李仲元者人也。其为人也奈何？曰：不屈其志，不累其身。曰：是夷惠之徒与？曰：不夷不惠，可否之间也。（《渊骞》）

他对郑子真只提了“不屈其志”，在这儿还有意地添上了一句“不累其身”，这说明了李仲元是比郑子真要低下一等的。他这笔下的李仲元，实际上就是他自己的写照。所谓“不屈其志”是表明了他在思想上并没有投降王莽；所谓“不累其身”，由于他没有公开地进行斗争，故不曾遭受到什么危险和灾难，所以说“不累”。“夷惠”“可否”之间的一条中间路线，是他为自己所安排的。

但“夷惠”“可否”是相互排斥的命题。这顶帽子，对他说来毕竟不太合适。结果他只好沉痛地承认了“是惠”而“非夷”了。

> 世称东方生之盛也，言不纯师，行不纯表，其流风遗书，蔑如也。或曰隐者也。曰：昔之隐者，吾闻其语矣，又闻其行矣。或曰：隐道多端，曰：固也。圣言圣行，不逢其时，贤者隐也。谈言谈行，而不逢其时，谈者隐也。昔者箕子之漆其身也，狂接舆之被其发也，欲去而恐罹害者也。箕子之洪范，接舆之歌凤也哉。或问东方生名过实者何也？曰：应谐不穷，正谏秽德，应谐似优，不穷似哲，正谏似直，秽德似隐。请问名，曰：诙达恶比，曰：非夷尚容，依隐玩世，其滑稽之雄乎。或问柳下惠非朝隐者与？曰：君子谓之不恭，古者高饿，显下禄隐。（《渊骞》）

这“禄隐”“朝隐”又是他最后遮盖自己的一张挡箭牌。

《法言》书里，有若干地方是他向王莽进行了诅咒和谴责，同时也是他委曲地倾吐了他自己的哀痛。这些例子，固不必多举了。他是希望天下后世的人，对他寄予同情，或有所谅解。《法言》，是西汉王朝的挽歌，也是他一部沉痛的忏悔录。

三

唐宋以来若干学者（除了司马光一些人外）从政治上否定了扬雄的人格，把他看作是“变节文人”的典型人物，这是不对的。在哲学思想上，也认为他是“以艰深文浅陋”，没有什么创造。或则认为《太玄》《法言》摹仿《周易》《论语》而作，是“僭圣拟经”，胆大妄为，也是不对的。

在哲学思想上，他是否没有成就呢？这个对他过低的评论，我们也不能同意。扬雄的思想，主要是对神秘主义的神学进行了论战，初步提出无神论的论点；卓越地论证了接近唯物主义的人性问题；在社会历史的见解上也有了一些新的看法。这都是扬雄哲学思想中的有价值的部分，也是影响后代唯物论者最有力的部分。当然他还有落后性的一面。

首先来谈无神论的问题。西汉的今文家，打着孔子的徽号，暗地里大量贩卖着阴阳五行、方士迷信的思想，统治阶级也正好利用这套把戏来欺骗和愚弄人民。封禅、符命、求仙、寻不死药，简直是无奇不有。王莽本人更装神装鬼闹出了许多笑话。

> 侍郎王盱见人衣白布单衣，赤缋方领，冠小冠，立于王路殿前，谓盱曰：“今日天同色，以天下人民属皇帝。”盱怪之，行十余步，人忽不见。（《王莽传》）
>
> 至丙寅暮，汉氏高市有金匮图策：“高帝承天命，以国传新皇帝。”明旦，宗伯忠孝侯刘宏以闻。乃召公卿议，未决，而大神石人谈曰：“趣新皇帝之高庙受命，毋留。”于是新皇命立登车，之汉氏高庙受命。（《王莽

传》）

天凤二年，或言黄帝时建华盖以登仙。莽乃造华盖九重，高八丈一尺，金瑵羽葆，载以秘机。四轮车驾六马，力士三百入黄衣帻，车上人击鼓，挽者皆呼登仙。莽出令在前。百官窃言、此似輀车，非仙物也。（《王莽传》）

在政治上和王莽站在反对立场的扬雄，对着这荒谬可鄙的举动，自然无情地予以揭穿。他书里曾说：

或问人言仙者有诸乎？吁！吾闻伏羲神农殁，黄帝、尧、舜殂落而死，文王毕，孔子鲁城之北，独子爱其死乎？非人之所及也。仙益无益子之汇矣。或曰：圣人不师仙，厥术异也。圣人之于天下，耻一物之不知，仙人之于天下，耻一日之不生。曰：生乎生乎，名生而实死也。或曰：世无仙则焉得斯语，曰：语乎者非嚣嚣也与？惟嚣嚣为能使无为。或问仙之实，曰：无以为也。有与无，非问也。问也者、忠孝之问也。忠臣孝子，偟乎不偟。（《君子》）

他又说：

或问赵世多神何也？曰：神怪茫茫，若存若亡，圣人曼云。（《重黎》）

这也是指着王莽而说的。“赵”“秦”同祖[①]，扬雄常用“秦”来影射王莽，他这指斥，揭穿了王莽政治上的欺骗，同时也阐明了他无神论的观点，是把政治斗争和哲学论战紧密地结合在一起了。如同托兰德写“基督教并不神秘”一文，攻击当时宗教的黑暗，有其同等的价值。

他这反迷信的思想，影响了王充、应劭、荀悦。到了王充，他更敢大胆地高举起反宗教迷信封建神学的大旗，做了全面的进攻。这一场战役，扬雄本人不过是在某一据点上开始和敌人交锋，决定性的歼灭战，还等待着后面的主力部队。

他对于天道自然观的论证，继承了古代“天命棐忱”吉凶在人不在天的论点，否定了统治阶级“天命”“神权”的谰言。

或问星有甘石何如？曰：“在德不在星，德隆则晷星，星隆则晷德也。”（《五百》）

或问楚败垓下，方死曰：“天也。谅乎？”曰：“汉屈群策，群策屈群力；楚憞群策而自屈其力。屈人者克，自屈者负，天曷故焉？”（《重黎》）

他又发展了易系辞“原始要终故知死生之说”的论点：

有生者必有死，有始者必有终，自然之道也。（《君子》）

① 《史记·赵世家》：“赵氏之先与秦共祖。”陆贾曰：“秦任刑法不变、卒灭赵氏。”《淮南子·人间训》称始皇为“赵政”。是其证。

他初步阐述了宇宙万物发生发展的客观规律，批判了董仲舒以来“五德终始”和方士家“长生久视”的邪说，这也是他在思想战线上又一胜利。

儒家们为了要神化古代的圣王圣人，连带地神化自己，捏造了“五百名世”的一条“定理”。孟子曾经这样的说过：

……五百年必有王者兴，其间必有名世者。自周而来，七百有余岁矣。以其数则过矣，以其时考之则可矣。夫天未欲平治天下也，如欲平治天下，当今之世，舍我其谁也。（《公孙丑》）

司马迁也跟着这样说：

……先人有言，自周公卒，五百岁而有孔子。孔子卒后至于今五百岁，有能绍明世、正易传、继春秋、本诗书礼乐之际，意在斯乎？意在斯乎？小子何敢让焉。（《史记・自序》）

赵岐也说：

言五百岁圣人一出，天道之常也。（《孟子・尽心》注）

可见“五百名世”这个“定理”，在汉代是众信不疑的。扬雄时常以孟子作为他学习的榜样，又曾经五体投地称述过司马迁（均见《法言》）。可是在这一问题上，他却坚决而有力地对他们进行了反驳：

或问五百岁而圣人出有诸？曰："尧、舜、禹君臣也，而并。文、武、周公父子也，而处。孔子数百岁而生，因往以推来，虽千一不可知也。"（《五百》）

他这些带着叛逆性的论调，在那王莽、刘歆托古托圣的特殊环境里是一盏照破幽昧虚妄的明灯。王充更进一步的发挥：

……云五百岁必有王者谁所言乎？论不实事考验，信浮淫之语，不遇去齐，有不豫之色，非孟子之贤效与俗儒无殊之验也。五百年者以为天出圣期也，又言以天未欲平治天下也，其意以为天欲平治天下，当以五百年之间生圣王也。如孟子之言，是谓天故生圣人也，然则五百岁天生圣人之期乎？如是其期天何不生圣，圣王非其期故不生，孟子犹信之，孟子不知天也。……（《论衡·刺孟篇》）

果然为后来"卫道者"所抨击。司马贞说：

……此言略取孟子，而扬雄孙盛深所不然，所谓多见不知量也。（《史记·自序》索隐）

扬雄之所以能够揭露这些谬论，最主要的，他能够在幕后看穿了制造巫怪的底细。在王莽时代，除了上面所举出的例子外，还有什么太平经、金策书、符命四十二篇、铜符帛图等等，来龙去脉，一一都落在他的眼睛里。无数的事实，做了他立论的充分根据，所以他敢于做出这些有力的驳斥。

他这些论点，不过只是作为他反对黑暗政治势力的一种武器，而他在别的场合里，对于“天道”“鬼神”和“享祀”等问题，还是有意无意地宣传着。无论在《太玄》，在《法言》以及他写的《蜀王本纪》《琴清英》《对诏问灾异》（《汉书·五行志中之下》）等作品里，都没有清除掉封建神学的色彩。有时又陷入目的论者。由此可见，他思想里虽有了一些唯物主义的因素，而不是彻底的真正的无神论者。

其次，谈到《太玄》的体系问题。我认为他比以前的经学家算是进了一小步。过去是“由天道下推人事”，由上而下，天，是主动的；他把这次序倒转过来，由人事上推天道，由下而上，人，是主动的。易自天道下推人事，所以立“乾”为首，“坤”次之，“震”，“巽”，“离”，“坎”，“兑”，“艮”又次之。《太玄》反过来，由人而天，积“家”而“部”，积“部”而“州”，积“州”而“方”（方、上下四方）。再从赞辞看：初一次二次三为“思”，次四次五次六为“福”，次七次八次九为“祸”。也是以人事为基础以上应天道。这是他的特色。

> 玄之赞辞也，或以气，或以类，或以事之骫卒，谨问其姓，而审其家，观其所遭遇，劘之于事，详之于数，逢神而天之，触地而由之，则玄之情得矣。（《太玄·挩》）

——这是他教人由赞推玄，由人事以推天地之道。

《太玄》虽是一部易“稽览图”的再创作，以“京房卦气”

“洪范五行”为骨干的卜筮之书。但是他不谈灾祥，不信妖妄，又与京房、易纬、阴阳家有很多的区别，建立了完整的“以人占天”的新体系。

史以天占人，圣人以人占天。（《法言·五百》）

故善言天地者以人事。（《太玄·告》）

问题的发生，就在这里了。不管是“以天占人”或是“以人占天”，同样的都是落到“天人合一”的窠臼中去了。在《太玄》里的“天”（玄），又成为具有意识的有感觉的能赏罚呼应的最高偶像了。他认为天（玄）是世界的某种作为万物之基础的根源，万物之生，是这个东西在冥冥中操纵支配着。他说：

玄者，幽摛万类而不见其形者也。资陶虚无而生乎规，拦神明而定摹，通同古今以开类，摛措阴阳而发气。……（《摛》）

这说明“阴阳二气”是“玄”的辟合、运动的结果。他主张是先有“玄”而后有“气”，气在理中，而理在气先。“玄”成为超越一切之前、高居一切之上的东西。

他说“玄”有无限的力量和功能：

玄者以衡量者也。高者下之，卑者举之，饶者取之，罄者与之，明者定之，疑者提之。（《摛》）

“玄”是人不可捉摸，人不可违背，“法尔”而然的东西，不可以用言语来解释的：

仰而视之在乎上，俯而窥之在乎下，企而望之在乎前，弃而忘之在乎后，欲违则不能，嘿则得其所者玄也。（《摛》）

嘿而该之者，玄也。（同上）

而且可以和人类的思维相结合。他说：

玄者神之魁也。天以不见为玄，地以不形为玄，人以心腹为玄。天奥西北，郁化精也。地奥黄泉，隐魄荣也。人奥思虑，含至精也。……（《告》）

这个“人以心腹为玄”的“玄”，就是人类大脑的思维活动，由于人类这个思维活动和操纵宇宙万物的最高主宰，都是不可见不可形“玄之又玄”的东西，天和人既有了这个共同的质素，有了这一条沟通上下的引线，人们才能够用“存神索至”的力量构成他们两者之间的交孚、感通的作用。这就是他所说的“天人之际”的“和同”关系。

圣人存神索至，成天下之大顺，致天下之大利，和同天人之际，使之无间也。（《问神》）

他又说：

……天不人不因，人不天不成①。（《重黎》）

这个“因”和“成”，就是建立天人关系的具体说明。《太玄》的“由人事上推天道”，就是从这个论点引申出来的。这个问题和董仲舒“天人合一”之说，没有什么根本性的差异了。他刚走到接近唯物论的边缘，但是向后倒退几步，又重堕落到唯心主义的深渊了。所以我认为《太玄》的体系，不是唯物主义的。

再谈到社会发展变和不变的问题。董仲舒主张是“天不变道亦不变”。扬雄主张是“可以变的”。

……故夫道非天然，应时而造者，损益可知也。（《问神》）

或曰：圣人之道若天，天则有常矣，奚圣人之多变也。曰：圣人故多变。（《君子》）

更指出泥古不化的弊病。

或曰：以往圣人之法治将来，譬犹胶柱而调瑟，有诸？曰：有之。曰：圣君少而庸君多，如独守仲尼之道是漆也。曰：圣人之法未尝不关盛衰焉。昔者尧有天下，举大纲，命舜、禹，夏殷周属其子，不胶者卓矣。唐虞象刑惟明，夏后肉辟三千，不胶者卓矣。尧亲九族，协和万国，汤武桓桓，征伐四克。由是言之，不胶者卓矣。

① “天不人不因，人不天不成”，见《孟子》章旨及《风俗通·皇霸》，是一句古话，但是扬雄引来，否定司马迁以高祖之兴由天授的论证，从而说明了他对天道人事的关系。详《重黎篇》，文长不录。

礼乐征伐，自天子所出，春秋之时，齐晋实与，不胶者卓矣。（《先知》）

他虽是主张变，但他关于变的看法，是和“不变”结合在一起的。是在“袭”和“因”的基础上进行某些改良，而不是破除旧的揭开新的；是允许在局部方面，适当的予以变通损益，而不主张进行根本性的推翻变革。所以他说：

……可则因，否则革。（《问道》）

……新则袭之，弊则益损之。（《问道》）

夫道有因有循，有革有化。因而循之，与道神之，革而化之，与时宜之。故因而能革，天道乃得，革而能因，天道乃驯。（《太玄·莹》）

夫物不因不生，不革不成，故知因而不知革，物失其则，知革而不知因，物失其均。革之匪时，物失其基，因之匪理，物丧其纪。因革乎因革，国家之矩范也，矩范之动，成败之效也。（同上）

由于他这一思想的支配，因而他在政治上，他虽是也赞成“限田”，赞成“免人役”（和师丹的主张略同），但在另一方面他又极端的主张保守，主张要“合乎先王之法”和“圣人之言”。他曾说：

……不合乎先王之法者，君子不法。（《君子》）

……适尧舜文王者为正道，非尧舜文王者为它道，君子正而不它。（《问道》）

> 或问其有继周者，虽百世可知也。秦已继周矣，不待夏礼而治者，其不验乎。曰：圣人之言天也，天妄乎？继周者未欲太平也，如欲太平也，舍之而用它道，亦无至矣。（《五百》）

他又不自觉地回复到复古主义的领域。在这一问题上，应该承认他思想里的有星星历史进化观，而在他的周围，又堆积了许多封建糟粕。

正因为这样，他对革命是恐惧的，是消极的，甚而至于反对的。在天凤二年（公元十五）五原代郡的农民起义，四年，临淮人瓜田仪在会稽长州的起义，琅琊女子吕母也的起义，五年，琅琊人樊崇大规模的群众暴动。他没有看出革命力量的伟大，统治阶级的腐朽必然趋向崩溃。他反而站在人民之外，把正义的农民军污蔑为“乱”！且论定这风雨般的排山倒海的革命势力不能推翻王莽的政权，而将被王莽的力量压倒下去。

> 或问陈胜吴广，曰：乱！曰：不若是则秦不亡。曰：亡秦乎？恐秦未亡而先亡矣[1]。（《重黎》）

他这段话，走近反动的边缘了。产生这种思想的根源，除了受着正统的儒家思想的影响之外，和他的阶级本能以及长时间脱离人民过着“仕宦”的生活过分强调个人和知识分子在历史上的作用都是有关联的。因而他对农民运动有反感，对革命不赞成，致有这些错误的偏断。

---

① 陈胜吴广，影射当时的农民起义，“秦”，影射王莽政权。

最后，谈到他有关人性论的问题。首先说明他的人性论和历史上的人性论，有些什么差别。

这里把他论人性的原文，引在下面：

> 人之性也善恶混。修其善则为善人，修其恶则为恶人。气也者所以适善恶之马也与。（《修身》）

必须说明“善恶混”的论点，不是孟、荀两说的综合体。有许多人把这句话讲解错了，认为“善恶混”是人之本性有善有恶。这是不对的。“混”“掍”古通，说文：“掍，同也。”《荀子非十二子》杨注“混然，无分别之貌”。混又作“溷”，《汉书·五行志》：“溷肴亡别”，“亡别”，即无分别之貌。“人之性善恶混”，即是“性相近”的意思，是性无所谓善也无所谓恶，亦即是说善恶不是先天形成的。孟子主性善，荀子主性恶，虽各走极端，但都是把人性善恶的形成，归结为“与生俱来”的，这一点，他们是一致的。扬雄认为性的形成，不是先天的，不是“与生俱来”的。从根本上看，他和孟、荀之说毫无共同之点，认为是孟、荀论性的综合体，是后来人的一个错觉。

再揭明他和世子人性论的不同。

> 周人世硕以为人性有善有恶。举人之善性养而致之则善长，性恶养而致之则恶长，如此，则性各有阴阳善恶，在所养焉。故世子作养书一篇，宓子贱漆雕开公孙尼子之徒，亦论情性与世子相出入，皆言性有善有恶。（《论衡·本性》）

世子的人性论，也是先天决定论者，和扬雄无共同之处。汪衮甫说扬雄论性，出于世子，也是误解了“混”字的意思，我不赞成这个论断。

再揭明他和告子人性论的同而不同。

告子曰：性犹湍水也，决诸东方则东流，决诸西方则西流。人性之无分于善不善也，犹水之无分于东西也。（《孟子·尽心》）

人的本性无分为善恶，这一点扬雄和告子基本上相同的。但是告子的“决”，是什么性质？什么力量？外因还是内因？使人捉摸不到。而扬雄提出了后天的“修”和“气”的问题。比告子更发展了一步。

“气”是什么？他在这章里没有诠释，用“推次差约”的方法在《法言》其他篇内，可以找出许多佐证，《学行篇》里说：

或曰：学无益也如质何！曰：未之思矣。夫有刀者礲诸，有玉者错诸，不礲不错焉攸用。礲而错诸，质在其中矣。否则辍。

这就是驳斥先天人性论者的一段很好的答问。这问者所说“学无益也如质何”的“质”，就是指着从先天形成善与恶的“性”，性善的人，用不着要学习，性恶的人，学习了也不起什么作用。扬雄针对着这个问题，指出了“礲”“错”（学习）形成人性善恶的决定性的作用，说明了没有生来善恶的“质”，善恶的产生，是依靠“礲”“错”来形成的。“质”的善恶，在“礲”“错”

之后，而不在“磐”“错”之先；在“磐”“错”之内，而不在“磐”“错”之外。又在同篇里说：

学者所以修性也，视听言貌思，性所有也。学则正，否则邪。

这说明“视、听、言、貌、思”等感官知觉作用是生理的，本来的，即所谓“性”，也即所谓无善无恶“善恶混”的性，他是可以为善可以为恶，而善恶之所以形成，是决定于“学则正，否则邪”（这“否则邪”，即“学之不正则邪”之意）。也就是他所说的“适善恶”的“马”（气），这是和《修身篇》论性之说互为发挥。《重黎篇》又说：

或问甘罗之悟，吕不韦张辟强之觉，平勃皆以十二龄，戊良乎？曰：才也。戊良不必父祖。

这又说明了“才”与“不才”，是属于后天的培养，不是与生俱来，也不是由于父祖们的遗传作用。但是要问：孟子、荀子不也是主张“学习”吗？尤其是荀子更强调着“学习”的作用。正由于此，他们之间的分歧就在这里了。孟子的“学”，为了保持与生俱来“赤子之心”的善性。荀子的“学”是为了“化性起伪”纠正与生俱来的恶性。“学”仅是起着辅助或纠正的作用，而不是形成或决定人性善与恶的关键。而扬雄把这个“学”看成为“适善恶”的“马”（气），肯定它是所以使人为善所以使人为恶的物质力量。是人性善恶分途的枢纽。如同驿站里系着各奔东西的两匹马，骑上了向东驰的马即向东，骑上了向西行的马即向西。等于我们在前门车站坐了去南方的火车就到了武汉、广州。坐了去关外的火车就到了山海关、沈阳。学习“正”的，就形成了性善，学习“邪”的，就形成了性恶。这“学”（气）的内容本身，是有善有恶的，而且可以作用于学习者善恶性格的形成。由此可见，这个“适善恶之马”（气），不是先天的，不是抽象的，而是指着人们周围的教育、学习和环境等等外因了。王充从这点作出更好的譬喻，“十五之子，其犹丝也，其有所渐，化为善恶。犹蓝丹之染练丝，使之为青赤也”（《论衡·率性》）。他认识到没有抽象的人性，没有先天的善恶，这是他思想中进步的东西。王充在这一方面很好地继承了扬雄的论点。

“气”能决定人性的善恶，这是对的。但是要问：什么“气”决定“善”？什么“气”决定“恶”？这是一个疑问？“气”是学习、教育、环境，有了这些“善”“恶”的外因，才能决定人性的“善”和“恶”，是可承认的。但是又要问：外因本身的善恶（犹如火车的向南向北），又是谁来决定的？这又是一个疑问。扬雄对于这些问题，始终没有寻找出解答。最后一着，仍然回到正统儒家说教的上面去了。把孔子描写得是“金口木舌”，把孔子之道看成是“金科玉律”。可以看出他推论里有一条暗藏的线索：人性善，出于教育、环境……；教育、环境……的善，出于孔子影响下的教育、环境……；孔子的善，出于孔子所受教育和所处的环境……；而最初的那教育、环境……是怎样“善”的，他说“天之道不在仲尼乎，仲尼驾说者也……”（《学行》）必然归结到天。所以这个“气”的概念，虽是后天的物质力量，如果追根到底，他又回复到神秘主义和超人的天神的身上。马克思说：

有一种唯物主义学说，认定人是环境和教育的产物，

> 因而改变了的人是另一种环境和业已改变的教育的产物，这种学说，忘记了环境正是由人来改变的。而教育者本身是必须教育养成的。因此，这种学说，必然导致把社会分成两部分，其中一部分高乎社会之上。（《费尔巴哈论纲》）

这个批评，正可用来对扬雄的人性论做最后的评定。自然，在一定的历史条件下，我们不能不符合实际和过高地苛求古人。所以总的说来，扬雄的人性论，是古代到中世纪过渡时期思想界光辉的新标志。在扬雄思想里只有人性论的问题更接近于唯物主义，可惜被后来的一些人把他曲解了。

（四）

在这里再作一些综合性的说明：

一、扬雄在西汉末期，和丁、傅、董贤、王氏统治集团长时期进行着政治斗争。若干问题上也体现出中小地主阶级的切身要求和人民的愿望。他晚年受了统治阶级的羁縻，虽然表现得软弱、很不坚定，但是始终没有放弃他应尽的责任。清代的朱彝尊、蒋彤、黄式三、张士元、汪之昌、孙澍、吴汝纶、马其昶、王树枏……对他做了新的评判，这是很好的。

二、他的哲学思想，在宇宙观人生观某些方面，有了若干唯物主义的因素，在某些论点上，也批判了弥漫当时政治上和哲学思想上宗教神秘主义者的宣传。尽管他自己还不是真正的唯物主义者。这方面的贡献，至少要称他是一个走在前面的“尖兵”。

三、关于他的学术渊源，学派性和对后世的影响。他的哲学思想直接影响了先进的思想家桓谭，和后来伟大的唯物主义者启蒙思想家王充。王充在《超奇》《效力》《齐世》等篇里，一再称述他或者引用他的话作为论据。荀悦、张衡也同样的对他尊崇，接受他某些进步思想的指导。《太玄》的思想，在魏晋“玄学”中，也起了一些“回光返照”的作用。唐代的王涯，宋代的司马光、胡瑗、程颐、真德秀、黄震……尤其是王涯、司马光受他的影响最深。为了研究唐宋时代的哲学思想，也不能“数典忘祖”撇掉扬雄不谈。

四、在他著作里还保存着一些古代的东西：其中有《周易》《连山》（太玄历元始冬至，卦气始中孚），京房《易》（卦气之说），严君平《易》（扬雄受《易》于严，严氏《易》不传，在他书里保存了一些），算学，天文（《太玄》用浑天。他又有《难盖天八事》，见《隋书·天文志》《甘石星经》。王充《说日篇》即出于他“视物近远大小”之说），历法（《太玄》用的是太阳历），易纬（稽览图）以及若干不经见的古字和奇字（《太玄》古字奇字和训纂、方言多合）。古音、古器物（如权疏）古史材料（《蜀王本纪》）和正史里没有记载的历史人物的事迹（如李仲元）等等。从文献学的角度来看，他的著作里面还蕴藏着许多没有被人钻探的矿藏，这宗财富，也是值得珍视的。

（原载《哲学研究》1957年第6期）

扬雄智论发微

侯文学

摘要：“智”是传统儒学的重要范畴。孔孟对此多有阐释，但他们的“智”均包含在仁（义）学之内。扬雄尚智，在吸纳前代及时代思想的基础上形成自己的智论：智获得了超越仁、义、礼、信四常至上的地位；他的智论与传统儒学重人轻天的学术指向不同，重视天道自然；把先秦儒家服务于伦理道德的智转换成服务于生命本身，表现出对个体生命与人格的珍视。

关键词：扬雄；尚智；重天道；关注自身

“智”是中国古代哲学的一个重要范畴。自老子、孔子以来，历代思想家无不谈论，两汉之交的扬雄亦莫能外。尚智，是扬雄哲学体系的重要内容。在《法言》中，扬雄多处推崇孔孟，以孔孟的继承人自居。《修身》篇提出把孔子作为修身的榜样：“或问‘治己’。曰：‘治己以仲尼。’”《吾子》篇：“古者杨墨塞路，孟子辞而辟之，廓如也。后之塞路者有矣，窃自比于孟子。”然扬雄的智论，决非对孔孟言论的重申，而是他立足于历史和现实所做的深湛之思，在继承中有创新，形成自己的人生哲学，并付之于《法言》《太玄》等哲学著述。廓清他的智论，有助于更深刻地理解他的思想及其时代。本文拟以扬雄的哲学著述为主要考察对象，分析其智论。为了方便对问题的把握，我们以对比的方式来讨论。

一、尚智

孔孟的智（《论语》中常作“知”），内在地包含于其伦理学范畴“仁”当中。《论语·里仁》：“子曰：‘里仁为美。择不处仁，焉得知？子曰：‘不仁者不可以久处约，不可以长处乐。仁者安仁，知者利仁。’”强调智的落脚点是仁，智为实现仁服务，智德涵盖于仁德之中。《孟子·离娄上》：“仁之实，事亲是也；义之实，从兄是也；智之实，知斯二者弗去是也。”孟子在“仁”的基础上，增加一个“义”，则是以仁义消解智。董仲舒又在孔孟基础上，强调智对仁的辅助作用。《春秋繁露·必仁且智》云：“仁而不智，则爱而不别也。智而不仁，则知而不为也。故仁者所以爱人类也，智者所以除其害也。”扬雄的智论中，智获得了超越于仁义、礼、信其他四常的至上地位。在《法言》中，扬雄明确表示对智的崇尚。《问明》篇记载，有人问他，人最崇尚的是什么，他说“尚智”。

圣人是儒家的终极人格理想，孔孟多次标举。《论语·雍也》：“‘如有博施于民而能济众，何如？’子曰：‘何事于仁？必也圣乎？尧舜其犹病诸！’”《孟子·公孙丑上》：“昔者子贡问于孔子曰：‘夫子圣矣乎？’孔子曰：‘圣则吾不能，我学不厌而教不倦也。’子贡曰：‘学不厌，智也；教不倦，仁也。仁且智，夫子既圣矣。’”孔子与弟子的对话，揭示这样一个事实：在孔孟看来，圣德涵盖并高于仁德与智德。扬雄赋予圣人的地位与传统相类，他在《法言》的《学行》《吾子》《问神》《寡见》《君子》《五百》等篇中，反复言及圣人，亦以之为宪章之楷式，人伦之模范。《修身》篇说：“由于情欲，人自禽门；由于礼义，人自人门；由于独智，入自圣门。”礼义使人区别于禽兽，“独智”使圣人区别于普通人。虽然入圣的条件是一种特殊的智——独智，但并不妨碍我们做出结论：扬雄把智凌驾于仁、义、礼、信之上。

对于五经，传统将之与五常相配，传世文献中，较系统的论述见于《白虎通·五经》，以为《乐》仁，《书》义，《礼》礼，《易》智，《诗》信。经常阅读这五种典籍，无疑有助于提高相关方面的修养。虽然孔子晚年读《易》，韦编为之三绝，并慨叹说：“加我数年，五十以学《易》，可以无大过矣。”（《论语·述而》）但在孔门学科中，《易》并无独立地位。这一点，后人多所注意，今人王葆玹指出：“《孟子》《荀子》都只讲‘诗书礼乐’，不讲

'诗书礼乐易春秋'，与孔子一脉相承。"[①] 扬雄则认为五经之中，《易》最为重要。《汉书·扬雄传》提及他作《太玄》的缘由时指出这一点："（雄）实好古而乐道，其意欲求文章成名于后世，以为经莫大于《易》，故作《太玄》。"王葆玹也注意到："在历史上只注意《周易》一经而忽略《诗》《书》《礼》《春秋》的经学家，当以扬雄为第一人。"[②] 汉人普遍以智配《易》，扬雄以增智之《易》为五经之首，是其将智置于仁、义、礼、信之上的又一表现。

二、重天道

《论语·公冶长》篇记子贡对孔子的评述："夫子之文章，可得而闻也；夫子之言性与天道，不可得而闻也。"孔子的学说，主要是关于人的伦理学说，所谓六合之外，圣人存而不论，重人道而轻天道。孟子也以伦理道德的完满规定圣人："圣人，人伦之至也。"（《孟子·离娄上》）虽然荀子也较重视智，但荀子所讲的智，仍然是做人的智慧。《荀子·天论》篇就明确说："圣人不求知天。"《儒效》篇："积善为全尽者谓之圣人。"在汉代重天人之学的整体背景下，扬雄亦表现出对于"天"的浓厚兴趣，并将其对"天"的体认纳入自己的智论中来。《法言·问神》篇："圣人存神索至，成天下之大顺，致天下之大利，和同天人之际，使之无间也。"《五百》篇又说："或问：圣人占天乎？曰：占天地。若此则史也何异？史以天占人，圣人以人占天。"圣人探究天人关系，然与太史不同，太史是用天象占验人事吉凶，而圣人却可以

① 王葆玹：《今古文经学新论》，中国社会科学出版社1997年，第11页。
② 王葆玹：《今古文经学新论》，中国社会科学出版社1997年，第159页。

通过人事来推究天道。《太玄·玄文》所言与之相类："圣人仰天则常，穷神掘变，极物穷情。"扬雄认为，对于"天"的体认与把握使圣人区别于普通人。"天"是"独智"的对象，独智就是天智。

需要指出，扬雄所关注的天，与前此今文经学家所论之"天"不同，今文经学家所说的天，具有人格神意味。此以董仲舒《春秋繁露·郊祭》表述为典型："天者，百神之君也，王者之所最尊也。"扬雄所关注的天，是总括一切的规律、法则，即"道"（扬雄在《太玄》中又称之为"玄"），表现为一种客观规律性，人道只是其中的一个部分。对此，《太玄·图》说得甚为明确："夫玄也者，天道也，地道也，人道也。兼三道而天名之。"对扬雄推崇备至的桓谭在其《新论》中也指出扬雄之"玄"的理论旨趣在于天道："扬雄作《玄》书，以为玄者，天也，道也。言圣贤制法作事，皆引天道以为本统，而因附续万类、王政、人事、法度……"

扬雄一生的实践也表明他对天道——宇宙规律的探索具有浓厚的兴趣。他早年信奉儒家宣扬的盖天说，后又改奉浑天说。相较于盖天说，浑天说更具有科学性，它是当时自然科学所能达到的最高认识。对此，学术界并无异议。扬雄由相信盖天说，转而相信浑天说，表明其对于客观真理的不倦追求态度。桓谭《新论》记此事："扬子云好天文，问之于黄门作浑天老工。"又："通人扬子云因众儒之说天，以为天如盖，常左旋；日月星辰随而东西。乃图画形体行度，参以四时历数、昏明昼夜，欲为世人立纪律，以垂法后嗣。余难之曰：子云无以解也。后与子云奏事待报，坐白虎殿廊庑下，以寒故，背日曝背。有顷，日光背去，不复曝焉。因以示子云曰：'天即盖转而日西行，其光影当照次廊下而称东耳，无乃反应浑天家法焉。'子云立坏其所作。"《隋书·天文志》

亦说扬雄原来相信盖天说，受桓谭影响改信浑天说，并作《难盖天八事》。正是因为对两种学说做过深入探讨，才生发出《法言·重黎》中对两者的至评："或问'浑天'，曰：'落下闳营之，鲜于妄人度之，耿中丞相之。几乎几乎，莫之能违也。'请问'盖天'，曰：'盖哉，盖哉，应难未几也。'"继而把所学的天文历法等知识融会在自己的哲学著作《太玄》当中，表述循环运行、永无休止的天道自然观，正如本传所云："大潭思浑天而作《太玄》。"虽然他倡明自己作《太玄》的目的是"为仁义"，即为儒家的道德仁义寻找本体论依据，然其实际兴趣与努力已经越出了其主观目的。

三、关注自身

孔子多从知人角度论智（《论语》中作"知"），这同样与其仁学有关。《论语·颜渊》："仁者爱人。"仁是对他者的关爱，是基于群体意识而产生的范畴。智从属于仁，是为爱人而知人。《颜渊》："问知（智）。子曰：'知人。'"知（智）的对象是他人，目的是为爱人之仁的落实提供前提。颜渊是孔子的高足，孔子与之所论，是较高层面的探讨。据此，"知人"堪为孔子对于"智"的精要之论。《卫灵公》或可为佐："可与言而不与之言，失人；不可与言而与之言，失言。知（智）者不失人，亦不失言。"智者善于把握自己与他人关系的分寸，之所以能够如此，在于智者对他人有深刻的了解。

与孔子等重群体他人不同，扬雄的智论服务于自身，这也要从两个方面来理解。首先，扬雄的智论主要落实在自我感性生命的层面，以保身全命为价值底限，体现出对生命的珍爱。在扬雄这里，生命是第一位的。《法言·问神》："龙以不制为龙，圣人以不手为圣人。"李轨注："手者，桎梏之属。"龙是圣物，与圣人相对待。圣人之所以为圣人，龙之所以为龙，乃在于不受桎梏，保持生命的自由存在状态。对于吕不韦，扬雄也是从其害生的角度予以“不智”之论。《法言·渊骞》：“或问：‘吕不韦其智乎？以人易货？’曰：‘谁谓吕不韦智者与？以国易宗。’”《史记·吕不韦列传》记载，吕不韦在邯郸做生意，遇到时在赵国做人质的秦王孙子楚，认为奇货可居，于是花重金游说秦太子妃华阳夫人，使子楚得以立为嫡嗣，子楚即位，吕不韦以拥立之功，拜相封侯。但至秦王政时，却被流放，自杀而死。在“大丈夫生不得五鼎食，死亦为五鼎烹”的重事功、名声的西汉士人心目中，吕不韦的举止无疑是令人羡慕的。两汉之交，这种人生观还有一定影响，反映在对吕不韦的评价上，就是认为他拿人当货物，做投机生意，一度换取了位极人臣的荣耀，算是一个有智慧的人。扬雄则一反俗议，认为他在政治上投机的结果是身死宗放，这种交易并不对等。表现出扬雄对西汉重名轻生观念的疏离。不独对智的理解如此，对仁义亦然。《法言·渊骞》中有人问他，要离、聂政、荆轲的行为是否可以称为义，他说：“离也火妻灰子以求反于庆忌，实蛛蝥之靡也，焉可谓之义也？”“（聂政）为严氏犯韩，刺相侠累，曼面为姊，实壮士之靡也，焉可谓之义也？”“（荆轲）为丹奉於期之首、燕督亢之图，入不测之秦，实刺客之靡也，焉可谓之义也？”扬雄否定这些人为了他人的利益，不惜伤害自己及亲人的生命的做法。从扬雄对智仁义所作的价值判断看，他对人的感性生命极为关注。

其次，在重生、爱身的基础上，扬雄对自我的人格尊严亦十分重视。《法言·问明》：“或问：‘活身。’曰：‘明哲。’或曰：‘童蒙则活，何乃明哲乎？’曰：‘君子所贵，亦越用明，保慎其身也。如庸行翳路，冲冲而活，君子不贵也。’”《方言》：“哲，智也。”明哲即明智，“保慎其身”是其收效。扬雄认为，对于普通人而言，生命是第一位的。但对于修道的君子来说，则应在此基础上维护人格的尊严，实践一种高尚的精神生活。《法言·君子》：“人必其自爱也，而后人爱诸。自爱，仁之至也；自敬，礼之至也。未有不自爱敬而人敬之者也。”仁的极致是自爱，智是照亮仁的烛火，指导人如何自爱，据此，其智论亦包含对自我人格的关爱。这从他对屈原的人生选择的态度上即可见出。汉人虽然对屈原出处的选择及其《离骚》之作是否合于风雅之旨，存在争议，但都不否认其人格的高尚。《史记·屈原贾生列传》中评价屈原：“其志洁，其行廉。”扬雄正是在此前提之下，于《法言·吾子》篇展开对屈原是否称得上智者的讨论：“或问：‘屈原智乎？’曰：‘如玉如莹，爰变丹青。如其智！如其智！’”“如其智”句式模仿《论语·宪问》。《宪问》中子路问孔子：“桓公杀公子纠，召忽死之，管仲不死，曰未仁乎？”孔子回答说：“桓公九合诸侯，不以兵车，管仲之力也。如其仁，如其仁！”郑玄注：“重言如其仁者，九合诸侯，功济天下，此仁为大。死节，仁小者也。”王引之《经传释词》云：“如犹乃也。言管仲不用民力而天下安，乃其仁！乃其仁也！”《论语》的“如其”句型，包含着肯定大方面之意。扬雄亦然。他认为屈原本质如玉一样莹洁美好，却焕发出丹青一样的色彩（扬雄对于丹青持否定态度。《法言·君子》中有人用丹青比喻圣人之言，扬雄表示反对，认为“初则炳，久则渝”的丹青不足以喻具有永恒价值的圣人之言）。他不赞成屈原的自杀之举，以丹青喻之，但他更钦服于屈原如玉一般洁白的人格操守，故以“如其智”来表示其从大处着手做出肯定评价的用心。

扬雄在王莽时期，曾因学生刘棻获罪，使者来拘捕，他惧己牵连受辱，投阁自杀。此举受到时人的讥嘲，说他：“爰清静，作符命。惟寂寞，自投阁。”朱熹也指责他放不下自身性命。其实，无论是作符命，还是投阁，都恰恰体现了扬雄对自我的全方位的爱护。作符命，是在生命层面对自我的保护。投阁之举，是不愿受辱，是在人格层面对自我的珍视。汉人重气节，有士可杀不可辱的风气。《汉书·贾谊传》记载，贾谊向汉文帝上疏，主张设礼义廉耻以遇其臣：“其有大罪者，闻命则北面再拜而自裁，上不使捽抑而刑之也。”“上深纳其言，养臣下有节。是后大臣有罪皆自杀，不受刑。至武帝时，稍复入狱。”整个西汉一代，大臣获罪自杀之事屡见不鲜。对此，《汉书》多有记载。司马迁入狱受宫刑，忍辱不死，却有生不如死之感。他在《报任安书》中反复申明自己的不死之由，其实是在呼唤士林对自己的理解。扬雄置身于这样的时代空气里，其投阁亦是对名节的重视：终是一死，莫如避开刀笔吏，以全名节。据《汉书·王莽传》记载，此案在当时，是颇为严重的：“牵引公卿党亲列侯以下死者数百人。”事先，王莽即指示捕吏，可以“便收不请”。虽说扬雄是虚惊一场，但也全亏他平时的“素不与事”，才得到王莽的格外开恩。投阁而不死，受牵连而免究，都是意外之事，后人脱开具体氛围来讨论扬雄举动，未免有所不见。

四、余论

扬雄将“独智”规定为成圣的条件，“独智”二字凝聚着战国以来的思想学术成果，是扬雄学说汇纳百川的一个表征。这里主要从三个方面予以阐明

首先，其以“独”称“天（道）”，取资于战国以来的道家之学。《老子》第二十五章：“有物混成，先天地生。寂兮寥兮，独立不改，周行而不殆，可以为天下母。”道是《老子》中的最高范

畴，“独”是道的特征，其积极意味不言而喻。到《庄子·大宗师》，“独”则成为“道”的代名词：“三日而后能外天下；已外天下矣，吾又守之，七日而后能外物；已外物矣，吾又守之，九日而后能外生；已外生矣，而后能朝彻；朝彻而后能见独；见独而后能无古今；无古今而后能入于不死不生。”见独，就是体悟独立无待的道。徐复观先生说：“《庄子》一书，最重视‘独’的观念。老子对道的形容是‘独立而不改’，‘独立’即是在一般因果系列之上，不与他物对待，不受其他因素的影响的意思。不过老子所说的是客观的道，而庄子则指的是人见道以后的精神境界。”① 无论是客观的道，还是主观的精神境界，都是扬雄所着力追寻的：对于前者的探究表现在《太玄》等哲学著述中，对于后者的向往则化为《太玄赋》等抒情文学的吟哦。《太玄赋》申述自己的甘于淡薄、超脱名利之思：“甘饵含毒难数尝兮，麟而可羁近犬羊兮，鸾凤高翔戾青云兮，不挂网罗固足珍兮。斯错位极离大戮兮，屈子慕清葬鱼腹兮，伯姬曜名焚厥身兮，孤竹二子饿首阳兮，断迹属娄何足称兮，辟斯数子智若渊兮，我异于此执太玄兮，荡然肆志不拘挛兮。”精神的独立自由构成对名利的超越，成为其慰藉自己抑郁不得志的心灵的最佳处方。

其次，把“圣”与天道相连也是战国以来学术思想的主要特征。《老子》中已把“圣”与客观规律之“道”相连，圣人就是体道者。长沙马王堆汉墓帛书《老子》甲本卷后的《德圣》篇，则明确指出：“圣之知（智）”就是关于“天道”的智慧：“圣，天知也。知人道曰知，知天道曰圣。圣者声也。圣者知，圣之知（智）知天，其事化翟。”

---

① 徐复观：《中国人性论史·先秦篇》，台湾商务印书馆1979年，第390页。

复次，“慎独”也是战国以来颇为流行的修养方法。《礼记·中庸》《荀子·不苟》等文献中均提到“慎独”，《庄子》称为“心斋”。马王堆汉墓帛书《老子》甲本卷后古佚书对“慎独”有明确解释：“慎其独也者，言舍夫五而慎其心之谓［独，独］然后一。一也者夫五夫为［一］心也。然后德之一也，乃德已。德犹天也，天乃德已。……是之谓独。独也者，舍体也。”① “独”就是“舍体”，即舍弃感官对外物的知觉感受，心灵达到专一的状态。《法言》又将之表述为“心潜”。《问神》篇说：“天地，神明而不测者也。心之潜也，犹将测之，况于人乎？况于事伦乎？”以为人专心于一念，就可以把握天道。但这并不是说，扬雄只重视内省的工夫，忽视外在知识经验的积累，相反，他十分重视对知识经验的把握。《法言·吾子》说：“多闻则守之以约，多见则守之以卓。寡闻则无约也，寡见则无卓也。”认为知识经验能使人站得高，看得远，是体悟简约超拔之道的必备要素与过程。虽然扬雄自言“老子之言道德，吾有取焉”，但在获道成圣的方法上，扬雄则表现出与老子的不同：老子只重内省，反对对知识经验的积累与学习，认为“为学日益，为道日损”，扬雄则强调内外双修，在方法论上，颇近于荀子。

尚智是战国以来的普遍风尚。《战国策》所记的人物都是活跃在战国时期的策士，他们身上，体现出战国的时代精神，尚智是其形象的主要特征。珍视感性生命，一直占据西汉人的思想意识。董仲舒《春秋繁露·楚庄王》认为，“义不讪上，智不危身”是孔子修《春秋》的原则，开始把先秦儒家服务于群体伦理道德的智转换成服务于生命本身。成书于西汉后期的《易纬乾凿度》说得

① 《马王堆汉墓帛书（壹）》，文物出版社 1980 年，第 20 页。

更为明确："人生而应八卦之体，得五气以为五常，仁、义、礼、智、信是也……故东方为仁……故南方为礼……故西方为义……故北方为信。夫四方之义，皆流于中央……中央所以绳四方行也，智之决也，故中央为智。故道兴于仁，立于礼，理于义，定于信，成于智。"① 五行学说兴起以后，儒家受其影响，把行为的中庸原则与方位上的"中"结合在一起，在方位上尚"中"。《乾凿度》以智配中，是以智为尚。扬雄在时代风气的影响下，肯定智，并赋予智以新的内涵，是在尚智征圣的旗帜下对传统儒家学说的重铸。

但是，还要看到，扬雄在《太玄·数》中以五方与五行配五常，东方木配仁，西方金配谊（义），南方火配礼，北方水配智，中央土配信。扬雄以北方和水配智，是受"仁者乐山，智者乐水"的传统思维定式以及五行学说的影响，而《太玄》整体则表现出对方位"中"的崇尚，是其学说未能融会贯通的表征。

总起来说，扬雄智论，虽然主要是围绕儒家的道德问题来阐述，是对孔孟儒学的继承，但他赋予智的上述内涵，并将其地位升为五常之首，实是对先秦儒家群体意识的超越，客观上克服了早期儒家只探究人伦之道的狭隘视野。扬雄将智的地位凸显出来，在儒学发展史上，意义重大。可以说，从扬雄开始，儒家学者才赋予"智"以五常之首的地位，并循此作具体的论述工作。东汉末，刘劭《人物志》在此基础上提出："智者，德之帅也。"清人唐甄《潜书论·性才》可谓总结："德虽至纯，不及远大，皆智不能道之故。无智以导之，虽法尧舜之仁，不可以广爱；虽行汤武之义，不可以服暴；虽学周公之礼，不可以率世。有智以导之，

① ［日本］安居香山，中村璋八辑：《纬书集成》，河北人民出版社 1994 年，第 10 页。

虽不折枝之仁，其仁不可胜用；虽不杀枭之义，其义不可胜用；虽不先长之礼，其礼不可胜用。”“三德之修，皆从智入；三德之功，皆从智出。”

（原载《宁夏社会科学》2008年第2期）

扬雄的道统思想及其在道统史上的地位

蔡方鹿

摘要：扬雄提出了由伏羲始创圣人之法，经尧、舜、禹、汤、文、武、周公至孔子、孟子，至扬雄这样一个儒家圣人之道传授的统绪；并坚守圣人之道，批评异于孔子的诸子之说以及当时经学的流弊。其道统说对后世产生了一定的影响，在道统思想发展史上占有一定的重要地位。

关键词：扬雄；道统思想；道统史

扬雄在批评诸子、尊孔崇圣、重视五经、五经济道、自比于孟子的基础上，初步提出了儒学道统思想，以回归和传承儒家圣人之道为己任，认为儒家圣人之道一脉相传而众说不足为言，由此坚守圣人之道，对诸子提出批评。这对后世儒家道统思想的提出产生了一定的影响，并在道统思想发展史上占有一定的重要地位，值得探讨总结。

一、扬雄的道统思想

所谓道统，一般指儒家圣人之道的传授统绪。道统是维系道存续的形式，道是道统所传授的内容。道统是以传道为目的，为道的存续而形成的。道统本身不是原则或尺度，它包含了道的原则，是为道的思想、道的原则和精神服务的系统和形式。儒家为了论证圣人之道的精神和道的传授系统，便形成了道统论。道统论可视为体现儒家圣人之道传授系统的理论。道统思想影响广泛，一脉相传，至现代而不绝，成为儒学理论的重要组成部分，对维系民族精神、保持文化传统发挥了重要作用，但也存在着流弊。

以往对扬雄在儒家道统中的地位注意不多，其实扬雄本人提出了类似道统的思想，值得关注和探讨。他说："学之为王者事，其已久矣。尧、舜、禹、汤、文、武汲汲，仲尼皇皇，其已久矣。"[①] 认为学之为王者之事，相传甚久，从尧、舜、禹、汤、文、武，以及于孔子，而"孔子习周公者也"[②]。所谓"学之为王者事"，是指把儒学思想贯彻于外王事业，即是把儒家的"内圣外王"之道传承下来，也就是指儒家之道经历代圣王一脉相传，流传至今。其中孔子的作用很重要，"天之道不在仲尼乎？仲尼驾说者也，不在兹儒乎？"[③] 是说孔子继承周公，接续了圣人之道，肯定孔子的重要地位。而且扬雄也指出，孔子潜心于文王，而继承了文王之道。"'敢问：潜心于圣？'曰：'昔乎仲尼潜心于文王矣，达之。'"[④] 也就是说孔子效法文王，使道得以通达。

扬雄并肯定伏羲在文明起始中的作用。他说："鸿荒之世，圣人恶之，是以法始乎伏羲，而成乎尧。匪伏匪尧，礼义哨哨，圣人不取也。"[⑤] 认为圣人之法始创于伏羲，而成于尧。指出如果违背了圣人之法，就会导致礼义不正，因而为圣人所不取。

关于道的性质，扬雄认为，道即为通，无所不通，但道须与

① 汪荣宝：《法言义疏》，中华书局 1987 年，第 22 页。
② 汪荣宝：《法言义疏》，中华书局 1987 年，第 13 页。
③ 汪荣宝：《法言义疏》，中华书局 1987 年，第 6 页。
④ 汪荣宝：《法言义疏》，中华书局 1987 年，第 137 页。
⑤ 汪荣宝：《法言义疏》，中华书局 1987 年，第 118 页。

圣人结合才为正道，否则即非正道。“或问道。曰：‘道也者，通也，无不通也。’或曰：‘可以适它与?’曰：‘适尧、舜、文王者为正道，非尧、舜、文王者为它道，君子正而不它。’”① 通达之谓道，表述了道的一般性质。但扬雄所谓的正道，是指尧、舜、文王圣人之道，与之不同的则为它道，即为扬雄所批判的诸子之学等。扬雄强调“君子正而不它”，正指正道，其对立面则为它道。表现出扬雄崇圣尊儒，辟异端，维护孔子儒家正统的思想。

与此相关，扬雄提出了道的因革问题以及无为与否的问题。“或问：‘道有因无因乎?’曰：‘可则因，否则革。’或问：‘无为’。曰：‘奚为哉? 在昔虞、夏袭尧之爵，行尧之道，法度彰，礼乐著，垂拱而视天民之阜也，无为矣。绍桀之后，纂纣之余，法度废，礼乐亏，安坐而视天民之死，无为乎?’”② 认为有道则因，无道则革。就如当年舜、禹继承尧的事业，推行尧之道，使得法度彰明，礼乐盛行，百姓富有，安居乐业，这就是无为而治。而夏桀、殷纣则倒行逆施，使得法度废弃，礼乐丧失，百姓死于非命，这难道是无为? 表明“可则因”是指继承延续尧、舜、禹圣人之道，“否则革”则指革桀、纣暴君之命。这反映了扬雄提倡道统的针对性在于清除与儒家圣人之道相悖的桀、纣等暴君的失道、乱道作为。亦是对诸子等异端思想的清理，具有一定的排他性。而以是否符合、认同和推行儒家圣人之道作为判断是非和是否与儒家圣人保持一致的标准。

扬雄在断断续续的论述中，先后提出了伏羲、尧、舜、禹、汤、文、武、周公至孔子等儒家人物，他们学之为王者事，传圣

① 汪荣宝:《法言义疏》，中华书局 1987 年，第 109 页。
② 汪荣宝:《法言义疏》，中华书局 1987 年，第 125 页。

人之道。扬雄又抬高孟子的地位，以孟子继承孔子而与孔子无异。扬雄又自比于孟子。“窃自比于孟子”，批评不良学风，以尊儒宗孔，回归孔子儒学本身。

扬雄之所以把自己比作孟子，其直接目的是为了继承孟子辟异端，弘扬孔学的事业，将孔孟之学发扬光大。他说：“古者杨、墨塞路，孟子辞而辟之，廓如也。后之塞路者有矣，窃自比于孟子。”① 指出古代杨朱、墨翟之学堵塞了孔子圣人之路，孟子出来辞而辟之，批判杨墨之学，使得孔子之道彰显。但孟子之后，又有塞孔子之道者。所以扬雄以继承孟子，弘扬孔学为己任，力辟诸子之学，表现出扬雄传承道统的弘道精神。

扬雄高度评价了孟子勇于追求仁义道德的价值观。“‘请问孟轲之勇。’曰：‘勇于义而果于德，不以贫富、贵贱、死生动其心，于勇也，其庶乎！’”② 赞扬孟子能够做到见义勇为，不以贫富、贵贱、死生来动摇其对儒家仁义道德的追求，而非“见义不为，无勇也”，表现出对孟子的推崇。

扬雄盛赞孟子，将孟子与诸子区别开来，抬高孟子的地位，开后世韩愈、程朱重视孟子之先河。他对荀子也做出评价：

> 或问：“孟子知言之要，知德之奥？”曰：“非苟知之，亦允蹈之。”或曰：“子小诸子，孟子非诸子乎？”曰：“诸子者，以其知异于孔子也。孟子异乎？不异。”或曰：“孙卿非数家之书，侻也；至于子思、孟轲，诡哉！”曰：“吾于孙卿与？见同门而异户也，惟圣人为

---

① 汪荣宝：《法言义疏》，中华书局 1987 年，第 81 页。
② 汪荣宝：《法言义疏》，中华书局 1987 年，第 419 页。

不异。”①

认为孟子不仅能够掌握要言和奥德，而且还能信而行之，将知行结合起来。当回答学者提问难道孟子不是诸子的问题时，扬雄以是否异于孔子作为划分诸子与否的标准，诸子与孔子相异，所以为诸子；而且强调，孟子不异于孔子，所以不是诸子。在当时学术界把孟子视为诸子的情况下，扬雄不人云亦云，而是把孟子视为与孔子无异、脱离诸子的人物，这实乃后世将《孟子》由子入经的先导。对于荀子，扬雄有所肯定，也有所不满。认为荀子的《非十二子》非数家之说尚可，但对子思、孟子的责难则为诡异之说。扬雄评价自己与荀子的关系是“同门而异户”，二人虽有差异，但就同属于圣人之门而言则无异。可见扬雄并未把荀子排除在外，相异的只是户，而非门。只是相对而言，扬雄更为认同孟子。这也对后世崇孟抑荀产生了一定的影响。

这样，在扬雄的论述中，初步形成了由伏羲始创圣人之法，经尧、舜、禹、汤、文、武、周公至孔子、孟子，至扬雄这样一个儒家圣人之道传授的统绪。

扬雄初步提出道统思想的针对性在于诸子之学的流传和受诸子之学影响而产生的经学流弊，这也是对西汉后期打着孔子旗号，标榜孔学正统，而实则混入诸子之学，阴阳灾异学说盛行，谶纬迷信泛滥之经学弊端的批判。认为董仲舒、夏侯胜和京房具有共同的推知灾异的思想倾向。他说：“灾异，董相、夏侯胜、京房。”② 这显然是受到了阴阳家的影响，而与儒学正统有别。扬雄

① 汪荣宝：《法言义疏》，中华书局，1987 年，第 498—499 页。

② 汪荣宝：《法言义疏》，中华书局 1987 年，第 450 页。

并指出，受诸子影响就会出现驳杂的不良学风，它们与圣人之学不同，圣人不杂，而它们相杂，所以为病。"或曰：'淮南、太史公者，其多知与？曷其杂也！'曰：'杂乎杂！人病以多知为杂，惟圣人为不杂。书不经，非书也；言不经，非言也。言、书不经，多多赘矣。'"① 指出淮南王和太史公以其多知不纯为杂，其书、言不以儒家经典为归依，所以为杂，多余而无用，而圣人则不杂。

总的来讲，虽然扬雄提出的道统思想还不那么系统、完备和深入，但与他的尊儒宗孔，批评诸子学和汉学流弊的思想相联系，具有一定的排他性，强调回归儒学正统，发扬传承儒家圣人之道，对后世的道统论产生了一定的影响，也体现了扬雄尊孔崇儒的诠释路向。

二、坚守圣人之道，批评诸子

扬雄在提出道统思想，并初步叙述儒学道统的承传说的基础上，认为儒家圣人之道一脉相传而众说不足为言。针对汉代经学定于一尊后出现的流弊，扬雄批评异于孔子的诸子之说以及当时经学的流弊。表达其尊儒宗孔，坚守和发扬正统儒家学说的立场，最终是为了自觉奉行儒家圣人之道。

扬雄坚守儒家正统学说，其针对性便是异于孔子学说的诸子之说。扬雄所处时代，虽经汉武帝采纳董仲舒的建议"罢黜百家，独尊儒术"，但当时的士人并未完全认同于儒术儒经，并由于经学在其流传演变的过程中出现了各种流弊，学者严守师法家法门户之见，经学与利禄之学相结合，失去了五经乃济道的宗旨，以至于阴阳灾异、天人感应、谶纬神学盛行于世，使得众说淆乱，莫

① 汪荣宝：《法言义疏》，中华书局 1987 年，第 163—164 页。

衷一是。

面对思想界的混乱局面，扬雄以传扬儒家圣人之道为己任，既重视五经，亦尊崇孔子，维护和推行孔子之道，纠正异于孔子学说的诸子之说和经学之流弊。他说："委大圣而好乎诸子者，恶睹其识道也。"[①] 指出，如果尊崇儒家圣人，却喜好诸子，那怎么能表明你识其道？可见，在扬雄看来，尊崇儒家圣人与喜好诸子是不能并存的。实际上，扬雄是把诸子视为异于孔子学说的异端。他说："诸子者，以其知异于孔子也。"[②] 这即是扬雄对"诸子"下的定义。由此扬雄展开对诸子的批判，这包括对道家、法家、墨家等各家的批评，目的在于通过贬抑诸子来回归儒学，重新树立儒家圣人的权威。可以说，扬雄坚守圣人之道，批评诸子的目的就在于辟异端，维护孔子儒家正统地位。

（一）对道家的批评

扬雄云："庄、杨荡而不法。"[③] 认为道家人物庄子和杨朱放荡而非法。对于道家的神怪观念，扬雄提出批评："神怪茫茫，若存若亡，圣人曼云。"[④] 认为神怪无实，其存亡无法证明，是不能明确验证的事，所以圣人不谈论怪力乱神，这表现出扬雄具有一定的无神论倾向。

与此相关，扬雄也批评了道家长生不死的修仙之说："有生者必有死，有始者必有终，自然之道也。"[⑤] 认为生死乃自然规律，不可能有所谓长生不死的神仙，即使圣人也是要死的。"或问：

① 汪荣宝：《法言义疏》，中华书局 1987 年，第 67 页。
② 汪荣宝：《法言义疏》，中华书局 1987 年，第 498 页。
③ 汪荣宝：《法言义疏》，中华书局 1987 年，第 280 页。
④ 汪荣宝：《法言义疏》，中华书局 1987 年，第 327 页。
⑤ 汪荣宝：《法言义疏》，中华书局 1987 年，第 521 页。

'人言仙者，有诸乎?'他说：'虑羲、神农殁，黄帝、尧、舜殂落而死，文王，毕；孔子，鲁城之北。'"① 指出伏羲、神农、黄帝、尧、舜、文王、孔子这些圣人也难逃一死，表明世上没有长生不死之人，所谓神仙也是不存在的。并驳斥有仙之说："或曰：'世无仙，则焉得斯语?'曰：'语乎者，非嚣嚣也与?惟嚣嚣为能使无为有。'"② 有人对无仙之说提出质疑，认为如果说无仙，那为何有神仙的说法?扬雄反驳说，所谓神仙的说法，不过是道家神仙方士的嚣嚣虚语，正是由于嚣嚣虚语的流传，才导致"使无为有"，使得原本没有的神仙被臆造出来。扬雄坚持天地之间本无神仙的观点是针对当时托名于神仙，力图证明预言事后必有应验的谶纬神学的一种批判，而与经学的谶纬化有别。这对后来桓谭、王充反对神仙迷信之说和谶纬神学，批评经学庸俗化和神秘化，产生了一定的影响。

扬雄对道家抛弃仁义的思想也提出批评。他说："老子之言道德，吾有取焉耳，……及搥提仁义，绝灭礼学，吾无取焉耳。"③ 他对老子讲道德的言论较为欣赏而有所取，但对老子抛弃仁义，绝灭礼学的思想则提出批评，体现了扬雄虽融合儒道，但以儒家思想为本位的学术特征。

需要指出的是，扬雄以儒为宗，又取法于道，将《易》《老》相结合。对《周易》加以重构，既从形式上加以模仿，又从内容上进行改造，构筑起以玄为核心，玄乃"幽擒万类"的宇宙本原的哲学体系，继承发展了儒家哲学，而具有自身独到的特点。而他尊儒宗孔，又继承其师严遵，作《太玄》，借鉴吸收了老庄之

① 汪荣宝：《法言义疏》，中华书局1987年，第517页。
② 汪荣宝：《法言义疏》，中华书局1987年，第518页。
③ 汪荣宝：《法言义疏》，中华书局1987年，第114页。

学，儒、道相兼，具有较强的融通性。但他对道家的神仙之说和抛弃仁义、灭绝礼学的思想也提出了批评，表明他对儒家圣人仁义之道的坚守。

（二）对法家的批评

扬雄指出："申、韩险而无化。"[①] 认为申不害、韩非等法家人物专任刑法，犯险而无教化。并对申、韩之法提出批评："或曰：'申、韩之法非法与?'曰：'法者，谓唐、虞、成周之法也。如申、韩！如申、韩！'"[②] 申、韩之法虽也是法，但何足为法；而扬雄所提倡的法是指唐、虞、成周以仁义礼乐为指导的法。

扬雄进一步批评缺乏仁义的申、韩法家之术。他说："申、韩之术，不仁之至矣。若何牛羊之用人也？若牛羊用人，则狐狸、蝼螾不膢腊也与?""或曰：'刀不利，笔不铦，而独加诸砥，不亦可乎?'曰：'人砥，则秦尚矣。'"[③] 正因为申不害、韩非之术不行教化，专任刑法，被指为不仁之至。扬雄反对法家行严刑峻法，把人民当牛羊一样，制民如牛羊临之以刀俎，任其宰割。故人亦像狐狸蚯蚓一样，活不过多久就会死掉。对于刀钝砺之以砥，笔秃铦之以刀，申、韩行法以救乱，就像用砥磨刀一样，也是有利之事的说法，扬雄回答说，像这种以严刑来制民，以刀割肉，把人当磨刀石的严刑峻法，只有秦朝才崇尚，何其不仁。表现出扬雄反对法家把百姓看作牛羊一样供人驱使的暴政。

而扬雄所提倡的则是先教而后刑的儒家之德政。"或曰：'人君不可不学律令。'曰：'君子为国，张其纲纪，谨其教化。导之以仁，则下不相贼；莅之以廉，则下不相盗；临之以正，则下不

① 汪荣宝：《法言义疏》，中华书局 1987 年，第 280 页。
② 汪荣宝：《法言义疏》，中华书局 1987 年，第 134 页。
③ 汪荣宝：《法言义疏》，中华书局 1987 年，第 130 页。

相诈；修之以礼义，则下多德让。此君子所当学也。如有犯法，则司狱在。’”[①] 扬雄主张，君子以纲纪教化治国，行仁政，修礼义，只有在犯法时，再动用司狱刑法，而不是像法家那样以严刑来制民。所以他说：“不合乎先王之法者，君子不法也。”[②] 一切法度须符合先王之法，即要符合前面所言之唐尧、虞舜、周公的仁义之法，除此之外的所谓法，如儒家以外的诸子之法则不可效法。

从以上分析也可看出，扬雄在批判法家，推行德政的同时，亦不完全抹杀法的价值，他主张在“导之以仁”“修之以礼义”的前提下，如有犯法，也要以司狱加之，以制止犯法的行为。这实际上反映了扬雄礼法兼用、刑德并举的主张。

（三）对墨家、纵横家、阴阳家、名家的批评

扬雄云：“墨、晏俭而废礼。”[③] 认为墨子和晏婴俭而不中礼，即指墨家尚俭而难以遵礼。不仅如此，扬雄还赞赏孟子对墨家的批评。他说：“古者杨、墨塞路，孟子辞而辟之，廓如也。后之塞路者有矣，窃自比于孟子。”[④] 扬雄自比于孟子，他辟墨子等诸子的目的在于明道。扬雄在辟墨子的同时，也注意吸取墨家的“兼爱”思想，用以丰富儒家的仁爱思想。他说：“理生昆群兼爱之谓仁也，列敌度宜之谓义也，秉道德仁义而施之之谓业也。”[⑤] 把墨家的兼爱视之为仁，即仁包含了兼爱的内容。并主张将道德仁义加以实施推广付诸事业。在这里，扬雄将儒家以血缘亲疏为纽带，从爱敬自己的亲人入手，然后推己及人，由亲及疏，由近及远，

---

① 汪荣宝：《法言义疏》，中华书局 1987 年，第 295—296 页。

② 汪荣宝：《法言义疏》，中华书局 1987 年，第 63 页。

③ 汪荣宝：《法言义疏》，中华书局 1987 年，第 280 页。

④ 汪荣宝：《法言义疏》，中华书局 1987 年，第 81 页。

⑤ 司马光著，刘韶军点校：《太玄集注》，中华书局 1988 年，第 186 页。

老吾老以及人之老、幼吾幼以及人之幼的仁爱思想与墨家爱无差等，主张不分远近亲疏的兼爱思想结合起来。这虽在一定程度上丰富了儒家的仁爱思想，但却未能解决人们所诟病的将父母子女视为路人的问题。人们能够做到把对父母子女的亲情之爱随便放到任何一个与己不相干的路人身上吗？如果我们能够像爱自己的父母子女兄弟姐妹那样去爱一个路人，就可以高谈阔论地提倡墨家“兼爱”了。相信这是大多数人都难以做到的，所以墨家“兼爱”说在一定程度上是一种空想和不切实际的。当然，人们可以去宣传它，爱总比恨好。而扬雄站在儒家的立场上，把兼爱纳入儒家仁爱的范畴，这与单纯墨家的兼爱是不同的。

扬雄对纵横家提出批评，将张仪、苏秦视为谋求富贵的诈人。“或问：‘仪、秦学乎鬼谷术，而习乎纵横言，安中国者各十余年，是夫？’曰：‘诈人也，圣人恶诸。’”① 扬雄不认同张仪、苏秦行纵横之术而能安中国的说法，他认为张仪、苏秦不过是尚权变，从事诈辩的诈人而已，圣人对此是不取的。即孔子之言与张仪、苏秦等纵横家之行是不同的。《法言》云：

> 曰：“孔子读，而仪、秦行，何如也？”曰：“甚矣！凤鸣而鸷翰也。”曰：“然则子贡不为与？”曰：“乱而不解，子贡耻诸；说而不富贵，仪、秦耻诸。”……或曰：“仪、秦其才矣乎？迹不蹈已。”曰：“昔在任人，帝曰难之，亦才矣。才乎才，非吾徒之才也。”②

① 汪荣宝：《法言义疏》，中华书局 1987 年，第 442 页。

② 汪荣宝：《法言义疏》，中华书局，1987 年，第 442—448 页。

在回答读孔子之书而做张仪、苏秦那样的纵横家之事会如何的问题时，扬雄说，这太过分了，就像凤凰鸣叫却长着鹰隼的羽翼，表明这是完全不同的两件事，而不可混同。又问，那么，子贡不是这样做的吗？子贡不也是到各国去游说吗？扬雄回答说：子贡是为了解除纠纷而游说各国，以国家之间的冲突战乱得不到解决而羞愧，而张仪和苏秦游说各国则是为了谋求富贵，其游说诸国而得不到富贵是二人感到羞耻之处。可见在游说各国的目的上，子贡与张仪、苏秦这样的纵横家是不同的。又问：张仪、苏秦不重蹈前人走过的足迹，也算是有才能之人吧？扬雄回答说：上古帝王选用人才是很难的事，难就难在要任用有才之人。尽管有各种各样的人才，但却不是儒家认可的人才。即在对人才的认定上，各家有各家的观点和价值取向，纵横家认定的才不一定就是儒家所认同的人才，即纵横家的口才并不是君子所看好的。从对人才的评价中，可见扬雄站在儒家的立场而对纵横家进行批评。

扬雄对阴阳家提出批评。他说："邹衍迂而不信。"① 认为阴阳家的代表人物邹衍的阴阳之术迂回而不可承信。并批评谶纬，视阴阳家之学为"巫鼓"之说，其害尤甚。"或曰：'甚矣，传书之不果也。'曰：'不果则不果矣，又以巫鼓。'"② 批评不仅传书不果，而且又将巫鼓杂入其中。其巫鼓渗透影响了阴阳学说。

扬雄《解嘲》记云："是故邹衍以颉颃而取世资，孟轲虽连蹇，犹为万乘师。"③ 是说邹衍讲了一些游移不定的奇怪之辞而取得世资，即一定的社会地位；而孟子虽然遭遇艰难和坎坷，但却能为万乘师，即孟子不遇而为万乘师，国君尊敬孟子，若弟子之

---

① 汪荣宝：《法言义疏》，中华书局 1987 年，第 280 页。

② 汪荣宝：《法言义疏》，中华书局 1987 年，第 508 页。

③ 郑文：《扬雄文集笺注》，巴蜀书社 2000 年，第 194 页。

问师。表现出扬雄对孟子的尊崇，而对邹衍不以为然。

《法言》记云：“或曰：‘庄周有取乎？’曰：‘少欲。邹衍有取乎？’曰：‘自持。至周罔君臣之义，衍无知于天地之间，虽邻不觌也。’”[①] 除对庄子的“少欲”表示赞同外，扬雄对邹衍的“自持”也有所取。但认为庄子昧于君臣大义，而邹衍作怪迂之变，无知于天地之间，所以虽然相邻也不愿意相见。

扬雄对名家提出批评。“或问：‘公孙龙诡辞数万以为法，法与？’曰：‘断木为棊，梡革为鞠，亦皆有法焉。不合乎先王之法者，君子不法也。’”[②] 认为公孙龙所谓诈伪之辞、诡辩之法不过是断木为棊、刮摩皮革以为鞠这种技法而已，它不符合尧舜禹汤文武先王之法，所以君子不以为之法，以此把儒家之法与名家之法区别开来。

以上扬雄对道家、法家、墨家、纵横家、阴阳家、名家等诸子各家的批评，其宗旨是识道，识孔子儒家之道，识先王圣人之道。他认为如果要效法圣人，而喜好诸子，那是不可能识得圣人之道的。反映了扬雄提出道统思想的初衷就是为了辟异于孔子学说的异端，以维护儒学正统。《汉书·扬雄传》云：“雄见诸子各以其知舛驰，大氐诋訾圣人，即为怪迂，析辩诡辞，以挠世事，虽小辩，终破大道而或众，使溺于所闻而不自知其非也。及太史公记六国，历楚汉，讫麟止，不与圣人同，是非颇谬于经。故人时有问雄者，常用法应之，譔以为十三卷，象《论语》，号曰《法言》。”[③] 扬雄指出，诸子的通病是各家都以其知识系统而与儒学相悖，基本都是诋毁周公、孔子等圣人，而发为怪迂之言，行诡辩

① 汪荣宝：《法言义疏》，中华书局 1987 年，第 134—135 页。
② 汪荣宝：《法言义疏》，中华书局 1987 年，第 63 页。
③ 班固：《汉书》，中华书局 1962 年，第 3580 页。

之术，以扰乱世事，虽不成大器，但与大道背道而驰以惑众。甚至司马迁所记也有与圣人不同者，而与经典相谬。针对诸子各家与儒学相背离而诋毁儒家圣人的学说，扬雄模仿《论语》而撰《法言》，展开了对诸子各家批判，其目的是维护儒学正统，坚守和传扬儒家圣人之道。

三、扬雄在道统思想史上的地位

扬雄的道统思想及其坚守圣人之道，批评异于孔子的诸子之说，对后世产生了一定的影响，在道统思想发展史上占有一定的重要地位。

后人给予扬雄以较高的评价。东汉著名学者桓谭在其《新论》里赞曰："（扬子云）才智开通，能入圣道，卓绝于众，汉兴以来未有此人也。"[①] 认为扬雄能入于圣人之道，汉以来未有如扬雄这样超凡入圣之人。桓谭并把扬雄视为孔子："张子侯曰：'扬子云西道孔子也，乃贤如此。'吾应曰：'子云亦东道孔子也。昔仲尼岂独是鲁孔子？亦齐楚圣人也。'"[②] 桓谭不同意仅把扬雄看作是西道孔子，他认为，扬雄亦是东道孔子，就像孔子不仅是鲁国的孔子而且还是齐楚的圣人一样。在这里，桓谭将扬雄推举为整个东、西道的圣人，而不仅限于是西部地区的孔子。

王充亦把扬雄比作文、武、周公。他说："近世刘子政父子、扬子云、桓君山，其犹文武周公并出一时也。"[③] 认为刘向父子、扬雄、桓谭就像文、武、周公一样，并世同出，将扬雄与儒家道统崇尚的圣人相提并论，予以高度评价，并以"行与孔子比穷，

① 桓谭著，朱谦之校辑：《新论》，中华书局2009年，第41页。
② 桓谭著，朱谦之校辑：《新论》，中华书局2009年，第62页。
③ 黄晖：《论衡校释》，中华书局1990年，第606页。

文与扬雄为双”[1] 为荣，表现出对孔子和扬雄的尊崇。

唐代韩愈提出道统论，认为儒家圣人之道的传授由来已久，这区别于佛教、道教所谓的道。但尧、舜、禹、汤、文、武、周公、孔子相传授受之道到孟子死后不得其传，而荀子和扬雄“大醇而小疵”，未能完全担当传道的重任，但也属于圣人之徒。他说：“晚得扬雄书，益尊信孟氏。因雄书而孟氏益尊，则雄者亦圣人之徒欤。”[2] 韩愈把扬雄视为儒家圣人之道系统的传承者，而自己提出的道统就是对孔、孟、扬雄之道的传承。他说：“己之道乃夫子、孟轲、扬雄之所传之道也。”[3] 明确把扬雄作为孔孟之道的传人，并且韩愈自称接过了这个道统，使其道由韩愈得到传承。

“宋初三先生”之一的孙复把扬雄视为道统中的传人。他说：“吾之所为道者，尧、舜、禹、汤、文、武、周公、孔子之道也，孟轲、荀卿、扬雄、王通、韩愈之道也。”[4] 孙复表彰扬雄，肯定他在传圣人之道中的功绩，而将其列入道的传授系列之中。指出自西汉至李唐间，虽然学者儒生摩肩而起，以文章传世之人甚多，但大都受到杨墨佛老之说的影响，沉湎于虚无报应之事，而少有言及于教化。尽管汉唐以文名世者多受到异端之说的干扰和影响，但孙复认为也有“始终仁义，不叛不杂者，惟董仲舒、扬雄、王通、韩愈而已”[5]，肯定扬雄等人“始终仁义，不叛不杂”，能够坚守儒道，不受佛老异端的影响。这也是对扬雄在道统中的地位的肯定。

---

① 黄晖：《论衡校释》，中华书局1990年，第1205页。

② 刘真伦、岳珍校注：《韩愈文集汇校笺注》，中华书局2010年，第111页。

③ 刘真伦、岳珍校注：《韩愈文集汇校笺注》，中华书局2010年，第562页。

④ 孙复：《孙明复小集》，台湾商务中华书局1986年，第175页。

⑤ 孙复：《孙明复小集》，台湾商务中华书局1986年，第174页。

另一位“宋初三先生”之一的石介提出系统的道统传授谱系，也把扬雄列为其中。他说：“道始于伏羲而成终孔子。……伏羲氏、神农氏、黄帝氏、少昊氏、颛顼氏、高辛氏、唐尧氏、虞舜氏、禹、汤、文、武、周公、孔子者，十有四圣人，孔子为圣人之至。孟轲氏、荀况氏、扬雄氏、王通氏、韩愈氏五贤人。”① 石介明确把道统的起源上溯到伏羲氏，并自伏羲起，至韩愈止，系统地提出了多达十九人的圣人之道传授的谱系，正式肯定扬雄在道统中的地位。石介不仅提出了道统相传的形式，而且对道统传授的内容也做了阐述。他说：“周公、孔子、孟轲、扬雄、文中子、吏部之道，信义忠孝，乃其天性，中庸正直，厥从气禀。精诚特达，操履坚纯，不以利动心，不以穷失节。”② 这些儒学的价值与扬雄思想有关，也是圣贤相传之道的内涵。欧阳修在评价石介时，也称石介“所谓尧、舜、禹、汤、文、武、周公、孔子、孟轲、扬雄、韩愈氏者，未尝一日不诵于口”③，指出石介终日执着于包括扬雄在内的圣人之道的授受，这客观反映了扬雄在宋初的重要影响和在道统中占有重要的一席之地。

北宋政治家、史学家司马光在其《读玄》里云：

“扬子云真大儒者邪！孔子既殁，知圣人之道者非子云而谁？孟与荀殆不足拟，况其余乎！”④ 认为孔子之后，能够掌握圣人之道的人非扬雄莫属，即使是孟子和荀子也不能与扬雄相比。这表明，在司马光看来，在传圣人之道的系统中，扬雄的地位在孟、荀之上，也表明扬雄对宋代学术产生了影响。

---

① 石介著，陈植锷点校：《徂徕石先生文集》，中华书局 1984 年，第 79 页。

② 石介著，陈植锷点校：《徂徕石先生文集》，中华书局 1984 年，第 152 页。

③ 石介著，陈植锷点校：《徂徕石先生文集》，中华书局 1984 年，第 261 页。

④ 司马光著，刘韶军点校：《太玄集注》，中华书局 1988 年，第 1 页。

程颐站在理学家的立场，在不看好汉唐诸儒的情况下，却对扬雄评价较高。他说："自汉以来，惟有三人近儒者气象，大毛公、董仲舒、扬雄。"① 把扬雄与董仲舒等并列，认为他们保持了儒者气象，予以适当的肯定。

北宋学者范祖禹在认同道学，肯定程颢道统思想的同时，也充分肯定了扬雄在道统中的地位和作用。他说："扬雄曰：'适尧舜文王者为正道'，后世学尧舜而及之者惟文王，故孔子祖述尧舜，宪章文武，而习周公，其他皆非道也。"② 范祖禹引用扬雄《法言·问道篇》"适尧舜文王者为正道"之语，以坚持圣人之道统，以尧、舜、文王、武王、周公、孔子一脉相承为正道，与此相悖的则为非道，实际上是对扬雄尊儒崇圣思想的认同。进而，范祖禹对扬雄的道统论有所吸取和借鉴。他说：

臣祖禹拜手稽首曰：三皇之时，至质略矣。伏羲始开人文，神农以下皆有师，圣人之德莫大于学。……扬雄曰："学之为王者事，其已久矣，尧、舜、禹、汤、文、武汲汲，仲尼皇皇，其已久矣。"学始于伏羲，至于成王。《易》《诗》《书》所称，圣人所述，为万世法。由汉以下，其道不纯，故可称者鲜。自古以来，治日常少，乱日常多，推原其本，由人君不学也。……今臣所录八篇，上起伏羲，下讫神宗。伏惟陛下宪道于三皇，稽德于五帝，轨仪于三代，法象于祖宗，集群圣之所行，体乾健之不息，则四海格于泰和，万年其有永观矣。③

在这里，范祖禹引用扬雄之言并加以发挥，以伏羲、神农、尧、舜、禹、汤、文、武、成王等构成了圣人之道的传授系统，

① 程颢、程颐著，王孝鱼点校：《二程集》，中华书局 1981 年，第 232 页。
② 范祖禹著，陈晔校释：《帝学校释》，华东师范大学 2015 年，第 31—32 页。
③ 范祖禹著，陈晔校释：《帝学校释》，华东师范大学 2015 年，第 161—162 页。

而圣人之道载之于《易》《诗》《书》等儒学经典，其经典中的圣人所述，足以为万世所效法。然而，自汉以下，其圣人之道不纯，即汉以后的人君不学圣人之道，故乱世多，治世少。这与二程所讲道统在孟子之后失传的说法类似。范祖禹要求宋代君主效法于古代圣王，"宪道于三皇，稽德于五帝"，即求道于三皇五帝，把圣人之道接续下来。这可视为对二程道统论的认同，并受到扬雄道统思想的影响。

南宋理学家张栻对扬雄之学也有所肯定，认为其《法言》有可取之处，对于掌握圣门之学也是有所帮助的。他说："某已卯之岁，尝裒集颜子言行为《希颜录》上下篇。……又采《家语》所载颜子之言有近是者，与夫扬子云《法言》之可取者，并史之所纪者，存之于后，盖亦曰学者之所当知而已。……则圣门之学，其大略亦可见矣。"① 张栻撰《希颜录》，收集有扬雄《法言》之可取者，表明对扬雄一定程度的认同，并将扬雄《法言》的可取之言与圣门之学联系起来。

尽管程颐、朱熹对扬雄提出批评，而程朱理学成为学术界主流后，扬雄声名进一步下降，但亦有学者对于扬雄加以肯定。如学以程朱理学为主的金学者赵秉文对扬雄大加肯定。他说："刘向、扬雄皆经国之大儒。"② 另有明学者宋濂云："自秦焚书之后，孔子之学，不绝如线，雄独起而任之，故韩愈以其与孟、荀并称，而司马光尤好雄学。"③ 宋濂肯定扬雄继承孔子之学的作为，所以韩愈也把扬雄与孟荀并列，这实际上是对道统论中孔子之后其学不绝，而扬雄加以继承和体察的一种赞扬。

---

① 杨世文点校：《张栻集》，中华书局 2015 年，第 1276—1277 页。
② 赵秉文：《闲闲老人滏水文集》，中华书局 1985 年，第 193 页。
③ 宋濂：《宋学士全集》，中华书局 1985 年，第 1005—1006 页。

综上可见，扬雄的道统思想对后世产生了一定的影响，在道统思想发展史上占有一定的重要地位。因其早期的道统思想还不够完善，还有待于丰富和发展，但毕竟对后世产生了相应的影响，也表现出道统思想在历代历史上传承不绝。

［原载《四川师范大学学报（社会科学版）》2017 年第 4 期］

第四章　文献目录

第一节　学术专著

冯友兰：《扬雄》，《中国哲学史》（上册），上海：神州国光社1931年；《中国哲学史》（上、下册），上海：商务印书馆1934年。

范寿康：《扬雄》，《中国哲学史通论》，上海：开明书店1936年。

金公亮：《扬雄与王充》，《中国哲学史》，南京：正中书局1940年。

侯外庐：《扬雄的二元论思想》，《中国思想通史》（第二卷），北京：人民出版社1957年。

张岱年：《扬雄的自然观念与桓谭的无神论思想》，《中国唯物主义思想简史——从周秦到明清唯物主义思想的发展》，北京：中国青年出版社1957年。

韩逋仙：《扬雄以“模拟之雄”调和儒道》，《中国中古哲学史要》，台北：正中书局1960年。

孙实明：《扬雄的唯物主义和无神论》，《简明汉唐哲学史》，哈尔滨：黑龙江人民出版社 1961 年。

任继愈：《扬雄、桓谭反对谶纬、神仙迷信的无神论思想》，《中国哲学史（第二册）》，北京：人民出版社 1963 年初版；1979 年第 5 版。

冯友兰：《古文经学派反对神秘主义思潮的斗争——刘歆、扬雄、桓谭》，《中国哲学史新编》（二），北京：人民出版社 1964 年初版；1984 年第 2 版。

贾丰臻：《扬雄》，《中国理学史》，台北：台湾商务印书馆 1965 年。

谢无量：《扬雄》，《中国哲学史》，北京：中华书局 1967 年。

王云五：《扬雄的政治思想》，《两汉三国政治思想》，台北：台湾商务印书馆 1968 年。

周世辅：《扬雄的哲学思想》，《中国哲学史》，台北：三民书局 1971 年。

杨君劢：《扬雄》，《中华伦理思想史》，台北：台湾商务印书馆 1973 年。

唐君毅：《汉世学者之模拟为学之道见于扬雄者》，《中国哲学原论·原道篇》（卷二），台北：台湾学生书局 1973 年。

丁介民：《扬雄年谱》，台北：菁华版社 1975 年。

徐复观：《两汉思想史》，台北：学生书局 1979 年。

北京大学哲学系中国哲学史教研室：《扬雄和桓谭的哲学思想》，《中国哲学史》（上册），北京：中华书局 1980 年。

孙叔平：《扬雄》，《中国哲学史稿》（上），上海：上海人民出版社 1980 年。

韦政通：《扬雄》，《中国思想史》，台北：水牛出版社 1980 年初版；1986 年第 8 版。

臧广恩：《扬雄》，《中国哲学史》，台北：商务印书馆 1982 年。

王友三：《扬雄对神学目的论和神仙方术的批判》，《中国无神论史纲》，上海：上海人民出版社 1982 年。

张岱年：《扬雄》，《中国古代著名哲学家评传续编》（1），济南：齐鲁书社 1982 年。

劳思光：《扬雄之思想》，《新编中国哲学史》（第二卷），台北：三民书局 1984 年。

吕子方：《天数在蜀——扬雄》，《中国科学技术史论文集》（上册），成都：四川人民出版社 1983 年。

任继愈：《扬雄摆脱神学经学和创立新儒学理论的尝试》，《中国哲学发展史（秦汉篇）》，北京：人民出版社 1985 年。

陶建国：《自然主义之觉醒·扬雄》，《两汉魏晋之道家思想》，台北：文津出版社 1986 年。

汪荣宝撰，陈仲夫点校：《法言义疏》，北京：中华书局 1987 年。

王葆玹：《正始玄学》，济南：齐鲁书社 1987 年。

燕国材：《扬雄论性、神、学》，《汉魏六朝心理思想研究》，台北：谷风出版社 1988 年。

王邦雄等：《从董仲舒〈春秋繁露〉到扬雄〈太玄〉》，《中国哲学家与哲学专题》（下册），台北：台湾空中大学 1989 年初版；1990 年 9 月再版。

杨宪邦：《扬雄的唯物主义思想因素和无神论倾向》，《中国哲学通史》（第二卷），北京：中国人民大学出版社 1988 年。

冯友兰：《扬雄》，《中国哲学史新编》（三），北京：人民出版社 1986 年。

黄开国：《扬雄》，载贾顺先、戴大禄主编：《四川思想家》，成都：巴蜀书社 1987 年。

温公颐：《扬雄的数的演绎逻辑》，《中国中古逻辑史》，上海：上海人民出版社 1989 年。

祝瑞开：《扬雄的二元论倾向和改良思想》，《两汉思想史》，上海：上海古籍出版社 1989 年。

郑万耕点校：《太玄校释》，北京：北京师范大学版社 1989 年。

黄开国：《一位玄静的儒学大师——扬雄思想初探》，成都：巴蜀书社 1989 年。

李建钊：《扬雄的“验证”思想与“数”》的演绎系统，《中国逻辑史》（两汉魏晋南北朝卷），兰州：甘肃人民出版社 1989 年。

张立文：《扬雄、张衡、王符的元气思想》，《气》，北京：人民出版社 1990 年。

蒙培元：《扬雄、王充、王符的自然决定论》，《中国心性论》，台北：学生书局 1990 年。

刘韶军、谢贵安：《太玄大戴礼研究》，《中国历史文献整理论丛》，武汉：武汉出版社 1991 年。

韩敬注：《法言注》，北京：中华书局 1992 年。

郑军：《太极太玄体系——普适规律的易学探奥》，北京：中国社会科学版社 1992 年。

李焕明：《扬子太玄之研究》，李焕明《易经的生命哲学》，台北：文津出版社 1992 年。

张岂之：《扬雄、桓谭对谶纬迷信的详说》，《中国思想史》，台北：水牛出版社 1992 年。

陈俊辉：《扬雄》，《中国哲学思想的古今》，台北：水牛出版社 1992 年。

张震泽校注：《扬雄集校注》，上海：上海古籍版社 1993 年。

余书麟：《扬雄的心理思想》，《中国儒家心理思想史》（上册），台北：心理出版社 1994 年。

赵中伟：《扬雄太玄“玄”义的研究》，王初庆等：《两汉文学学术研讨论文集》，台北：华严出版社 1995 年。

杨汝舟：《太玄之玄》，《新儒学经济思想的开拓》，台北：中华老庄学会 1995 年。

岑溢成：《汉代思想的两种发展：扬雄与王充》，《中国哲学史》，台北：台湾空中大学 1995 年。

唐宇元：《扬雄“尚知”的知识道德论》，《中国伦理思想史》，台北：文津出版社 1996 年。

刘韶军校注：《太玄校注》，武汉：华中师范大学版社 1996 年。

刘韶军点校：《太玄集注》，北京：中华书局 1998 年。

韩敬译注：《法言全译》，成都：巴蜀书社 1999 年。

王青：《扬雄评传》，南京：南京大学版社 2000 年。

朱荣智校注：《新编法言》，台北：台湾古籍出版公司 2000 年。

赵雅博：《扬雄的思想》，《秦汉思想批评史》，台北：文景书局 2001 年。

熊铁基：《论扬雄的道家思想》，《秦汉新道家》，上海：上海人民出版社 2001 年。

周立升：《太玄对易、老的会通与重构》，《两汉易学与道家思想》，上海：上海文化出版社 2001 年。

张强：《宇宙的寂寞：扬雄传》，上海：东方出版社 2001 年。

秦艳华译注：《法言》，济南：山东友谊出版社 2001 年。

徐复观：《两汉思想史》，上海：华东师范大学出版社 2001 年。

李守奎、洪玉琴译注：《扬子法言译注》，哈尔滨：黑龙江人民出版社 2003 年。

邹世毅整理：《太玄经》，济南：山东画报出版社 2004 年。

黄俊杰：《中国孟学诠释史论》，北京：社会科学文献版社 2004 年。

张涛：《严遵易学对扬雄天人思想的影响》，《秦汉易学思想研究》，北京：中华书局 2005 年。

王铁：《宋代太玄学与易学的关系》，《宋代易学》，上海：上海古籍出版社 2005 年。

叶福翔：《易玄虚研究》，上海：上海古籍版社 2005 年。

郭君铭：《扬雄〈法言〉思想研究》，巴蜀书社 2006 年；《扬雄〈法言〉思想研究》修订版，成都：巴蜀书社 2018 年。

金生扬：《扬雄与太玄经》，《汉唐巴蜀易学研究》，巴蜀书社 2007 年。

万志全：《扬雄美学思想研究》，北京：中国社会科学出版社 2008 年。

郑万耕：《扬雄及其太玄》，北京：北京师范大学版社 2009 年。

纪国泰：《扬子法言今读》，成都：巴蜀书社 2010 年初版；巴蜀书社 2018 年第 2 版。

杨福泉：《阅甫室丛稿》，上海：上海辞书出版社 2010 年。

卫志中：《扬雄汉代那个孔子》，北京：作家出版社 2010 年。

纪国泰：《管蠡斋文丛》，成都：巴蜀书社 2010 年。

曾仕礼：《刘向、刘歆父子和扬雄、桓谭的无神论》，《两汉哲学》，昆明：云南大学出版社 2011 年。

黄嘉琳：《扬雄〈太玄〉〈法言〉之气论思想研究》，台北：花木兰文化出版社 2011 年。

刘韶军：《扬雄与〈太玄〉研究》，北京：人民出版社 2011 年。

解丽霞：《扬雄与汉代经学》，广州：广东人民出版社 2011 年。

舒大刚主编：《儒学文献通论》，福州：福建人民出版社 2012 年。

景海峰、赵东明：《诠释学与儒家思想》，上海：中国出版集团东方版中心 2015 年。

冯树勋：《扬雄的范式研究——西汉末年学术范式冲突的折中之例》，台北：台湾大学出版中心 2015 年。

问永宁：《太玄与易学史存稿》，北京：商务印书馆 2017 年。

纪国泰：《〈扬子法言〉今读》，成都：巴蜀书社 2018 年。

四川省扬雄研究会：《扬子学刊》，成都：巴蜀书社 2018 年。

王万洪，唐雪，李红波：《〈文心雕龙〉汉代巴蜀辞赋四大家研究》，成都：四川大学出版社 2018 年。

董晓慧：《扬雄评传》，沈阳：辽海出版社 2019 年。

李大明：《扬雄研究文选》，成都：四川人民出版社 2019 年。

汪文学：《扬雄与六朝之学》，贵阳：贵州人民出版社 2019 年。

第二节　硕博论文

李周龙：《扬雄学案》，台湾师范大学博士学位论文，1979 年。

刘韶军：《太玄校注》，华中师范大学博士学位论文，1988 年。

谢大宁：《从灾异到玄学》，台湾师范大学博士学位论文，1989 年。

叶鹰：《易玄合论》，中山大学博士学位论文，1995 年。

刘慧珍：《汉代易象研究》，台湾辅仁大学博士学位论文，1997 年。

刘保贞：《扬雄研究》，山东大学博士学位论文，2001 年。

侯文学：《淑周楚之丰烈——扬雄作品的文化阐释》，东北师范大学博士学位论文，2003 年。

魏鹏举：《疏离体制化的书写——扬雄写作的文化诗学研究》，北京师范大学博士学位论文，2004 年。

万志全：《扬雄美学思想研究》，山东师范大学博士学位论文，2006 年。

蓝秀隆：《扬子法言研究》，台湾政治大学硕士学位论文，1972 年。

张慧芳：《西汉之儒学》，台湾师范大学硕士学位论文，1982 年。

石启瑶：《扬雄的实践哲学》，台湾大学硕士学位论文，1986 年。

许时珍：《扬雄桓谭的反谶纬神道思想》，台湾政治大学硕士学位论文，1994 年。

陈仲豪：扬雄《法言》政治思想研究，台湾世新大学硕士学位论文，1997年。

田富美：《法言》思想研究，台湾政治大学硕士学位论文，1997年。

康卫国：《扬雄的文学思想——以“因”“革”为中心》，陕西师范大学硕士学位论文，2003年。

王博：《扬雄〈法言〉研究》，广西师范大学硕士学位论文，2004年。

林晓燕：《一个汉代儒者的执着与徘徊》，北京大学硕士学位论文，2004年。

石升瓒：《〈法言〉圣人思想分析比较研究》，台湾台南大学硕士学位论文，2005年。

白品键：《潜夫论所反映之东汉流民问题》，中山大学硕士论学位论文，2006年。

张鹏：《论扬雄的政治思想》，中国政法大学硕士学位论文，2007年。

富翠红：《扬雄〈法言〉疑难字疏说》，兰州大学硕士学位论文，2007年。

素秀：《〈法言〉的文学观及其影响》，曲阜师范大学硕士学位论文，2008年。

朱敏芳：《扬雄的三种意识研究》，漳州师范大学硕士学位论文，2008年。

张庆伟：《扬雄〈法言〉思想研究》，山东大学硕士学位论文，2008年。

唐妤：《扬雄与巴蜀文化》，四川师范大学硕士学位论文，2008年。

田小中：《〈太玄〉易学思想研究》，山东大学博士学位论文，

2009年。

汪文学：《扬雄论——兼论扬雄学术和文学对六朝的影响》，广西师范大学博士学位论文，2015年。

黄嘉琳：《扬雄〈太玄〉〈法言〉之气论思想研究》，台湾中国文化大学硕士学位论文，2008年。

陈仲豪：《扬雄〈法言〉政治思想研究》，台湾世新大学硕士学位论文，2008年。

魏然：《〈法言〉伦理思想研究》，中南大学硕士学位论文，2009年。

曹丹：《汉代箴文研究》，东北师范大学硕士学位论文，2009年。

辛艳：《〈蜀王本纪〉与〈华阳国志·蜀志〉比较研究》，四川社会科学院硕士学位论文，2010年。

巨利宁：《扬雄与道统》，西北师范大学硕士学位论文，2012年。

王瑞卿：《〈春秋繁露〉与〈法言〉的比较研究》，山东师范大学硕士学位论文，2012年。

常翠霞：《扬雄韵文用韵研究》，新疆大学硕士学位论文，2012年。

翟蕾：《扬雄〈法言〉的历史观及其影响》，陕西师范大学学位论文，2012年。

吕高峰：《扬子〈法言〉问句研究》，新疆大学硕士学位论文，2012年。

井雷：《〈太玄〉象数与汉代易学卦气说》，山东师范大学硕士学位论文，2013年。

刘为博：《扬雄〈太玄〉思想研究》，台湾辅仁大学硕士学位论文，2015 年。

连洁雨：《扬雄思想三论》，河北大学硕士学位论文，2015 年。

葛园：《扬雄〈法言〉文体研究》，扬州大学硕士学位论文，2015 年。

严一钦：《从严遵〈老子指归〉看严遵和扬雄的思想共性》，福建师范大学硕士学位论文，2015 年。

杨燕群：《扬雄〈法言〉与士人生命主体意识自觉》，山东大学硕士学位论文，2016 年。

党时勇：《论〈法言〉的圣人之道》，湘潭大学硕士学位论文，2016 年。

姜晶晶：《扬雄与王充天人思想的比较研究》，山东大学硕士学位论文，2016 年。

隋萍：《扬雄新思想及其对陶渊明的影响研究》，山东大学硕士学位论文，2017 年。

郭剑：《扬雄人性论思想研究》，湖南师范大学学位论文，2018 年。

吴川雪：《扬雄儒学思想研究》山东师范大学硕士学位论文，2018 年。

刘晓孟：《论扬雄赋的深玮风格》，北华大学硕士学位论文，2019 年。

江江：《扬雄官箴辑校研究》，山东大学硕士学位论文，2019 年。

王颖：《〈扬雄传〉故事节选翻译实践报告》，西南科技大学硕士学位论文，2019 年。

王志民：《扬雄修养观研究》，新疆师范大学硕士学位论文，2019 年。

朱芙蓉：《学术论文翻译实践报告——以 *Literary Forms of Argument in Early China* 第七章汉译为例》，上海师范大学硕士学位论文，2020 年。

马婧：《扬雄德育思想及其对我国新时代公民道德建设的启示》，西华大学硕士学位论文，2021 年。

何苗：《扬雄人学思想及其当代价值研究》，西华大学硕士学位论文，2021 年。

丁庆社：《扬雄视界中的先秦诸子研究》，安徽大学硕士学位论文，2021 年。

第三节　期刊论文

姚文达：《紫阳书扬雄为莽大夫论》，《江苏省立第二师范学校校友会杂志》1916 年第 8 期。

徐昂：《演玄》，《之江学报》1934 年第 4 期。

姚璋：《扬雄的哲学（未完）》，《光华大学半月刊》1934 年第 3 卷第 1 期。

姚璋：《扬雄的哲学（续）》，《光华大学半月刊》1934 年第 3 卷第 2 期

李勗：《扬子之研究》，《欧风》杂志 1934 年第 13 期。

夏敬观：《太玄经考》，《艺文》1936 年第 1 卷第 2 期。

夏敬观：《太玄经考（续第 2 期）》，《艺文》1936 年第 1 卷第 3 期。

夏敬观：《太玄经考（续）》，《艺文》1936 年第 1 卷第 4 期。

夏敬观：《太玄经考（续）》，《艺文》1936 年第 1 卷第 5 期。

江绍原：《太玄新解》，《华北日报》“中国古占卜研究”专栏

1936—1937年。

吴和士：《汉扬雄思想之探索》，《经纶月刊》1942年第2卷第1期。

陈觉玄：《扬雄》，《文史教学》1942年第7期。

冯学思：《论扬雄〈方言〉王通中说优绌》，《国学丛刊》1942年第9期。

张鸿来：《扬雄》，《师大学刊》1943年第2期。

杨殿森：《〈太玄〉筮法正误》，《国学月刊（北平）》1945年第1卷第2期。

文园：《太玄初释序录》，《国学月刊》1945年第5期。

吴则虞：《扬雄思想平议》，《哲学研究》1957年第6期。

白寿彝：《跋扬雄法言卷十、卷十一》，《北京师范大学学报（社会科学版）》1963年第3期。

周世辅：《论淮南子与扬雄的哲学思想》，《革命思想》1970年第29卷第4期。

李鍌：《扬雄人格评议》，《国文学报》1973年第2期。

施之勉：《扬雄待诏承明之庭在成帝永始元年考》，《大陆杂志》1975年第51卷第2期。

徐复观：《扬雄论究》，《大陆杂志》1975年第50卷第3期。

毛一波：《大醇小疵的扬雄》，《四川文献》1976年第158期。

李鍌：《扬雄的儒家思想》，《孔孟学报》1976年第31期；《青年战士报》1977年3月17日第10版。

郑文：《太玄学说初探》，《甘肃师大学报（哲学社会科学版）》1979年第4期。

李周龙：《扬雄学案提要》，《华学月刊》1980年第99期。

李鍌：《博学深思的扬雄》，《中华文化复兴月刊》1980年第

6 期。

黄建一：《扬雄人性论》，《国教世纪》1980 年第 16 卷第 5 期。

束景南：《〈太玄〉创作年代考》，《历史研究》1981 年第 5 期。

韩敬：《扬雄思想研究》，《研究集刊》1981 年第 1 期。

束景南：《〈太玄〉创作年代考》，《历史研究》1981 第 5 期。

韩敬：《论〈太玄〉的哲学体系》，《中国哲学史研究》1982 年第 1 期。

王以宪：《扬雄著作系年》，《湘潭大学社会科学学报》1983 年第 3 期。

郑万耕：《扬雄〈太玄〉中的宇宙形成论》，《社会科学研究》1983 年第 4 期。

陈曼平、张克：《试论扬雄的美学观》，《延边大学学报（社会科学版）》1983 年第 3 期。

聂振斌：《扬雄文质副称说的美学意义》，《西北师大学报（社会科学版）》1983 年第 2 期。

郑文：《扬雄的社会伦理观点》，《中国历史文献研究集刊》1984 年第 4 期。

郑万耕：《〈太玄〉与自然科学》，《中国哲学》1984 年第 12 辑。

张岱年：《扬雄》，《中国哲学史研究》1984 年第 3 期。

郑万耕：《扬雄无神论思想的几个范畴》，《中国哲学史研究》1984 年第 4 期。

刘韶军：《扬雄〈太玄校读〉散论》，《华中师范学院研究生学报》1985 年第 1 期。

孙琪华：《“西蜀子云亭”探索》，《文史杂志》1986 年第 1 期。

许结：《论扬雄融合儒道对其文论的影响》，《学术月刊》1986

年第 4 期。

谭佛佑：《论扬雄的教育思想》，《贵州教育学院学报（社会科学版）》1987 年第 4 期。

张添丁：《扬雄待诏为郎年岁考》，《新竹师院学报》1987 年第 1 期。

韩敬：《〈太玄〉与〈周易〉之比较研究——兼论扬雄在中国哲学史上的地位与作用》，《思想战线》1987 年第 5 期。

刘晓东：《试论糅合儒道的思想家——扬雄》，《江西社会科学》1987 年第 4 期。

韩敬：《太玄与周易之比较研究——兼论扬雄在中国哲学史上的地位与作用》，《思想战线》1987 年第 5 期。

周全华：《扬雄附莽辩》，《上饶师专学报（哲学社会科学版）》1988 年第 6 期。

蔡伯铭：《扬雄的逻辑辩说思想与数的演绎逻辑》，《湖北师范学院学报（哲学社会科学版）》1988 年第 1 期。

黄开国：《扬雄的诸子学和儒学批判论》，《重庆社会科学》1988 年第 2 期。

许结：《扬雄与两汉思想》，《中国哲学史研究》1988 年第 1 期。

李焕明：《扬子〈太玄〉研究》，《中华易学》1988 年第 9 卷第 7 期。

孙连琦：《略谈韩愈与扬雄》，《锦州师院学报（哲学社会科学版）》1989 年第 4 期。

黄开国：《扬雄〈法言〉的人论及意义》，《江西社会科学》1989 年第 4 期。

黄开国：《析〈太玄〉构架形式》，《孔子研究》1989 年第

4期。

王菡：《司马光论因循与变革》，《晋阳学刊》1989年第2期。

高亨、董治安：《〈太玄经〉释义》（选载），《山东大学学报（哲学社会科学版）》1989年第4期。

郑万耕：《扬雄伦理思想发微》，《北京师范大学学报》1990第6期。

周桂钿：《扬雄研究的新进展——读郑万耕〈太玄校释〉》，《社会科学研究》1990第5期。

董治安：《关于汉赋同经学联系的一点探索——从扬雄否定大赋谈起》，《文史哲》1990第5期。

黄开国：《论扬雄哲学的玄范畴》，《社会科学研究》1990第1期。

黄开国：《〈太玄〉与西汉天文历法》，《江淮论坛》1990第2期。

李存山：《真学无须怕"覆瓿"》，《中国社会科学》1990第4期。

李周龙：《从周易到太玄》，《孔孟学报》1990年第60期。

李周龙：《周易与太玄占筮之比较》，《孔孟学报》1991年第62期。

刘哲浩：《扬雄知识学研究》，《哲学论集》1991年第25期。

孟繁治：《刘向刘歆扬雄之比较》，《许昌师专学报（社会科学版）》1991年第3期。

郑万耕：《〈太玄〉"罔直蒙酋冥"的易学史意义》，《孔子研究》1991年第3期。

王启林：《〈太玄〉美学思想三题》，《西南民族学院学报（哲学社会科学版）》1992年第1期。

张震泽：《扬雄生平、作品评价及其他有关问题》，《辽宁大学学报（哲学社会科学版）》1992 年第 3 期。

黄开国：《扬雄的著述活动与著作》，《成都大学学报（社会科学版）》1992 年第 2 期。

周清泉：《扬雄世系考辨》，《成都大学学报（社会科学版）》1992 年第 2 期。

周文英：《扬雄对〈太玄〉符号系统的语形、语义解释》，《江西大学学报（人文社会科学版）》1993 年第 1 期。

束景南：《〈法言〉仿〈齐论语〉辨》，《古籍整理研究学刊》1993 年第 3 期。

束景南：《〈太玄赋〉非伪作辨》，《古籍整理研究学刊》1993 年第 5 期。

王伦信：《〈太玄〉首符是一组严整的三进制数》，《中国哲学史》1993 年第 1 期。

黄树先：《〈太玄经〉"妇人徽猛"解》，《古汉语研究》1993 年第 1 期。

陈福滨：《〈太玄经〉与〈易经〉的比较——论"数"与"变化"》，《哲学与文化》1994 年第 8 期。

姜书阁：《扬雄、桓谭、王充间的思想承传关系》，《湘潭大学学报（社会科学版）》1994 年第 3 期。

周桂钿：《"千石之官"和"猗顿之财"——王充论扬雄、桓谭》，《浙江学刊》1994 年第 6 期。

石晓宁：《试谈扬雄〈法言〉的思想倾向》，《沈阳师范学院学报（社会科学版）》1994 年第 6 期。

王菡：《〈扬子法言〉历代校注本传录》，《文献》1994 年第 3 期。

罗雄飞：《口讷若愚，笔健如椽——西汉辞赋家扬雄》，《中国残疾人》1994 年第 4 期。

魏启鹏：《〈太玄〉·黄老·蜀学》，《四川大学学报（哲学社会科学版）》1996 年第 2 期。

刘晓勤：《评扬雄的政治操行》，《西南民族学院学报（哲学社会科学版）》1996 年第 2 期。

王春淑：《扬雄著述考略》，《四川师范大学学报（社会科学版）》1996 年第 3 期。

叶福翔：《试论扬雄对中国文化的贡献》，《中华文化论坛》1996 年第 1 期。

郑正伟：《曾纪泽与〈扬雄论〉》，《天水师专学报》1996 第 0 期。

崔波：《略论汉代易学发展的原因和特点》，《南都学坛》1996 年第 5 期。

跃进：《魏晋玄学之祖》，《古典文学知识》1996 年第 6 期。

陈福滨：《〈太玄经〉》，《哲学与文化》1996 年第 23 卷第 10 期。

李军：《扬雄与玄学》，《中华文化论坛》1997 年第 1 期。

叶幼明：《扬雄的“玄”是一个唯物主义命题》，《湖南师范大学社会科学学报》1997 年第 26 卷 4 期。

（日）清宫刚：《扬雄与道家思想》，《河北大学学报（哲学社会科学版）》1997 年第 4 期。

杨海文：《扬雄〈法言〉的文化守成主义》，《学术研究》1997 年第 9 期。

郑文：《扬雄的性“善恶混”论实际是荀况的性恶论》，《西北师大学报（社会科学版）》1997 年第 4 期。

方铭：《扬雄与刘勰》，《中国文化研究》1997年第3期。

吴全兰：《论扬雄的心态特征》，《冀东学刊》1997年第2期。

雷健坤：《扬雄信道的思想特质》，《学术研究》1997年第9期。

周悦：《扬雄文学思想新探》，《中国文学研究》1997年第3期。

张晓明：《扬雄箴文略论》，《甘肃社会科学》1997年第5期。

李英华：《“第二部〈论语〉”——〈法言〉述评》，《孔子研究》1997年第2期。

李军：《论魏晋玄学生成的学术渊源与理论逻辑》，《杭州大学学报（哲学社会科学版）》1997年第3期。

罗显荣：《〈反骚〉浅识及今译》，《四川教育学院学报》1997年第2期。

王世达：《简论太玄外易内道的结构特色》，《人文杂志》1998年第6期。

郑万耕：《扬雄的史学思想》，《史学史研究》1998年第2期。

申小龙：《汉代〈方言〉的经学超越与范式更新》，《学术月刊》1998年第12期。

申小龙：《中国语文传统的范式变革——论扬雄的〈方言〉》，《青岛海洋大学学报（社会科学版）》1998年第4期。

沈伯俊：《在矛盾中追求超越的扬雄》，《今日四川》1998年第3期。

罗剑云：《惟有扬雄识君平》，《中国道教》1998年第3期。

杨海文：《孟子与汉代思想史的散点透视》，《齐鲁学刊》1998年第3期。

王国忠：《扬雄〈太玄〉的象数结构与形上思想》，《中华易学》1999 年第 19 卷。

张运华：《从太玄看道家理论思辨对扬雄的影响》，《唐都学刊》1999 年第 15 卷第 1 期。

董根洪：《“动化天下·莫尚于中和”——论扬雄的中和哲学》，《社会科学研究》1999 年第 6 期。

邵来文：《扬雄文学作品的美学评价》，《武汉冶金科技大学学报（社会科学版）》1999 年第 3 期。

孟祥才：《扬雄述论》，《人文杂志》1999 年第 2 期。

张涛：《略论扬雄对汉代易学发展的贡献》，《河北大学学报（社会科学版）》2000 年第 40 卷 1 期。

吴全兰：《扬雄是“摹拟大师”之辨正》，《桂林市教育学院学报》2000 年第 14 卷 3 期。

刘保贞：《扬雄与〈剧秦美新〉》，《山东大学学报（哲学社会科学版）》2000 年第 6 期。

文木：《是“扬雄”还是“杨雄”》，《阅读与写作》2000 年第 8 期。

张绍诚：《联写扬雄旷世才》，《文史杂志》2000 年第 4 期。

周俊麒：《乐山古迹名胜地扬雄山》，《四川文物》2000 年第 4 期。

谭继和：《“西道孔子”扬雄的大一统观与儒风在巴蜀的流布》，《中华文化论坛》2001 年第 1 期。

陈广忠：《扬雄〈太玄〉的道家精神上》，《鹅湖月刊》2001 年第 7 期。

陈广忠：《扬雄〈太玄〉的道家精神下》，《鹅湖月刊》2001 年第 8 期。

王萍：《严遵、扬雄的道家思想》，《山东大学学报（哲学社会科学版）》2001年第1期。

刘保贞：《论太玄对周易的模仿与改造》，《周易研究》2001年第1期。

刘保贞：《〈太玄〉赞辞所倡明君、贤臣思想述评》，《齐鲁学刊》2001年第2期。

周立升：《〈太玄〉对“易”“老”的会通与重构》，《孔子研究》2001年第2期。

问永宁：《读玄释中——试论〈太玄〉所本的宇宙说》，《周易研究》2001年第3期。

张兵：《扬雄〈法言〉中的道家思想》，《济南大学学报（社会科学版）》2001年第5期。

王琳：《追步前贤·不乏创变——论扬雄赋》，《山东师大学报（人文社会科学版）》2001年第5期。

吴国富：《“五柳先生”及“无弦琴”的守穷守默——从扬雄看陶渊明的“愤宋”》，《九江师专学报》2001年第2期。

王玫：《论扬雄》，《中国典籍与文化》2001年第2期。

蒋文燕：《穷愁但有骨·贫贱可安身——扬雄和他的〈逐贫赋〉》，《名作欣赏》2001年第3期。

张涛：《汉赋与易学》，《周易研究》2001年第3期。

刘保贞：《论〈太玄〉对〈周易〉的模仿与改造》，《周易研究》2001年第1期。

罗敏中：《以儒批儒·拨儒于屈——论朱熹的尊屈倾向之二》，《求索》2001年第5期。

王青：《〈太玄〉研究》，《汉学研究》2001年第1期。

边家珍：《扬雄对西汉新儒学的重构及其意义》，《东岳论丛》2002年第6期。

杨福泉：《扬雄至京、待诏、奏赋、除郎的年代问题》，《上海大学学报（社会科学版）》2002 年第 1 期。

问永宁：《从〈太玄〉看扬雄的人性论思想》，《周易研究》2002 年第 4 期。

张晓明：《二十年来扬雄研究综述》，《青岛大学师范学院学报》2002 年第 4 期。

唐继凯：《“候气法”是京房的发明吗?》，《交响——西安音乐学院学报（季刊）》2002 年第 1 期。

蒋文燕：《关于〈封禅文〉〈剧秦美新〉和〈典引〉的一点思考》，《宁夏大学学报（人文社会科学版）》2002 年第 2 期。

边家珍：《论扬雄对先秦儒学的继承与发展》，《河南大学学报（社会科学版）》2002 年第 3 期。

张秋升：《扬雄历史观再认识》，《聊城大学学报》2002 年第 5 期。

刘文杰：《西汉时期成都大文学家扬雄评传》，《中共成都市委党校学报》2002 年第 6 期。

刘保贞：《扬雄著作及其流传》，《山东大学学报（哲学社会科学版）》2003 年第 1 期。

刘保贞：《从〈孝至〉后半篇看扬雄对王莽的态度》，《晋阳学刊》2003 年第 3 期。

杨福泉：《论〈法言〉的尊圣崇经与儒学批判》，《上海大学学报（社会科学版）》2003 年第 3 期。

陈汉：《知实难逢 · 人莫圆该——评刘勰论扬雄》，《广东技术师范学院学报》2003 年第 5 期。

潘玉爱：《书评：郑万耕〈扬雄及其太玄〉》，《哲学与文化》2003 年第 30 卷第 9 期。

郑万耕:《试论〈太玄〉对〈易经〉辩证思维的发展》,《哲学与文化》2004 年第 31 卷第 10 期。

郑万耕:《扬雄身心观述评》,《河北师范大学学报（哲学社会科学版）》2004 年第 3 期。

张兵:《扬雄〈法言〉的版本与流传》,《古籍整理研究学刊》2004 年第 7 期。

刘宝贞:《试论扬雄对唐代文学的影响》,《山东大学学报（哲学社会科学版）》2004 年第 2 期。

张晓明:《扬雄著作存佚考及系年研究》,《青岛大学师范学院学报》2004 年第 4 期。

王青:《儒家的知识论传统与扬雄的重智思想》,《阳明学刊》辑刊 2004 年。

金生杨:《巴蜀易学渊源》,《四川师范大学学报（社会科学版）》2004 年第 3 期。

张兵:《儒主道辅·本道兼儒——论扬雄〈法言〉的思想特征》,《理论学刊》2004 年第 5 期;《管子学刊》2005 年第 1 期。

张绍诚:《求真务实·正本清源说子云》,《西华大学学报（哲学社会科学版）》2005 年第 2 期。

侯文学:《扬雄对女性的审美观照》,《天府新论》2005 年第 4 期。

郭君铭:《论扬雄“在夷貉则引之”的民族思想》,《中央民族大学学报》2005 年第 5 期。

李祥俊:《北宋诸儒论扬雄》,《重庆社会科学》2005 年第 12 期。

曾祥旭:《从扬雄对东方朔的评价论西汉隐士之风貌》,《阜阳师范学院学报（社会科学版）》2005 年第 4 期。

张晓明：《试论扬雄的忧患意识在儒学发展上的体现》，《求实》2005 年第 S2 期。

赵俊波、何琴英：《论中晚唐人对屈原和扬雄的再评价——以初盛唐为参照》，《唐都学刊》2005 年第 1 期。

问永宁：《〈太玄〉是一部“谤书”——“刺莽说”新证》，《周易研究》2005 年第 6 期。

李小龙：《〈解嘲〉补笺》，《古籍研究》2005 年第 2 期。

赵为学、王栋：《扬雄研究的源流与不足》，《湖南科技学院学报》2006 年第 6 期。

问永宁：《试论〈太玄〉与古易的关系》，《深圳大学学报（人文社会科学版）》2006 年第 4 期。

问永宁：《试论〈太玄〉的筮法》，《陕西教育（理论版）》2006 年第 8 期。

李沈阳：《扬雄人性论辨析》，《兰州学刊》2006 年第 8 期。

丁光泮：《扬雄尊孟思想浅论》，《西华师范大学学报（哲学社会科学版）》2006 年第 5 期。

徐公持：《论魏晋玄学思想资源在两汉时期的先期整合》，《福州大学学报（哲学社会科学版）》2006 年第 1 期。

王栋：《试析扬雄的言意观》，《湖南第一师范学报》2006 年第 1 期。

杨福泉：《扬雄年谱考订》，《绍兴文理学院学报（哲学社会科学版）》2006 年第 1 期。

高明：《扬雄〈剧秦美新〉考论》，《西藏民族学院学报（哲学社会科学版）》2006 年第 2 期。

陈朝辉：《扬雄〈自序〉考论》，《四川师范大学学报（社会科学版）》2006 年第 2 期。

万志全:《扬雄抒情赋的美学特色》,《名作欣赏》2006 年第 6 期。

马辉芬:《〈法言〉著录及版本考略》,《图书馆理论与实践》2006 年第 4 期。

万志全:《扬雄美学思想的发展历程》,《山东师范大学学报(人文社会科学版)》2006 年第 3 期。

崔明德:《汉哀帝时期的民族关系思想》,《东方论坛》2006 年第 4 期。

问永宁:《〈太玄赋〉作者考辨》,《湖北大学学报(哲学社会科学版)》2006 年第 5 期。

丁四新:《世硕与王充的人性论思想研究——兼论〈孟子·告子上〉公都子所诉告子及两“或曰”的人性论问题》,《文史哲》2006 年第 5 期。

李沈阳:《扬雄人性论辨析》,《兰州学刊》2006 年第 8 期。

谭淑娟:《扬雄与韩愈》,《贵阳学院学报(社会科学版)》2006 年第 3 期。

问永宁:《〈太玄赋〉作者考辨》,《湖北大学学报(哲学社会科学版)》2006 年第 5 期。

杨福泉:《扬雄的历史哲学与人物评论》,《绍兴文理学院学报(哲学社会科学版)》2007 年第 1 期。

方介:《东方朔与扬雄——传统知识分子“朝隐”的两种典型》,《台大中文学报》2007 年第 27 期。

林宣祐:《从〈太玄〉看扬雄的“宇宙论”思想》,《第十届政大哲学系研究生论文发表会》台湾政治大学哲学研究所主办 2007 年。

万志全:《论扬雄的音乐美学思想》,《学术论坛》2007 年第

1 期。

万志全：《扬雄大赋的美学特色》，《名作欣赏》2007 年第 16 期。

万志全：《论扬雄的音乐美学思想》，《人民音乐》2007 年 1 期。

吴贤哲：《汉代儒道互补及其对汉代文学创作的影响》，《西南民族大学学报（人文社科版）》2007 年第 2 期。

施丁：《扬雄评司马迁之意义》，《求是学刊》2007 年第 4 期。

束景南、郝永：《论扬雄文学思想之“文质相副”说》，《文艺理论研究》2007 年第 4 期。

曾祥旭：《论西汉士人对屈原自沉意义的思考》，《南华大学学报（社会科学版）》2007 年第 5 期。

于成宝：《论扬雄〈法言〉对先秦儒学的回归》，《长春理工大学学报（社会科学版）》2007 年第 6 期。

秦文萃：《〈汉书·艺文志〉刘歆、班固选扬雄赋考论》，《宜宾学院学报》2007 年第 4 期。

李昕昕：《扬雄述志赋发微》，《乐山师范学院学报》2007 年第 10 期。

刘华金：《“扬雄三进制”研讨》，《湖北大学学报（哲学社会科学版）》2007 年第 1 期。

纪国泰：《扬雄“莽大夫”身份考论》，《蜀学》2007 年第 00 期。

易小平：《〈校猎赋〉就是〈羽猎赋〉吗？兼论扬雄初为郎的时间及年龄》，《广西大学学报（哲学社会科学版）》2007 年第 3 期。

田小中：《朱熹论〈太玄〉》，《周易研究》2007 年第 3 期。

解丽霞：《“今古转型”中的扬雄经学观》，《中华文化论坛》2007 年第 3 期。

解丽霞：《综参古易：〈太玄〉的易学渊源》，《周易研究》2007 年第 4 期。

陈强：《略论扬雄思想的理论来源》，《青海社会科学》2007 年第 5 期。

解丽霞：《重构象数：〈太玄〉的赞易之道》，《周易研究》2008 年第 6 期。

侯文学：《扬雄智论发微》，《宁夏社会科学》2008 年第 2 期。

金生杨：《〈太玄〉研究史浅论》，《西华大学学报（哲学社会科学版）》2008 年第 1 期。

金生杨：《论〈太玄〉研究的历史变迁》，《西华师范大学学报（哲学社会科学版）》2008 年第 2 期。

郭君铭：《扬雄入京年代和推荐人考辨》，《石家庄铁道学院学报（社会科学版）》2008 年第 1 期。

魏鹏举：《“雕虫”与“雕龙”的故事——兼论杨雄与刘勰的文学观》，《文化与诗学》2008 年第 1 期。

赵世璜：《对扬子云“难盖天八事”钱氏释义的几点补充》，《成都大学学报（社会科学版）》2008 年第 2 期。

杨天保：《以〈玄〉准〈易〉两乾坤——司马光、王安石易学精神之比较》，《周易研究》2008 年第 6 期。

解丽霞：《〈易〉到〈论语〉的经学转向——扬雄晚年思想转变的经学解读》，《江淮论坛》2008 年第 5 期。

解丽霞：《重构象数：〈太玄〉的赞〈易〉之道》，《周易研究》2008 年第 6 期。

王琛：《西汉“卦气”与“太玄”世界图式的数理试探——消

息用事之“二”“三”分》，《湖南科技学院学报》2008 年第 7 期。

张静环：《扬雄心性论之探析》，《嘉南学报》2008 年第 34 期。

冯树勋：《扬雄初仕与为郎考》，《书目季刊》2009 年第 2 期。

黄致远：《扬雄文学思想探析》，《Journal of China Institute of Technology》2009 年第 40 期。

张晨：《汉代模拟文学探论》，《郑州大学学报》2009 年第 1 期。

陈碧仙：《扬雄“文质”美学思想及其对汉赋的评价》，《凯里学院学报》2009 年第 2 期。

钟志强：《扬雄的“以文立命”及其对文学自觉的影响》，《四川教育学院学报》2009 年第 3 期。

解丽霞：《取道宗儒：〈太玄〉的义理诠释》，《四川师范大学学报（社会科学版）》2009 年第 5 期。

纪国泰：《试论扬雄的“幸”与“不幸”》，《西华大学学报（哲学社会科学版）》2009 年第 5 期。

梁道礼：《论儒家诗学的泛化》，《陕西师范大学学报（哲学社会科学版）》2009 年第 6 期。

孙少华：《扬雄投阁的文化美学与生命悲情》，《山西师大学报（社会科学版）》2009 年第 6 期。

王栋：《扬雄的修养论》，《湖南科技学院学报》2009 年第 11 期。

魏鹏举：《述“事”作“文”：扬雄〈太玄〉旨意探微》，《文学评论》2009 年第 3 期。

杨福泉：《〈太玄〉的撰著旨趣及儒道兼赅的哲学思想》，《绍兴文理学院学报（哲学社会科学版）》2009 年第 4 期。

马鹏翔：《汉魏时期的〈易〉、〈老〉会通思潮》，《西南石油大学学报（社会科学版）》2009 年第 3 期。

刘冰：《南宋台州刻本〈扬子法言〉》，《图书馆学刊》2009 年第 6 期。

曾加荣：《“玄默自守”的“深湛之思”——论扬雄〈太玄〉与〈法言〉的价值》，《蜀学》2010 年第 0 期。

解丽霞：《正今文倡古学：扬雄与刘歆经学》，《哲学动态》2010 年第 12 期。

侯文学：《中国古典诗歌中的扬雄典事及其深层取向》，《2010 年中国文学传播与接受国际学术研讨会论文汇编（中国古代文学部分）》2010 年。

吕逸新：《汉代拟作的文体意义》，《山东师范大学学报（人文社会科学版）》2010 年 4 期。

武娜：《扬雄教育思想探微——读〈学行〉有感》，《现代语文（教学研究版）》2010 年 7 期。

韩兆琦：《韩愈何以推崇扬雄》，《古典文学知识》2010 年第 3 期.

汪耀明：《扬雄文学思想对东汉文论的影响》，《重庆教育学院学报》2010 年 1 期。

隋秀竹；司永慧：《论扬雄〈法言〉所述之“道”》，《东方企业文化》2010 年 1 期。

王德华：《主文谲谏，以颂为讽——扬雄〈甘泉赋〉、〈羽猎赋〉、〈长杨赋〉解读》，《古典文学知识》2010 年 1 期。

冯树勋：《扬雄的美学思想：扬雄对西汉儒家审美观的反省》，《东华汉学》2010 年第 12 期。

冯树勋：《〈太玄〉儒、道思想归趋辨》，《师大学报（语言与文学类）》2011 年第 1 期。

许锬辉：《〈说文〉引扬雄〈方言〉不见字词考征》，《东海中文学报》2011 年第 23 期。

孙少华：《扬雄的文学追求与文学观念之迁变》，《清华大学学报（哲学社会科学版）》2012 年第 1 期。

赵逵夫：《汉晋拟人故事赋钩沉》，《中国典籍与文化》2012 年第 3 期。

黄进：《从扬雄辞赋看蜀人的艺术想象与生存智慧》，《中华文化论坛》2012 年第 3 期。

谭继和：《读懂扬雄与〈扬子法言〉的现代阐释》，《西华大学学报（哲学社会科学版）》2012 年第 3 期。

闫利春：《从玄、气、心看扬雄的性善恶混论》，《周易研究》2012 年第 4 期。

张培高、张爱萍：《扬雄教育思想发微》，《西安石油大学学报（社会科学版）》2012 年第 4 期。

韩文娟：《近三十年来扬雄〈法言〉研究综述》，《鸡西大学学报》2012 年第 5 期。

孙宝：《儒家政教观与魏晋赋格建构》，《中南大学学报（社会科学版）》2012 年第 5 期。

王博：《从〈法言〉看扬雄的处世哲学》，《赤峰学院学报（汉文哲学社会科学版）》2012 年第 10 期。

陈冬根：《王安石与苏轼对扬雄和韩愈的接受及其影响》，《井冈山大学学报（社会科学版）》2012 年第 3 期。

郭畑：《扬雄身份角色的历史转变》，《蜀学》2012 年。

粟品孝：《扬雄以儒家思想论史及其对班固〈汉书〉的影响》，《蜀学》2012 年。

冯树勋：《〈太玄〉与〈易〉的“殊涂同归”关系》，《政大中文学报》2012年第17期。

龚韵蘅：《评解丽霞〈扬雄与汉代经学〉》，《台湾东亚文明研究学刊》2012年第9卷第2期。

李殿元、刘宗林：《应该为扬雄洗冤》，《成都大学学报（社会科学版）》2013年第1期。

范子烨：《"游目汉庭中"：陶渊明与扬雄之关系发微——以〈饮酒〉其五为中心》，《四川师范大学学报（社会科学版）》2013年第2期。

侯文学：《中国古典诗歌中的扬雄典事及其主导取向——以扬雄的儒学史境遇为参照》，《陕西师范大学学报（哲学社会科学版）》2013年第2期。

周桂钿：《重评扬雄〈剧秦美新〉》，《中国社会科学院研究生院学报》2013年第2期。

张强：《汉代经学与文学批评》，《淮阴师范学院学报（哲学社会科学版）》2013年第3期。

张钰翰：《北宋扬雄〈法言〉〈太玄〉疏解著述考》，《理论界》2013年第7期。

冯玮：《浅谈扬雄文学批评"以儒为主兼附道学"的二元论思想》，《青年文学家》2013年第23期。

冯树勋：《是摹拟还是创新？范式冲突内的扬雄》，《台湾政治大学哲学学报》2013年第30期。

陈丽桂：《由道到术——汉代道家相关文献对"道"的理解与诠释》，《政大中文学报》2014年第22期。

王亚军：《扬雄言意关系浅论》，《安徽广播电视大学学报》2014年第1期。

李丹丹：《扬雄和王符伦理思想比较论》，《求是学刊》2014年第 2 期。

郭世轩：《审美诉求与意识形态建构的矛盾——关于扬雄“悔其少作”的文化阐释》，《社会科学辑刊》2014 年第 3 期。

刘志伟、邵杰：《〈文选〉所收〈剧秦美新〉之作年及涉莽时事考论》，《河南师范大学学报（哲学社会科学版）》2014 年第 5 期。

王社庄、张金平：《扬雄〈太玄〉体例考辨》，《兰台世界》2014 年第 6 期。

杨清之：《论扬雄的隐逸心迹》，《海南师范大学学报（社会科学版）》2014 年第 9 期。

谢秋菊：《论司马相如和扬雄作品中出现的同类人物》，《名作欣赏》2014 年第 17 期。

吴思萌、李楠：《〈文心雕龙〉对扬雄辞赋观评价的积极意义》，《语文学刊》2014 年第 20 期。

曲柄睿：《刘向、扬雄对〈汉书〉合传的影响》，《史学理论与史学史学刊》2014 年。

徐贵圆：《扬雄眼中的道家思想——以太玄为例》，《鸡西大学学报》2014 年第 1 期。

解丽霞：《〈法言〉的“经传注我”与义理标举——扬雄〈论语〉学研究》，《华南理工大学学报（社会科学版）》2014 年第 2 期。

侯道儒：《北宋思想家对于扬雄太玄经的看法》，《清华学报》2014 年第 4 期。

金生杨：《巴蜀易学与中国学术的转型》，《周易文化研究》2015 年。

王万洪：《扬雄对〈文心雕龙〉成书的影响》，《蜀学》

2015 年。

徐涓：《朱熹对待扬雄与〈反离骚〉态度及其原因探析》，《湖北大学学报（哲学社会科学版）》2015 年第 2 期。

汪文学、刘苏晓：《扬雄文学“明道”论之内涵及其对刘勰的影响》，《贵州民族大学学报（哲学社会科学版）》2015 年第 4 期。

侯文学：《扬雄从才子型文人到学者型文人的转化及其意义》，《江西师范大学学报（哲学社会科学版）》2015 年第 5 期。

谢应光、曾虹佳：《历史文化名人资源的保护与利用路径研究——以四川郫县扬雄文化资源为中心的考察》2015 年第 7 期。

吴龙灿：《扬雄经学诠释研究》，《儒藏论坛》2015 年第 9 辑。

吴龙灿：《拟经拟圣，匡扶大道——扬雄经学诠释的历史影响》，《宜宾学院学报》2015 年第 9 期。

宫婕：《从历史角度看扬雄〈反离骚〉对屈原的评价》，《赤峰学院学报》2015 年第 10 期。

吴春香：《汉儒扬雄教育治学观的现代解读》，《黑龙江教育学院学报》2015 年第 11 期。

李正银：《扬雄在蜀》，《文史杂志》2015 年第 6 期。

曾虹佳；谢应光：《浅谈扬雄对巴蜀文化的贡献》，《蜀学》2015 年。

叶秀山：《中国哲学精神之绵延（二）——扬雄〈太玄〉的哲学意义》，《清华西方哲学研究》2016 年第 1 期。

雷雨婷、王永：《扬雄赋作的生命意识》，《韶关学院学报》2016 年第 1 期。

陈伦敦：《朱熹批判扬雄意图探析》，《武夷学院学报》2016 年第 2 期。

李春玲、张任：《国图藏明抄本〈集注太玄经〉传藏考略》，

《图书馆研究》2016年第5期。

王瑰：《也论扬雄“美新”》，《关东学刊》2016年第6期。

孙晶：《清代学者黄承吉的“正扬论”——以黄承吉论〈解嘲〉为中心》，《烟台大学学报（哲学社会科学版）》2016年第6期。

梁宗华：《论扬雄对儒学的改造和发展》，《东岳论丛》2016年第12期。

李春玲、张任国：《图藏明抄本〈集注太玄经〉传藏考略》，《图书馆研究》2016年第5期。

邵杰：《〈剧秦美新〉“帝典”论与汉新之际士人心态》，《文学遗产》2016年2期。

金生杨：《巴蜀易学对中国哲学的贡献》，《蜀学》2016年。

严一钦：《试论严遵与扬雄人生观的异同》，《常州文博论丛》2016年。

龚韵蘅：《话语招魂术里的双重性格——扬雄之书写模式及其经典观析探》，《汉学研究》2016年第1期。

戚轩铭：《评冯树勋〈扬雄的范式研究：西汉末年学术范式冲突的折中之例〉》，《汉学研究》2017第2期。

汪文学：《扬雄的“尚智”论及其影响》，《贵州工程应用技术学院学报》2017年第1期。

桑东辉：《从人伦维度探究扬雄思想的体系架构与内在关联》，《唐都学刊》2017年第1期。

蔡方鹿：《扬雄的道统思想及其在道统史上的地位》，《四川师范大学学报（社会科学版）》2017年第4期。

朱玉纯：《汉魏屈原论争背后的文化逻辑》，《齐齐哈尔大学学报》2017年第4期。

侯文学:《甘泉赋的文化承载——兼论扬雄〈甘泉赋〉的创作背景》,《贵州社会科学》2017 年第 7 期。

王允亮:《扬雄官箴创作及经典化问题探讨》,《暨南学报(哲学社会科学版)》2017 年第 8 期。

王允亮:《扬雄〈剧秦美新〉与汉代的王道观》,《上海大学学报(社会科学版)》2017 年第 5 期。

张树国:《扬雄〈畔牢愁〉与〈九章·悲回风〉的"附益"问题》,《文学遗产》2017 年第 1 期。

吴川雪:《简论扬雄〈法言〉思想及其影响》,《人文天下》2017 第 5 期。

舒鹏:《论战国至西汉士人的精神变化——以宋玉、东方朔及扬雄为例》,《河北北方学院学报(社会科学版)》2017 年第 1 期。

霍存福:《西汉扬雄〈廷尉箴〉的主旨与贡献——法官箴言研究之二》,《当代法学》2017 年第 6 期。

夏德靠:《论扬雄的著述活动及文体实践》,《中华文化论坛》2017 年第 9 期。

吴川雪:《简论扬雄〈法言〉思想及其影响》,《人文天下》2017 年第 1 期。

舒鹏:《论战国至西汉士人的精神变化——以宋玉、东方朔及扬雄为例》,《河北北方学院学报(社会科学版)》2017 年第 1 期。

金生杨:《苏洵、苏轼的〈太玄〉学》,《乐山师范学院学报》2017 年第 2 期。

秦际明:《〈法言〉"或问"背后的人与思》,《儒藏论坛》2017 年第 11 辑。

邓经武：《大汉帝国的精神号手“王扬马”》，《文史杂志》2017 年第 1 期。

田胜利：《论扬雄〈太玄赋〉及官箴创作与易学之关联》，《文学与文化》2017 年第 4 期。

舒大刚：《道德仁义礼：扬雄虚实结合的“五德”观溯源》，《中国实学研究会. 第十四届东亚实学国际高峰论坛论文集（二）》2017 年 11 月。

冯晓莉，张耀元：《扬雄四赋中的〈诗经〉气脉》，《宝鸡文理学院学报（社会科学版）》2018 年第 6 期。

刘国民：《论扬雄之〈自序〉》，《蜀学》2018 年第 2 期。

徐建芳：《三苏的扬雄论》，《蜀学》2018 年第 2 期。

喻世华：《扬雄的接受与传播——从苏轼诗文角度》，《蜀学》2018 年第 2 期。

易闻晓：《论扬雄与汉大赋的转向》，《复旦学报（社会科学版）》2018 年第 6 期。

刘保贞：《试论扬雄在宋代历史地位的变迁》，《西华大学学报（哲学社会科学版）》2018 年第 6 期。

向光会、方新蓉：《试论扬雄性格》，《文山学院学报》2018 年第 5 期。

李人明、王怀成：《近百年来扬雄研究论文综述》，《中华文化论坛》2018 年第 10 期。

张昭炜：《扬雄“太玄”释义》，《哲学研究》2018 年第 8 期。

王娜：《辍赋拟经与扬雄〈琴清英〉的生成——兼论扬雄赋对“清音”的审美态度》，《甘肃社会科学》2018 年第 5 期。

范子烨：《中古时代的扬雄崇拜》，《古典文学知识》2018 年第 5 期。

蔡方鹿：《扬雄对蜀学的影响》，《社会科学研究》2018年第5期。

徐国荣、梅嫣：《“五柳先生”人物原型及精神风致之渊源探论》，《苏州教育学院学报》2018年第5期。

王晓燕：《扬雄儒家文论观的特质——以〈法言〉为中心》，《蜀学》2018年第1期。

王辉斌：《扬雄〈琴清英〉的乐府学价值》，《蜀学》2018年第1期。

郭畑：《从宋人关于扬雄仕莽的争论看忠节观念的强化》，《四川大学学报（哲学社会科学版）》2018年第4期。

张佳：《扬雄廉政思想综论》，《廉政文化研究》2018年第4期。

杨金有、宋祥：《学者，所以求为君子也——扬雄〈法言〉中的治学思想》，《古籍整理研究学刊》2018年第4期。

范子烨：《爱智的热情与学术的探索》，《铜仁学院学报》2018年第7期。

汪文学：《扬雄的乡土意识与六朝社会的地域文化观念》，《铜仁学院学报》2018年第7期。

罗艺峰：《西汉扬雄〈太玄〉律学思想的初步认识》，《铜仁学院学报》2018年第7期。

肖佳忆：《名人形象的层累建构探析——以扬雄在绵州的形象形成为例》，《地方文化研究辑刊》2019年第1期。

肖佳忆：《试析扬雄文化精神在绵阳的传承与发展》，《蜀学》2019年第1期。

刘韶军：《扬雄〈太玄〉成书及原本考论》，《蜀学》2019年第1期。

李殿元：《论扬雄对大禹研究的贡献》，《蜀学》2019 年第 1 期。

孙宗烈：《扬雄“失节”辩》，《蜀学》2019 年第 1 期。

张文娟：《司马光和晁说之学术渊源考——以对扬雄的态度为对象的考察》，《河南科技学院学报》2019 年第 9 期。

许结：《论扬雄赋学的建德观》，《文学遗产》2019 年第 5 期。

贺麟迤：《从“惆怅失志”到“予独无虞”——论扬雄〈逐贫赋〉对“咏贫”主题的开拓》，《智库时代》2019 年第 39 期。

刘跃进：《西道孔子·世纪鸿儒——扬雄简论》，《中华文化论坛》2019 年第 4 期。

何敏：《论〈琴清英〉中的音乐美学思想》，《绵阳师范学院学报》2019 年第 7 期。

李欢：《理性的旁观者和坚定的卫道者——扬雄〈解嘲〉与韩愈〈进学解〉比较》，《淄博师专论丛》2019 年第 2 期。

张思齐：《扬雄〈太玄〉中的文学批评要素》，《西华大学学报（哲学社会科学版）》2019 年第 38 期。

舒大刚、王贞贞：《千秋止有一扬雄——扬雄生平及学术思想评议》，《文史杂志》2019 年第 2 期。

凤羽：《论扬雄的思想影响中国千余年》，《文史杂志》2019 年第 2 期。

卢婕：《从海外汉学与文旅整合看扬雄的历史名人效应》，《内江师范学院学报》2019 年第 1 期。

潘殊闲、潘君瑶：《扬雄〈太玄〉与魏晋玄学》，《福州大学学报（哲学社会科学版）》2019 年第 1 期。

王月：《论扬雄“尚智”的理性精神——以〈法言〉为中心》，《岭南师范学院学报》2019 年第 6 期。

孙尚勇：《汉大赋的三大功能与扬雄赋论的政治批判意义》，《宝鸡文理学院学报（社会科学版）》2019 年第 6 期。

张跃月：《扬雄美学与自然哲学的统一》，《重庆社会科学》2019 年第 12 期。

王定璋：《扬雄〈谏勿许单于朝〉的历史价值》，《文史杂志》2020 年第 1 期。

凤羽：《论扬雄“求为君子”的教育目的》，《文史杂志》2020 年第 2 期。

随敬德：《试析扬雄〈法言〉对教学原则和方法的论述》，《湖北第二师范学院学报》2020 年第 1 期。

沈相辉：《〈汉书〉为扬雄立传原因考论》，《北京社会科学》2020 第 1 期

随敬德：《试析扬雄〈法言〉中的教师观》，《齐齐哈尔师范高等专科学校学报》2020 年第 2 期。

随敬德：《试析扬雄〈法言〉对教育作用的论述》，《黑龙江教师发展学院学报》2020 年第 6 期。

孔玺铭、张旻：《论扬雄对儒家美学思想的继承与发展——以〈法言〉为中心》，《戏剧之家》2020 年第 17 期。

陈沛锦、张其成：《扬雄〈太玄〉中的医学思想研究》，《医学与哲学》2020 年第 15 期。

吴雪娟、冯霞、向阳：《论扬雄学术研究与著述的逻辑性》，《文史杂志》2020 第 5 期。

李牧童：《在道义与功名的夹缝中求生——扬雄〈逐贫赋〉品鉴兼论义利之辨》，《对联》2020 年第 9 期。

王淼：《从〈法言〉的思想出发再论〈剧秦美新〉非“谄文”》，《社科纵横》2020 年第 8 期。

任敬文：《由〈法言〉所论“师道”探讨扬雄对儒家道统的继承与发展》，《乐山师范学院学报》，2021 年第 2 期。

侯文学：《扬雄〈法言〉的人物批评与西汉儒学》，《天府新论》2021 年第 4 期。

吴龙灿、苗泽辉：《扬雄对蜀学传统的继承与发展》，《天府新论》2021 年第 4 期。

夏德靠：《论〈法言〉的制作及文体特质》，《河北师范大学学报（哲学社会科学版）》2021 年第 1 期。

董铁柱：《扬雄与汉代思想——美国汉学家戴梅可论扬雄思想的特征与地位》，《燕山大学学报（哲学社会科学版）》2021 年第 3 期。

安生：《诠赋与宗经：扬雄悔赋批评下的“三步通经”思想》，《古代文学理论研究》2021 年第 2 期。

苏德：《日本近代以来的扬雄研究回顾与思考》，《地方文化研究辑刊》2021 年第 2 期。

任敬文：《即圣而天：浅析扬雄〈法言〉中的“征圣”思想》，《绵阳师范学院学报》2021 年第 7 期。

任敬文：《由〈法言〉所论“师道”探讨扬雄对儒家道统的继承与发展》，《乐山师范学院学报》2021 年第 2 期。

于志娜：《领导者主导重大变革性决策的应有情怀与节点把握艺术——基于扬雄〈法言〉的启示》，《领导科学》2021 年第 13 期。

郭海涛：《模仿与超越：扬雄经学思想论析——以〈法言〉为中心》，《社科纵横》2022 年第 1 期。

郝建平：《论扬雄的社会教育思想》，《咸阳师范学院学报》2022 年第 1 期。

蒋哲杰:《英语世界对扬雄及其作品的译介与研究——兼论中国文化经典翻译人才的培养》,《成都师范学院学报》2022 年第 3 期。

赵德波:《扬雄〈太玄〉动物意象的哲学内涵考论》,《哈尔滨师范大学社会科学学报》2022 年第 1 期。